Mathematik für Ingenieure 2

Jörg Härterich
Fakultät für Mathematik
Ruhr-Universität Bochum

ISBN 978-1546365440
J. Härterich, Mathematik für Ingenieure 2
1. Auflage, 2017

Jörg Härterich, Möllersweg 23, 44799 Bochum
Druck: siehe letzte Seite

Inhaltsverzeichnis

Vorwort

Dies ist der zweite Teil des Kurses *Mathematik für Ingenieure*. Es entstand aus Vorlesungen für die Studiengänge Maschinenbau, Bauingenieurwesen und Umwelttechnik an der Ruhr-Universität Bochum und baut auf dem ersten Teil auf. Vieles, was im ersten Semester behandelt wurde, wird jetzt benutzt und miteinander kombiniert.

Wie im ersten Teil habe ich versucht, einen pragmatischen Weg zwischen mathematischer Exaktheit und Anschaulichkeit zu wählen und die abstrakten Begriffe und Resultate durch Skizzen, Erklärungen und Beispiele zu erläutern. Am Ende jedes Kapitels finden Sie eine kurze Übersicht der Lernziele. Diese soll Ihnen zeigen, welches die essentiellen Punkte in jedem Abschnitt sind.

Ich danke dem Projekt *TeachIng-LearnIng* für die Unterstützung bei der Erstellung des Skripts, das diesem Buch zugrundeliegt, außerdem Prof. Jörg Winkelmann, Christian Schuster, Dr. Jannis Buchsteiner, Johanna Neuhaus und vielen Studierenden für das Finden kleinerer und größerer Fehler.

Bochum im August 2017
Jörg Härterich

Ein herzlicher Dank geht auch an Prof. Markus Reineke und Dr. Gauthier Dierickx, die noch einige jahrelang unentdeckt gebliebene Fehler verbesserten.

16 Eindimensionale Differentialgleichungen

16.1 Beispiele

Differentialgleichungen spielen in den Ingenieurwissenschaften an vielen Stellen eine wichtige Rolle.
In der Mechanik werden dynamische Vorgänge durch die Newtonsche Gleichung beschrieben, die besagt, dass die Änderung des Impulses eines Massenpunktes gleich der Summe aller auf ihn wirkenden Kräfte ist:

$$\vec{p}\,'(t) = \sum_j \vec{F}_j$$

In der Regelungstechnik werden Systeme mehrerer gewöhnlicher linearer Differentialgleichungen zur optimalen Steuerung benutzt.
Andere Gebiete arbeiten mit partiellen Differentialgleichungen, also Differentialgleichungen für Funktionen von mehreren Variablen, zum Beispiel mit der Navier-Stokes-Gleichung oder der Poröse-Medien-Gleichung in der Strömungslehre, oder mit der Kirchhoffschen Plattengleichung in der Mechanik. Auch die Wärmeleitungsgleichung aus der Thermodynamik, ist eine (partielle) Differentialgleichung, die die räumliche und zeitliche Änderung der Temperatur in Beziehung zueinander setzt. Eine genauere Beschreibung soll an dieser Stelle nicht erfolgen, denn dafür benötigen wir die Differentialrechnung für Funktionen, die von mehreren Variablen abhängen, aus einem späteren Kapitel.
Man könnte aber fast so weit gehen zu behaupten, dass angehende Ingenieure in den ersten Semestern vor allem deshalb Differential- und Integralrechnung lernen müssen, weil Differentialgleichungen für Ingenieure so wichtig sind. Dabei geht es nur noch selten darum, Differentialgleichungen von Hand explizit zu lösen, aber um ein Gefühl für Differentialgleichungen und ihre Lösungen zu bekommen, ist es nützlich, einige vergleichsweise einfache Differentialgleichungen selbst gelöst zu haben.

Definition (Differentialgleichung):

Eine **Differentialgleichung n-ter Ordnung** ist eine Gleichung der Form

$$F(t, x(t), x'(t), x''(t), x^{(3)}(t), \dots, x^{(n)}(t)) = 0$$

Gesucht wird eine **Lösung** der Differentialgleichung, also eine n-mal differenzierbare Funktion von t, die zusammen mit ihren ersten n Ableitungen diese Gleichung für alle t erfüllt.

Die Newtonsche Differentialgleichung für das mathematische Pendel

$$x''(t) + \sin(x(t)) = 0$$

ist also eine Differentialgleichung 2. Ordnung, weil die höchste vorkommende Ableitung die zweite Ableitung ist.

Bemerkung :

Die Namen der Variablen sind für die Theorie der Differentialgleichungen natürlich völlig unwichtig. Wir werden hier die unabhängige Variable t nennen, weil wir uns die Lösungen der Differentialgleichung oft als *Bahnkurve* vorstellen, die mit der Zeit t durchlaufen wird. In vielen Büchern werden Differentialgleichungen dagegen in der Form

$$F(x, y(x), y'(x), y''(x), y^{(3)}(x), \ldots, y^{(n)}(x)) = 0$$

behandelt und man stellt sich die Lösungen eher als Graphen über der x-Achse vor.

Die meisten in der Praxis vorkommenden Differentialgleichungen lassen sich in der Form

$$x^{(n)}(t) = f(t, x(t), x'(t), x''(t), x^{(3)}(t), \ldots, x^{(n-1)}(t))$$

schreiben, d.h. man kann die Gleichung nach der höchsten vorkommenden Ableitung auflösen. Diese Differentialgleichungen nennt man **explizit** und nur mit solchen werden wir uns in diesem Kapitel befassen.

Insbesondere ist eine explizite Differentialgleichung erster Ordnung immer von der Form

$$x'(t) = f(t, x(t))$$

mit einer Funktion f, die von zwei Variablen abhängt.

Diese Differentialgleichung 1. Ordnung hat eine geometrische Interpretation. In der $t-x$-Ebene wird jedem Punkt (t_*, x_*) eine Zahl $f(t_*, x_*)$ zugeordnet. Diese beschreibt die Steigung $x'(t_*)$ die eine Lösungskurve $x = x(t)$ der Differentialgleichung haben muss, wenn sie durch den Punkt (t_*, x_*) verläuft.

Umgekehrt kann man die entsprechenden Steigungen an jedem Punkt einzeichnen und erhält so das **Richtungsfeld** der Differentialgleichung. Lösungskurven sind dann in jedem Punkt tangential an dieses Richtungsfeld. Insbesondere kann man mit etwas Übung beim Betrachten des Richtungsfeldes schon erkennen, wie die Lösungen der Differentialgleichung ungefähr verlaufen.

Für die Differentialgleichung $x'(t) = x + t$ sieht das Richtungsfeld so aus:

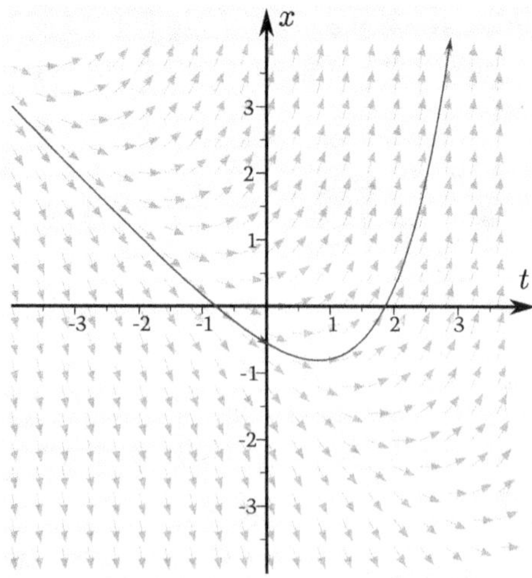

Eine Lösungskurve $x(t)$ ist bereits eingezeichnet, aber man kann anhand des Richtungsfelds auch eine gewisse Vorstellung vom Verlauf der anderen Lösungen bekommen.

Wenn man weitere Lösungskurven einzeichnet (hier mit Hilfe des Computerprogramms SCILAB), erkennt man, dass durch jeden Punkt in der $t-x$-Ebene genau eine Lösungskurve verläuft:

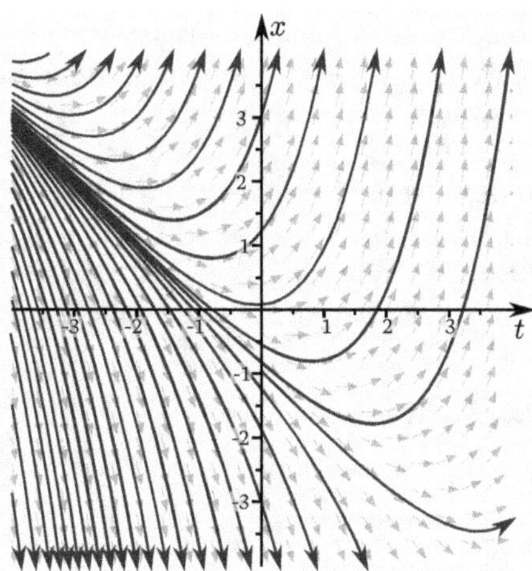

Insbesondere gibt es durch jeden Punkt auf der x-Achse (Achtung! Die x-Achse zeigt hier nach oben) genau eine Lösungskurve. Das bedeutet, dass man für die Differentialgleichung eine eindeutige Lösung erwartet, wenn man diesen **Anfangswert** $x(0)$ als Wert der gesuchten Lösung zur Zeit $t = 0$ festlegt.

Achtung! Es ist nicht automatisch so, dass ein Anfangswertproblem, das heißt eine Differentialgleichung versehen mit einem Anfangswert, eine *eindeutige* Lösung besitzt. Auch wenn wir also eine Lösung ausrechnen können, ist zunächst nicht klar, ob es nicht vielleicht noch eine andere Lösung zum selben Anfangswert gibt.

Selbst für viele noch verhältnismäßig „einfache" Differentialgleichungen der Form

$$x'(t) = f(t, x(t))$$

kann man die Lösung nicht mehr explizit in einer Formel mit Hilfe der uns bekannten Funktionen und Rechenoperationen hinschreiben. Wir werden uns daher auch nicht dieser allgemeinen Version zuwenden, sondern einige wichtige Spezialfälle untersuchen, bei denen man die Lösung bestimmen kann.

Beispiel :

Das einfachste Beispiel einer Differentialgleichung ist die Differentialgleichung 1. Ordnung

$$x'(t) = f(t)$$

bei der die rechte Seite weder von der Funktion x noch von ihren Ableitungen abhängt. Gesucht ist also eine Funktion, deren Ableitung gerade die Funktion $f(t)$ ist. Diese Fragestellung kennen wir aus der Integralrechnung zur Genüge. Natürlich ist $x(t)$ dann eine Stammfunktion von f und wir können die Lösungen

$$x(t) = \int f(t)\,\mathrm{d}t \; + \; C$$

direkt hinschreiben.

Hieran sieht man gleich zwei wichtige Dinge:

1. Es wird nichts über die Integrationskonstante ausgesagt. Die Differentialgleichung hat nämlich viele Lösungen. Erst wenn man noch eine zusätzliche Bedingung stellt (meistens den *Anfangswert* vorgibt, d.h. welchen Wert $x(t_0)$ für ein bestimmtes t_0 annehmen soll), wird die Lösung in der Regel eindeutig.
2. Oft ist man bereits zufrieden, wenn man Lösungen von Differentialgleichungen durch ein Integral ausdrücken kann, denn in vielen Fällen lässt sich die Lösung gar nicht mit Hilfe der uns bekannten Funktionen (Wurzeln, Exponentialfunktion, Sinus, Cosinus, etc.) darstellen. Außer bei *linearen Differentialgleichungen* (siehe Kapitel 17) ist diese Situation sogar die Regel.

16.2 Trennung der Variablen

Eine Differentialgleichung der Form

$$x'(t) = f(t)g(x),$$

bei der sich die rechte Seite in ein Produkt aus einem nur von t abhängigen Faktor $f(t)$ und einem nur von x abhängigen Faktor $g(x)$ zerlegen lässt, nennt man eine Differentialgleichung mit getrennten Variablen. Für das zugehörige **Anfangswertproblem**

$$\begin{cases} x'(t) &= f(t)g(x), \quad x \in \mathbb{R} \\ x(t_0) &= x_0 \end{cases}$$

mit stetigen Funktionen f und g lässt sich die Lösung wie folgt ermitteln:
Wir nehmen zunächst an, wir hätten schon eine Lösung $x : [t_0, T] \to \mathbb{R}$ des Anfangswertproblems gefunden, für die $g(x(t)) \neq 0$ ist für alle $t \in [t_0, T]$.
Dann kann man die Differentialgleichung ohne Probleme durch $g(x(t))$ teilen und auf beiden Seiten von t_0 bis t integrieren, So erhält man die zunächst unhandlich aussehende Gleichung

$$\int_{t_0}^{t} \frac{x'(\tau)\, d\tau}{g(x(\tau))} = \int_{t_0}^{t} f(\tau)\, d\tau,$$

und nach der Substitution $u = x(\tau)$ mit $\mathrm{d}u = x'(\tau)\,\mathrm{d}\tau$ dann

$$\int_{x_0}^{x(t)} \frac{\mathrm{d}u}{g(u)} = \int_{t_0}^{t} f(\tau)\,\mathrm{d}\tau.$$

An dieser Stelle hängt es nun von den konkreten Funktionen f und g ab, ob man die beiden Integrale explizit berechnen kann. Abstrakt können wir aber mit Hilfe des Hauptsatzes der Differential- und Integralrechnung auf jeden Fall

$$G(x) := \int_{x_0}^{x} \frac{\mathrm{d}u}{g(u)}$$

definieren, d.h. G soll eine Stammfunktion von $\frac{1}{g}$ mit $G(x_0) = 0$ sein. Genauso können wir durch

$$F(t) := \int_{t_0}^{t} f(\tau)\,\mathrm{d}\tau$$

eine Stammfunktion F von f mit $F(t_0) = 0$ festlegen.
Dadurch geht die Gleichung über in die Form

$$G(x(t)) = F(t)$$

Weil wir vorausgesetzt hatten, dass $g(x(t)) \neq 0$ ist, wechselt auch $g(u)$ nie das Vorzeichen und die Funktion G ist streng monoton (wachsend oder fallend). Monotone Funktionen sind aber umkehrbar, zu G gibt es also eine Umkehrfunktion G^{-1} und wir können die Lösung des Anfangswertproblems als

$$x(t) = G^{-1}(F(t))$$

hinschreiben. Für eine konkrete Differentialgleichung ist allerdings wieder nicht sicher, dass man die Umkehrfunktion G^{-1} explizit hinschreiben kann.

Erweitert man die bisherigen Überlegungen noch etwas, erhält man den folgenden Satz, der noch eine Eindeutigkeitsaussage beinhaltet.

Satz 16.1 (Trennung der Variablen):

Betrachte die Differentialgleichung

$$x'(t) = f(t)g(x)$$

mit stetigen Funktionen f und g und dem Anfangswert $x(t_0) = x_0$.

(i) Falls $g(x_0) = 0$, dann ist $x(t) \equiv x_0$ eine Lösung des Anfangswertproblems.

(ii) Falls $g(x_0) \neq 0$, dann existiert ein offenes Intervall $(t_0 - \delta, t_0 + \delta)$ um $t = t_0$, so dass das Anfangswertproblem mindestens auf dem Intervall $(t_0 - \delta, t_0 + \delta)$ genau eine Lösung besitzt.
Diese Lösung erhält man durch Auflösen der Gleichung nach $x(t)$

$$\int_{x_0}^{x(t)} \frac{\mathrm{d}u}{g(u)} = \int_{t_0}^{t} f(\tau)\,\mathrm{d}\tau.$$

Beispiel (Explosion, „blow up"):

Die Differentialgleichung $x'(t) = x(t)^2$ mit Anfangswert $x(0) = x_0$ lässt sich durch Trennung der Variablen lösen:

$$\int_{x_0}^{x(t)} \frac{\mathrm{d}u}{u^2} = \int_0^t d\tau$$

$$\Leftrightarrow \quad \frac{1}{x_0} - \frac{1}{x(t)} = t$$

$$\Leftrightarrow \quad x(t) = \frac{1}{t - \frac{1}{x_0}}$$

Für $x_0 > 0$ etwa existiert diese Lösung also nur bis $t_{max} = \frac{1}{x_0}$.
Die Abbildung zeigt den Fall $x_0 = \frac{1}{2}$ mit $t_{max} = 2$.

Beispiel (Freier Fall):

Sei $v(t)$ die Geschwindigkeit eines fallenden Körpers, auf den Gravitation und Luftwiderstand wirken. Wenn die Reibungskraft durch den Luftwiderstand proportional zu v^2 ist, dann gilt die Bewegungsgleichung

$$v'(t) = g - cv^2$$

mit einer Anfangsgeschwindigkeit $v(0) = v_0$.
Diese Differentialgleichung hat die Form $v'(t) = f(t)h(v)$ mit $f(t) = 1$ und $h(v) = g - cv^2$. Falls $h(v_0) = 0$ ist, d.h. $v_0 = \sqrt{g/c}$, dann ist die konstante Funktion $v(t) = \sqrt{g/c}$ eine Lösung, die auch physikalisch einleuchtend ist: Gravitationsbeschleunigung und Luftwiderstand gleichen sich dann genau aus.
Setzt man zur Abkürzung $\alpha = \sqrt{g/c}$, dann findet man für $v_0 \neq \alpha$ die Lösung mit Trennung der Variablen und Partialbruchzerlegung wie folgt:

$$\begin{aligned}
\int_{v_0}^{v(t)} \frac{du}{g - cu^2} = \frac{1}{c}\int_{v_0}^{v(t)} \frac{du}{\alpha^2 - u^2} &= \int_0^t d\tau \\
\Leftrightarrow \quad \frac{1}{c}\left(\frac{1}{2\alpha}\int_{v_0}^{v(t)} \frac{du}{\alpha + u} + \frac{1}{2\alpha}\int_{v_0}^{v(t)} \frac{du}{\alpha - u}\right) &= t \\
\Leftrightarrow \quad \frac{1}{2\alpha c}(\ln|\alpha + v(t)| - \ln|\alpha + v_0| - \ln|\alpha - v(t)| + \ln|\alpha - v_0|) &= t \\
\Leftrightarrow \quad \frac{(\alpha + v(t))(\alpha - v_0)}{(\alpha + v_0)(\alpha - v(t))} &= e^{2\alpha ct}
\end{aligned}$$

$$\Rightarrow v(t) = \alpha\frac{(\alpha + v_0)e^{2\alpha ct} - \alpha + v_0}{(\alpha + v_0)e^{2\alpha ct} + \alpha - v_0} = \alpha\frac{\alpha + v_0 - (\alpha - v_0)e^{-2\alpha ct}}{\alpha + v_0 + (\alpha - v_0)e^{-2\alpha ct}}$$

Wegen $\lim\limits_{t\to\infty} e^{-2\alpha ct} = 0$ ist $\lim\limits_{t\to\infty} v(t) = \alpha = \sqrt{g/c}$.
Die Geschwindigkeit nähert sich also immer mehr dem *Gleichgewichtswert* an.

Beispiel: Für eine Differentialgleichung der speziellen Form $x'(t) = f(at + bx(t) + c)$ erfüllt die Funktion $y(t) = at + bx(t) + c$ die Differentialgleichung

$$y'(t) = a + bx'(t) = a + bf(y(t)).$$

Diese können wir mit Trennung der Variablen lösen.

Wir betrachten nun ein konkretes Beispiel diesen Typs und gehen dabei ein wenig anders vor als bisher, indem wir zunächst nur unbestimmte Integrale benutzen und erst bei der Festlegung der Integrationskonstanten die Anfangsbedingung ins Spiel bringen.
Das Anfangswertproblem

$$x'(t) = (t + x(t))^2, \quad x(0) = x_0$$

ist von der oben beschriebenen Form mit $a = b = 1$, $c = 0$ und $f(y) = y^2$. Man kann es lösen, indem man zunächst wie oben vorgeschlagen $y(t) = t + x(t)$ setzt.
Durch Differenzieren findet man für y die Differentialgleichung

$$y'(t) = 1 + y^2(t)$$

und die Anfangsbedingung $y(0) = x_0$. Mit Trennung der Variablen erhalten wir

$$\begin{aligned} \int \frac{1}{1+y^2}\,\mathrm{d}y &= \int 1\,\mathrm{d}t, \\ \Rightarrow \arctan y(t) &= t + C \\ \Rightarrow y(t) &= \tan(t+C) \\ \Rightarrow x(t) &= \tan(t+C) - t \end{aligned}$$

wobei die Integrationskonstanten beider Integrale zu einer Konstanten C zusammengefasst sind. Damit die Anfangsbedingung $x(0) = x_0$ erfüllt ist, muss $x_0 = \tan C$ sein, d.h. $C = \arctan(x_0)$. Die gesuchte Lösung lautet also $x(t) = \tan(t + \arctan(x_0)) - t$.

Beispiel (Kettenlinie):

In Kapitel 11 wurde bei den Hyperbelfunktionen bereits angesprochen, dass der Cosinus hyperbolicus auch als Kettenlinie bekannt ist, weil er die Form eines an zwei Punkten befestigten Seils unter dem Einfluss seines eigenen Gewichts angibt.

Beschreibt man das Seil durch den Graphen einer Funktion $y(x)$, dann führen Überlegungen aus der Mechnik über die Kräfte im Seil auf die Differentialgleichung

$$v'(x) = \frac{1}{c}\sqrt{1+v^2}$$

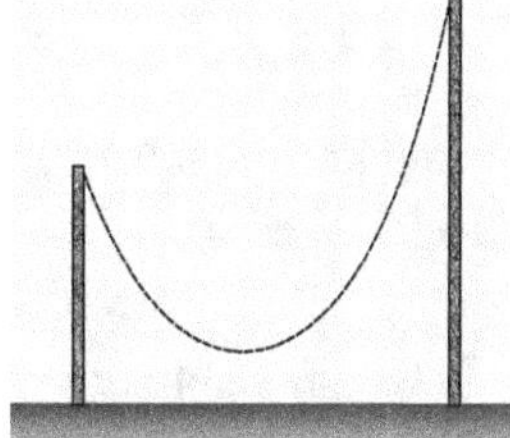

für die Ableitung $v(x) = y'(x)$, wobei die Konstante c mit der Länge des Seils und der Höhe und dem Abstand der Befestigungspunkte zu tun hat. Diese Differentialgleichung lässt sich mittels Trennung der Variablen lösen:

$$\int_{v_0}^{v(x)} \frac{c}{\sqrt{1+v^2}}\,\mathrm{d}v = \int_{x_0}^{x} \mathrm{d}x$$

und wir finden mit der Substitution $v = \sinh(u)$

$$c(u - u_0) = x - x_0 \Rightarrow c(\mathrm{Arsinh}(v(x)) - \mathrm{Arsinh}(v_0)) = x - x_0$$

Wählt man x_0 so, dass dort der Tiefpunkt des durchhängenden Seils ist, also

$$v_0 = v(x_0) = y'(x_0) = 0,$$

so ergibt sich daraus

$$v(x) = \sinh\left(\frac{x}{c}\right)$$

und nochmalige Integration liefert

$$y(x) = c\cosh\left(\frac{x}{c}\right) + C_1\,.$$

16.3 Lineare Differentialgleichungen

Es gibt eine wichtige Klasse von Differentialgleichungen, die man (zumindest im Prinzip) immer mit Trennung der Variablen lösen kann: die skalaren **linearen Differentialgleichungen**

$$x'(t) = a(t)x(t) + b(t)$$

mit stetigen Funktionen a und b.
Eine lineare Differentialgeichung heißt **homogen**, falls $b(t) = 0$ ist und **inhomogen**, falls $b(t) \neq 0$ ist.

Wir beginnen mit dem einfachsten Fall, der homogenen linearen Differentialgleichung mit konstanten Koeffizienten

$$x'(t) = ax(t),$$

es ist also zunächst $b(t) \equiv 0$ und $a \in \mathbb{R}$ eine Zahl.
Gesucht sei die Lösung dieser Differentialgleichung zum Anfangswert $x(t_0) = x_0$.
Auch wenn es nicht allzu schwer ist, die Lösung zu erraten, benutzen wir wieder Trennung der Variablen und erhalten

$$\int_{x_0}^{x(t)} \frac{1}{u} \mathrm{d}u = \int_{t_0}^{t} a \,\mathrm{d}\tau \Rightarrow \ln x(t) - \ln x_0 = a(t - t_0) \Rightarrow x(t) = x_0 \, \mathrm{e}^{a(t-t_0)}.$$

Nur wenig komplizierter ist die Lösung der homogenen linearen Differentialgleichung

$$x'(t) = a(t)x(t),$$

wenn $a(t)$ von t abhängt. Diese Differentialgleichung mit dem Anfangswert $x(t_0) = x_0$ können wir ebenfalls durch Trennung der Variablen lösen. Wir rechnen formal

$$\begin{aligned} \frac{\mathrm{d}}{\mathrm{d}t} \ln x(t) = \frac{x'(t)}{x(t)} &= a(t) \\ \ln x(t) &= \int_{t_0}^{t} a(\tau) \,\mathrm{d}\tau + \ln C, \\ x(t) &= C \cdot \exp\left(\int_{t_0}^{t} a(\tau) \,\mathrm{d}\tau \right). \end{aligned}$$

Man kann durch Ableiten direkt nachprüfen, dass dies für beliebige Werte von C immer eine Lösung der Differentialgleichung ist. Durch die Wahl $C := x_0$ der Integrationskonstante kann man beliebige Anfangswerte $x(t_0) = x_0$ realisieren.

Beispiel: Das Anfangswertproblem

$$x'(t) = \sqrt{t} x(t), \qquad x(1) = 1$$

führt auf die Lösung

$$x(t) = C \cdot \exp\left(\int_{1}^{t} \sqrt{\tau} \,\mathrm{d}\tau \right) = C \cdot \exp\left(\frac{2}{3} t^{3/2} - 1 \right),$$

wobei C so gewählt sein muss, dass $x(1) = 1$ ist. Dies liefert $C = e^{1/3}$ und damit als Lösung des Anfangswertproblems

$$x(t) = \exp\left(\frac{2}{3}t^{3/2} - \frac{2}{3}\right).$$

16.4 Inhomogene lineare Differentialgleichungen

Wir untersuchen jetzt die inhomogene lineare Differentialgleichung

$$x'(t) = a(t)x(t) + b(t).$$

Zunächst gilt: Wenn $x_1(t)$ und $x_2(t)$ zwei Lösungen dieser Differentialgleichung sind, dann ist ihre Differenz $z(t) := x_1(t) - x_2(t)$ eine Lösung der homogenen Differentialgleichung

$$x'(t) = a(t)x(t),$$

denn

$$\begin{aligned} z'(t) &= x_1'(t) - x_2'(t) \\ &= a(t)x_1(t) + b(t) - (a(t)x_2(t) + b(t)) \\ &= a(t)(x_1(t) - x_2(t)) \;=\; a(t)z(t)\,. \end{aligned}$$

Alle Lösungen der inhomogenen Differentialgleichung (die „allgemeine Lösung“) ergeben sich damit als

$$x(t) = x_p(t) + x_h(t),$$

wobei x_p *eine* beliebige Lösung der inhomogenen Differentialgleichung ist und x_h *alle* Lösungen der homogenen Differentialgleichung durchläuft. Dies ist nicht nur im vorliegenden Fall einer einzigen Differentialgleichung so, sondern wir werden dieselbe Lösungsstruktur auch bei Systemen von mehreren linearen Differentialgleichungen wiederfinden und ausnutzen.

Wie findet man nun (wenigstens) *eine* Lösung der inhomogenen Differentialgleichung?
Die Methode der „Variation der Konstanten“ von Lagrange besteht darin, einen Ansatz der Form

$$x(t) = C(t) \cdot \exp\left(\int_{t_0}^{t} a(\tau)\,\mathrm{d}\tau\right)$$

zu wählen, also in der Lösung für die zugehörige homogene Differentialgleichung die Konstante C durch eine Funktion $C(t)$ zu ersetzen, und diese Konstante dadurch *variabel* zu machen. Dieser Ansatz führt unter Verwendung der Produkt- und der Kettenregel auf die Gleichung

$$C'(t)e^{\left(\int_{t_0}^{t} a(\tau)\,\mathrm{d}\tau\right)} + C(t)e^{\left(\int_{t_0}^{t} a(\tau)\,\mathrm{d}\tau\right)}a(t) = a(t)C(t)e^{\left(\int_{t_0}^{t} a(\tau)\,\mathrm{d}\tau\right)} + b(t),$$

denn nach dem Hauptsatz der Differential- und Integralrechnung ist

$$\frac{\mathrm{d}}{\mathrm{d}t}\int_{t_0}^{t} a(\tau)\,\mathrm{d}\tau = \frac{\mathrm{d}}{\mathrm{d}t}(A(t) - A(t_0)) = A'(t) = a(t),$$

wobei A eine Stammfunktion von a ist. Damit erhält man die Differentialgleichung

$$C'(t) = e^{-\left(\int_{t_0}^{t} a(\tau)\,\mathrm{d}\tau\right)}b(t)$$

für die Funktion $C(t)$, die sich durch Integration direkt lösen lässt. Wir erhalten

$$C(t) = \int_{t_0}^{t} b(\tau) \cdot \exp\left(-\int_{t_0}^{\tau} a(\sigma)\,\mathrm{d}\sigma\right)\,\mathrm{d}\tau + C_0.$$

Die Integrationskonstante C_0 kann wieder dazu benutzt werden, dass die Lösung einen vorgegebenen Anfangswert annimmt.

Auch hier kann man zeigen, dass diese Lösung *die* eindeutige Lösung ist, oder als Satz formuliert:

Satz 16.2 („Variation der Konstanten"):

Die eindeutig bestimmte Lösung von $x'(t) = a(t)x(t) + b(t)$ zum Anfangswert $x(t_0) = x_0$ ist durch

$$x(t) = \left[x_0 + \int_{t_0}^{t} b(\tau) \cdot \exp\left(-\int_{t_0}^{\tau} a(\rho)\,\mathrm{d}\rho\right)\mathrm{d}\tau\right] \cdot \exp\left(\int_{t_0}^{t} a(\sigma)\,\mathrm{d}\sigma\right)$$

gegeben.

Wenn $a(t)$ nicht von t abhängt, sondern konstant ist, dann ist $\int_{t_0}^{\tau} a(\rho)\,\mathrm{d}\rho = a(\tau - t_0)$ und die Darstellung vereinfacht sich deutlich. Für konstantes a lautet sie

$$x(t) = \left[x_0 + \int_{t_0}^{t} b(\tau) \cdot e^{-a(\tau - t_0)}\,\mathrm{d}\tau\right] \cdot e^{a(t-t_0)} = x_0 \cdot e^{a(t-t_0)} + \int_{t_0}^{t} b(\tau) \cdot e^{-a(t-\tau)}\,\mathrm{d}\tau.$$

Dieser Fall tritt im folgenden Beispiel ein.

Beispiel: Das Anfangswertproblem

$$x'(t) = -2x(t) + t^3, \quad x(1) = 2$$

hat nach dem vorhergehenden Satz die eindeutige Lösung

$$\begin{aligned}
x(t) &= \left(2 + \int_1^t \tau^3 \cdot e^{2(\tau-1)}\,\mathrm{d}\tau\right) \cdot e^{-2(t-1)} \\
&= 2e^{-2(t-1)} + \int_1^t \tau^3 \cdot e^{2\tau}\,\mathrm{d}\tau \cdot e^{-2t} \\
&= 2e^{-2(t-1)} + e^{-2t}\left[\frac{(4\tau^3 - 6\tau^2 + 6\tau - 3)e^{2\tau}}{8}\right]_1^t \\
&= 2e^{-2(t-1)} + \frac{4t^3 - 6t^2 + 6t - 3}{8} - \frac{e^{2-2t}}{8} \\
&= \frac{15}{8}e^2 e^{-2t} + \frac{4t^3 - 6t^2 + 6t - 3}{8}.
\end{aligned}$$

Im nächsten Beispiel hängt $a(t)$ wirklich von t ab und die Rechnung ist etwas aufwändiger.

Beispiel: Die Lösung der Differentialgleichung $x'(t) = \tan(t)x(t) + \sin(t)$ zum Anfangswert $x(0) = 1$ ist

$$\begin{aligned}
x(t) &= \left(1 + \int_0^t \sin(\tau) \cdot \exp\left(-\int_0^\tau \tan(\rho)\, \mathrm{d}\rho\right) \mathrm{d}\tau\right) \cdot \exp\left(\int_0^t \tan(\sigma)\, \mathrm{d}\sigma\right) \\
&= \left(1 + \int_0^t \sin(\tau) \cdot \exp\left(\ln(\cos(\tau))\right) \mathrm{d}\tau\right) \cdot \exp\left(-\ln(\cos(t))\right) \\
&= \left(1 + \int_0^t \underbrace{\sin(\tau)\cos(\tau)}_{=\frac{1}{2}\sin(2\tau)} \mathrm{d}\tau\right) \cdot \frac{1}{\cos(t)} \\
&= \left(1 - \tfrac{1}{4}\cos(2\tau) + \tfrac{1}{4}\cos(0)\right) \cdot \frac{1}{\cos(t)} \\
&= \frac{5 - \cos(2t)}{4\cos(t)} .
\end{aligned}$$

Im nächsten Kapitel wenden wir uns der Frage zu, wie man mehrere lineare Differentialgleichungen lösen kann, die miteinander gekoppelt sind.

Nach diesem Kapitel sollten Sie ...

... wissen, was man unter einer Differentialgleichung versteht

... eine Differentialgleichung 1. Ordnung hinschreiben können

... erkennen können, ob sich eine Differentialgleichung durch „Trennung der Variablen“ lösen lässt

... geeignete Differentialgleichung durch „Trennung der Variablen“ lösen können

... die spezielle Lösung einer Differentialgleichung zu einer vorgegebenen Anfangsbedingung angeben können

... den Unterschied zwischen homogenen und inhomogenen linearen Differentialgleichungen kennen

... wissen, wie die Lösung einer homogenen linearen Differentialgleichung aussieht

... mit „Variation-der-Konstanten“ auch die Lösung einer inhomogenen linearen Differentialgleichung bestimmen können

Aufgaben zu Kapitel 16

1. Welche der drei Differentialgleichungen

$$x'(t) = \sin(t), \quad x'(t)x''(t) - x(t)^2 = t^2 \text{ und } \sqrt{x'(t)^2 + x(t)^2} = 1 - t$$

ist eine explizite Differentialgleichung 1.Ordnung?
Skizzieren Sie für diese Differentialgleichung das Richtungsfeld.

2. (a) Welche Funktion erfüllt die Differentialgleichung $x'(t) = x^3 e^t$ mit dem Anfangswert $x(0) = 2$?

(b) Bestimmen Sie die Lösung des Anfangswertproblems

$$x'(t) = t^2 - t^2 \sin^2(x), \qquad x(0) = \frac{\pi}{4}$$

(c) Bestimmen Sie die Lösung der Differentialgleichung $x'(t) = \sin(t) \cdot e^x$ mit $x(0) = 1$.

3. **Kugel in Öl**
Eine Stahlkugel vom Radius r fällt in eine mit Öl gefüllte Wanne. Beim Fall erfährt sie die Stokessche Reibungskraft $F = 6\pi\eta r v$ wobei η die Viskosität (Zähigkeit) der Flüssigkeit beschreibt.

Bestimmen Sie die Geschwindigkeit der Kugel als Funktion der Zeit. Nehmen Sie dazu an, dass die Kugel zur Zeit $t_0 = 0$ mit der Geschwindigkeit v_0 in die Flüssigkeit eintaucht. Außerdem gilt das Newtonsche Gesetz „Masse mal Beschleunigung = Summe aller angreifenden Kräfte", wobei die Beschleunigung $a(t) = v'(t)$ die Ableitung der Geschwindigkeit ist.

4. Zeigen Sie, dass sich jede Differentialgleichung der Form

$$y'(t) = \frac{y}{t} + g(t) \cdot f\left(\frac{y}{t}\right)$$

mit stetigen Funktionen f und g durch die Transformation $y(t) = tu(t)$ in eine Differentialgleichung für u umschreiben lässt, die wiederum durch Trennung der Variablen gelöst werden kann.
Lösen Sie mit dieser Vorgehensweise die Differentialgleichung

$$x'(t) = \frac{x^2 + t^2}{xt}.$$

5. **Vektorfeld**

(a) Machen Sie sich klar, dass sich das Anfangswertproblem

$$x'(t) = (x + t)^2, \quad x(1) = 1$$

mit den in der Vorlesung besprochenen Methoden *nicht* direkt lösen lässt.

(b) Skizzieren Sie das Richtungsfeld der Differentialgleichung aus (a) und überlegen Sie, wie die Lösungskurven ungefähr verlaufen.

(c) Betrachten Sie die neue Funktion $y(t) = x(t) + t$, wobei $x(t)$ eine Lösung der Differentialgleichung aus (a) ist. Welche Differentialgleichung erfüllt dann $y(t)$?
Lösen Sie diese und bestimmen Sie mit ihrer Hilfe die Lösung des ursprünglichen Anfangswertproblems

6. Aus einer Wassertonne (d.h. einem zylindrischen Behälter) mit Querschnittsfläche A fließt durch ein kleines Loch mit Flächeninhalt a im Boden Wasser. Ist das Fass bis zur Höhe h gefüllt, dann strömt die Flüssigkeit mit der Geschwindigkeit $v = \sqrt{2gh}$ aus, wobei $g \approx 9,81\,\frac{m}{s^2}$ die Erdbeschleunigung ist.

   Überlegen Sie sich, welche Differentialgleichung die Wasserstandshöhe erfüllt. Achten Sie dabei auf die Volumenerhaltung, d.h. gerade so viel Flüssigkeit, wie unten herausfließt, fehlt „oben" im Fass.

   Finden Sie mit diesen Angaben heraus, wie schnell der Wasserstand bei einem Verhältnis $\frac{A}{a} = 100$ von der Höhe $h = 1,0\,\text{m}$ auf $h = 0,5\,\text{m}$ sinkt und wann das Fass leer ist.

7. Finden Sie die Lösung der Differentialgleichungen
   (a) $y'(t) + \cos(t)y(t) = 0$
   (b) $x'(t) = -3x(t) + e^{-t}$ mit $x(0) = 1$,
   (c) $x'(t) + 3t^2x(t) = 6t^2$ und
   (d) $y'(t) = -3\frac{y(t)}{t} + t^2$ mit $y(1) = 1$

8. Bestimmen Sie alle Lösungen der Differentialgleichung $x'(t) = -x(t) + \cos(t)$. Wie verhalten sich diese Lösungen „auf lange Sicht", das heißt für $t \to \infty$?

17 Lineare Differentialgleichungen

17.1 Was sind lineare Differentialgleichungen?

Wir untersuchen in diesem Kapitel Lösungen von linearen gewöhnlichen Differentialgleichungen, das heißt Differentialgleichungen $x'(t) = ...$, $x''(t) = ...$ etc. und $\vec{x}\,'(t) = \ldots$, deren rechte Seite eine lineare Funktion ist. Die Ordnung der Differentialgleichung entspricht wieder der höchsten vorkommenden Ableitung.

Beispiele :

(i) $x'''(t) = 2x''(t) - 4x(t) + \sin(t)$ ist eine gewöhnliche Differentialgleichung 3. Ordnung.

(ii) Die Gleichung $x''(t) = -\omega^2 \cdot x(t)$ ist eine gewöhnliche Differentialgleichung 2. Ordnung für die Funktion $x(t)$.

In der Physik ist sie als Gleichung des *harmonischen Oszillators* bekannt. Sie entsteht in der Dynamik aus dem Newtonschen Gesetz „Kraft = Masse mal Beschleunigung", wenn man die Auslenkung x einer Masse m, die an einer Feder der Federkonstante D hängt, beschreibt. Dabei ergibt sich $\omega^2 = \frac{D}{m}$.

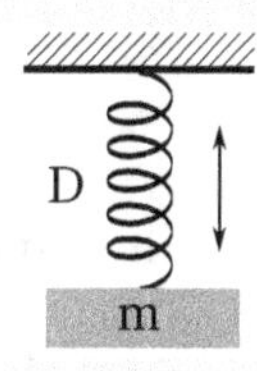

Dieselbe Differentialgleichung erhält man aber auch bei einem elektrischen Schwingkreis aus Kondensator und Spule, dort mit $\omega^2 = \frac{1}{LC}$, wobei C die Kapazität des Kondensators und L die Induktivität der Spule sind und x der Spannung U entspricht.

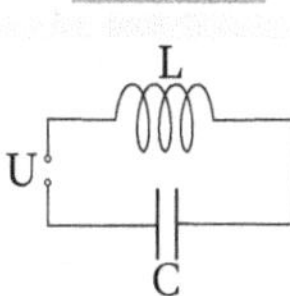

Man kann nachprüfen, dass beispielsweise $x(t) = \sin(\omega t)$ eine Lösung dieser Differentialgleichung ist. Die Differentialgleichung lässt sich auch als ein System von zwei Differentialgleichungen 1. Ordnung darstellen:

$$\begin{aligned} x'(t) &= y(t) \\ y'(t) &= -\omega^2 \cdot x(t) \end{aligned}$$

Leitet man die erste Gleichung ab, erhält man $x''(t) = y'(t)$ und daraus mit Hilfe der zweiten Gleichung dann $x''(t) = -\omega^2 \cdot x(t)$. In Matrixschreibweise sieht das System folgendermaßen aus:

$$\begin{pmatrix} x'(t) \\ y'(t) \end{pmatrix} = \begin{pmatrix} 0 & 1 \\ -\omega^2 & 0 \end{pmatrix} \begin{pmatrix} x(t) \\ y(t) \end{pmatrix}$$

Anregung zur weiteren Vertiefung :

Überlegen Sie sich, wie man auf ähnliche Weise die Differentialgleichung 3. Ordnung aus Beispiel (i) in ein System aus drei Differentialgleichungen 1. Ordnung umschreiben könnte. Vielleicht wird Ihnen dabei schon klar, wie man aus einer Differentialgleichung n. Ordnung ganz allgemein ein System aus n Differentialgleichungen 1. Ordnung machen kann.

Definition (Lineare Differentialgleichung n-ter Ordnung):

Eine Differentialgleichung der Form

$$x^{(n)}(t) + a_{n-1}(t)x^{(n-1)}(t) + a_{n-2}(t)x^{(n-2)}(t) + \ldots + a_2(t)x''(t) + a_1(t)x'(t) + a_0(t)x(t) = b(t)$$

heißt lineare Differentialgleichung n-ter Ordnung.
Hängen die Koeffizienten $a_0(t), a_1(t), \ldots, a_{n-1}(t)$ nicht von t ab, dann spricht man von einer Differentialgleichung mit konstanten Koeffizienten.

Falls $b(t) = 0$ ist für alle t, nennt man das System **homogen**, ansonsten handelt es sich um eine **inhomogene Differentialgleichung**. Der Term $b(t)$ heißt **Inhomogenität** oder **Störterm**.

Definition (System linearer Differentialgleichungen):

Ein Gleichungssystem

$$\begin{aligned}
x_1'(t) &= a_{11}(t)x_1(t) + a_{12}(t)x_2(t) + \ldots + a_{1n}(t)x_n(t) + b_1(t) \\
x_2'(t) &= a_{21}(t)x_1(t) + a_{22}(t)x_2(t) + \ldots + a_{2n}(t)x_n(t) + b_2(t) \\
\vdots \quad & \qquad \vdots \qquad\qquad \vdots \qquad\qquad\qquad \vdots \\
x_n'(t) &= a_{n1}(t)x_1(t) + a_{n2}(t)x_2(t) + \ldots + a_{nn}(t)x_n(t) + b_n(t)
\end{aligned}$$

nennt man **System von linearen Differentialgleichungen 1. Ordnung.**
Fasst man die Koeffizienten $a_{ij}(t)$ in einer Matrix $A(t)$ zusammen, dann lässt sich das System auch kurz in der Form

$$\vec{x}\,'(t) = A(t)\vec{x}(t) + \vec{b}(t)$$

schreiben.
Auch hier spricht man von einer Differentialgleichung mit konstanten Koeffizienten, wenn die a_{ij} konstant sind und nicht von t abhängen, und nennt das System **homogen**, falls $\vec{b}(t) = 0$ ist für alle t und **inhomogen**, falls $\vec{b}(t) \neq 0$ ist.

Ein homogenes System linearer Differentialgleichungen der Form $\vec{x}\,'(t) = A(t)\vec{x}(t)$ besitzt immer die *triviale Lösung* $\vec{x}(t) = \vec{0}$. Das ist analog zu der Eigenschaft homogener linearer Gleichungssysteme $B\vec{v} = \vec{0}$, die immer die triviale Lösung $\vec{v} = \vec{0}$ besitzen.

Bemerkung :

Statt $\vec{x}\,'(t) = A(t)\vec{x}(t) + \vec{b}(t)$ könnte man das System auch mit anderen Variablennamen schreiben, zum Beispiel in der Form $\vec{y}\,'(x) = A(x)\vec{y}(x) + \vec{c}(x)$. Entsprechend würde man dann nach Lösungen $\vec{y}(x) = (y_1(x), y_2(x), \ldots, y_n(x))^T$ suchen. Sie werden auch in verschiedenen Büchern diese Notation finden.
Die Entscheidung über die Notation ist bis zu einem gewissen Grad Geschmackssache, soll hier aber aber auch betonen, dass man sich Lösungen von Differentialgleichungen als Kurven im n-dimensionalen Raum vorstellen sollte, die durchlaufen werden, so wie es die Variable t (die „Zeit") angibt, also mit einer bestimmten Richtung und einer Geschwindigkeit. Der Vektor dieser Geschwindigkeit ist dann gerade der Vektor $\vec{x}\,'(t)$. Dass hier nicht wie zum Beispiel in der Physik üblich $\dot{\vec{x}}$ geschrieben wird, hat ausschließlich typographische Gründe.

Systeme lineare Differentialgleichungen kommen in der Praxis recht oft vor, unter anderem deshalb, weil sie die einzige große Klasse von Systemen gewöhnlicher Differentialgleichungen sind, über deren Lösungen man praktisch alles weiß, und die man in vielen Fällen explizit ausrechnen kann.
Aus diesem Grund werden technische oder physikalische Probleme bei der Modellierung häufig so lange vereinfacht, bis sie sich durch ein System linearer Differentialgleichungen beschreiben lassen. Dabei nimmt man einen Fehler in Kauf, der dann auch die Lösung der Differentialgleichung beeinflusst. Wie gut die gefundene Lösung für das ursprüngliche Problem ist, muss von Fall zu Fall diskutiert werden. Wir verfolgen diese Fragen hier nicht, sondern lernen nur, wie man Systeme linearer Differentialgleichungen löst.

In vielen Fällen sucht man nicht einfach irgendeine Lösung der Differentialgleichung, sondern gibt zusätzlich einen Anfangswert vor.

Definition (Anfangswertproblem):

Seien $t_0 \in \mathbb{R}$ und $\vec{x}_0 \in \mathbb{R}^n$. Dann nennt man ein System linearer Differentialgleichungen versehen mit einer Anfangsbedingung

$$\vec{x}\,'(t) = A(t)\vec{x}(t) + \vec{b}(t), \quad \vec{x}(t_0) = \vec{x}_0$$

ein **(lineares) Anfangswertproblem**. Oft findet man dafür die Abkürzung AWP.

Solche Anfangswertprobleme besitzen unter geringen Annahmen an die Koeffizienten von $A(t)$ und $\vec{b}(t)$ immer eine eindeutige Lösung.

Satz 17.1 (Existenz einer Lösung):

Seien $t_0 \in \mathbb{R}$ und $\vec{x}_0 \in \mathbb{R}^n$ und die Komponenten der Matrix $A(t)$ sowie des Vektors $\vec{b}(t)$ seien stetige Funktionen. Dann hat das Anfangswertproblem

$$\vec{x}\,'(t) = A(t)\vec{x}(t) + \vec{b}(t), \quad \vec{x}(t_0) = \vec{x}_0$$

eine eindeutige Lösung $\vec{x}(t)$, die für alle $t \in \mathbb{R}$ definiert ist.

Die Annahme, dass die Komponenten von $A(t)$ und von $\vec{b}(t)$ stetige Funktionen sind, soll von jetzt an für den Rest des Kapitels gelten, auch wenn sie nicht jedes Mal neu erwähnt wird.

Bemerkung (Motivation):

Hinter der Erwartung, eine eindeutige Lösung zu jedem Anfangswert zu finden, steckt folgende physikalische Vorstellung: Viele Naturgesetze werden durch Differentialgleichungen beschrieben. Man erwartet nun, dass das zukünftige Verhalten eines physikalischen Systems vollständig bestimmt ist, wenn man dieses Gesetz (also die Differentialgleichung) und den exakten Zustand des Systems zu einer Zeit t_0 (also den Anfangswert) kennt.
Wenn also beispielsweise in der klassischen Mechanik die genaue Position und Geschwindigkeit von mehreren Massenpunkten zu einem bestimmten Zeitpunkt t_0 bekannt ist, die sich unter dem Einfluss ihrer gegenseitigen Massenanziehung bewegen, dann sind dadurch ihre Bahnkurven bis in alle Ewigkeit mit beliebiger Präzision festgelegt.

Um die Lösung eines Anfangswertproblems zu berechnen, ist es nützlich, einige allgemeine Eigenschaften der Lösungen von linearen Differentialgleichungen zu beachten.

Satz 17.2 (Superpositionsprinzip):

Sind $\vec{x}_1(t)$ und $\vec{x}_2(t)$ zwei beliebige Lösungen der homogenen linearen Differentialgleichung $\vec{x}\,'(t) = A(t)\vec{x}(t)$, dann sind auch $\vec{x}_1(t) + \vec{x}_2(t)$ und Vielfache $\lambda\vec{x}_1(t)$ mit beliebigem $\lambda \in \mathbb{R}$ Lösungen.

Begründung des Superpositionsprinzips: Wir setzen einfach die Funktionen in die Differentialgleichung ein, von denen behauptet wird, dass es sich um Lösungen handelt und benutzen, dass $\vec{x}_1{}'(t) = A(t)\vec{x}_1(t)$ und $\vec{x}_2{}'(t) = A(t)\vec{x}_2(t)$ ist:

$$(\vec{x}_1 + \vec{x}_2)'(t) = \vec{x}_1{}'(t) + \vec{x}_2{}'(t) = A(t)\vec{x}_1(t) + A(t)\vec{x}_2(t) = A(t)(\vec{x}_1 + \vec{x}_2)(t)$$

und genauso

$$(\lambda\vec{x}_1)'(t) = \lambda\vec{x}_1{}'(t) = \lambda A(t)\vec{x}_1(t) = A(t)\lambda\vec{x}_1(t) = A(t)(\lambda\vec{x}_1)(t).$$

□

Anregung zur weiteren Vertiefung :

Machen Sie sich klar, dass das Superpositionsprinzip für die Lösungen der inhomogenen Differentialgleichung $\vec{x}\,'(t) = A(t)\vec{x}(t) + \vec{b}(t)$ *nicht* gilt.

Bemerkung: Wenn man verschiedene Lösungen $\vec{x}_1(t), \vec{x}_2(t), \ldots$ der Differentialgleichung betrachtet, die jeweils mehrere Komponenten enthalten, muss man sehr auf die Notation achten. In diesem Fall schreiben wir

$$\vec{x}_1(t) = \begin{pmatrix} x_{11}(t) \\ x_{12}(t) \\ \vdots \\ x_{1n}(t) \end{pmatrix}, \vec{x}_2(t) = \begin{pmatrix} x_{21}(t) \\ x_{22}(t) \\ \vdots \\ x_{2n}(t) \end{pmatrix}, \text{ etc.}$$

Nach dem Superpositionsprinzip kann man aus bekannten Lösungen der Differentialgleichung durch Linearkombination neue Lösungen zusammensetzen. Der folgende Satz besagt, dass man für ein System von n homogenen linearen Differentialgleichungen genau n „unabhängige" Lösungen benötigt, um daraus *alle* Lösungen zu konstruieren.

Satz 17.3 :

Wir betrachten das System $\vec{x}\,'(t) = A(t)\vec{x}(t)$ von n homogenen linearen Differentialgleichungen. Zu beliebigen n Lösungen $\vec{x}_1(t), \vec{x}_2(t), \ldots, \vec{x}_n(t)$ definieren wir die **Wronski-Determinante** $W(t)$ als

$$W(t) = \det\left(\vec{x}_1(t), \vec{x}_2(t), \ldots, \vec{x}_n(t)\right) = \det \begin{pmatrix} x_{11}(t) & \ldots & x_{n1}(t) \\ \vdots & \ddots & \vdots \\ x_{1n}(t) & \ldots & x_{nn}(t) \end{pmatrix}.$$

Dann gilt:

(a) Falls $W(t_1) \neq 0$ ist für irgendein $t_1 \in \mathbb{R}$, dann ist $W(t) \neq 0$ für *alle* $t \in \mathbb{R}$.

(b) Falls $W(t) \neq 0$ ist, dann lässt sich jede Lösung der Differentialgleichung $\vec{x}'(t) = A\vec{x}(t)$ in der Form

$$\vec{x}(t) = c_1\vec{x}_1(t) + c_1\vec{x}_2(t) + \ldots + c_n\vec{x}_n(t)$$

mit geeigneten Konstanten $c_1, c_2, \ldots, c_n \in \mathbb{R}$ schreiben.

Begründung: (a) Es ist einfacher, die umgekehrte Behauptung nachzuweisen. Man zeigt also, dass $W(t) = 0$ sein muss für alle $t \in \mathbb{R}$, wenn auch nur für einen einziges t_1 die Gleichung $W(t_1) = 0$ gilt. Zunächst einmal sollte man sich klarmachen, dass die Bedingung

$$\det\left(\vec{x}_1(t_1), \vec{x}_2(t_1), \ldots, \vec{x}_n(t_1)\right) = 0$$

bedeutet, dass die n Vektoren $\vec{x}_1(t_1), \vec{x}_2(t_1), \ldots, \vec{x}_n(t_1)$ im $\mathbb{R}^n$ linear abhängig sind. Das heißt, dass sich einer dieser Vektoren als Linearkombination aus den anderen $n-1$ Vektoren zusammensetzen lässt. Wir nehmen hier an, dass sich der n-te Vektor durch die anderen darstellen lässt:

$$\vec{x}_n(t_1) = \alpha_1\vec{x}_1(t_1) + \alpha_2\vec{x}_2(t_1) + \ldots + \alpha_{n-1}\vec{x}_{n-1}(t_1)$$

mit Koeffizienten $\alpha_1, \alpha_2, \ldots, \alpha_{n-1}$.
Nach dem Superpositionsprinzip ist $\alpha_1\vec{x}_1(t) + \alpha_2\vec{x}_2(t) + \ldots + \alpha_{n-1}\vec{x}_{n-1}(t)$ eine Lösung der Differentialgleichung, die zur Zeit $t = t_1$ denselben „Anfangs"-Wert hat wie die Lösung $\vec{x}_n$. Nach dem Eindeutigkeitssatz gibt es zu einem Anfangswert aber nur eine einzige Lösung. Daher müssen die Lösungen $\vec{x}_n(t)$ und $\alpha_1\vec{x}_1(t)+\alpha_2\vec{x}_2(t)+\ldots+\alpha_{n-1}\vec{x}_{n-1}(t)$ ein und dieselbe Lösung sein, das heißt

$$\vec{x}_n(t) = \alpha_1\vec{x}_1(t) + \alpha_2\vec{x}_2(t) + \ldots + \alpha_{n-1}\vec{x}_{n-1}(t) \quad \text{für alle} \quad t \in \mathbb{R}.$$

Insbesondere sind dann die Vektoren $\vec{x}_1(t), \vec{x}_2(t), \ldots, \vec{x}_n(t)$ im $\mathbb{R}^n$ für jedes $t \in \mathbb{R}$ linear abhängig und damit $W(t) = 0$.
(b) Sei $\vec{x}(t)$ irgendeine Lösung der Differentialgleichung und $t_0 \in \mathbb{R}$ irgendein Zeitpunkt. Weil $W(t_0) \neq 0$ ist, sind die Spaltenvektoren von $W(t_0)$ linear unabhängig. Daher kann man $\vec{x}(t_0)$ (sogar auf eindeutige Art) durch die n linear unabhängigen Vektoren $\vec{x}_1(t_0), \vec{x}_2(t_0), \ldots, \vec{x}_n(t_0)$ darstellen:

$$\vec{x}(t_0) = c_1\vec{x}_1(t_0) + c_1\vec{x}_2(t_0) + \ldots + c_1\vec{x}_n(t_0)$$

Nun hat man zwei Lösungen der Differentialgleichung, die beide zum Zeitpunkt $t = t_0$ übereinstimmen. Wegen der Eindeutigkeit der Lösung müssen diese beiden Lösungen übereinstimmen, also ist für *alle* $t \in \mathbb{R}$

$$\vec{x}(t) = c_1\vec{x}_1(t) + c_1\vec{x}_2(t) + \ldots + c_1\vec{x}_n(t).$$

□

Bemerkung (Sprechweise):

Die Menge *aller* Lösungen einer Differentialgleichung nennt man auch die **allgemeine Lösung** der Differentialgleichung.

Definition (Fundamentalsystem):

Man nennt die n Lösungen $\{\vec{x}_1(t), \vec{x}_2(t), \ldots \vec{x}_n(t)\}$ der Differentialgleichung $\vec{x}'(t) = A\vec{x}(t)$ ein **Fundamentalsystem**, falls $\det\left(\vec{x}_1(t), \vec{x}_2(t), \ldots, \vec{x}_n(t)\right) \neq 0$.

Für jeden Zeitpunkt $t \in \mathbb{R}$ bilden also die n Vektoren $\{\vec{x}_1(t), \vec{x}_2(t), \ldots \vec{x}_n(t)\}$ eine Basis des $\mathbb{R}^n$. Oft wird auch die aus diesen Lösungen gebildete Matrixfunktion

$$\Phi(t) = \begin{pmatrix} x_{11}(t) & \ldots & x_{n1}(t) \\ \vdots & \ddots & \vdots \\ x_{1n}(t) & \ldots & x_{nn}(t) \end{pmatrix}$$

als **Fundamentallösung** oder **Fundamentalmatrix** bezeichnet.

Man kann nachrechnen, dass Φ die Matrix-Differentialgleichung $Y'(t) = AY(t)$ erfüllt, denn es ist

$$\Phi'(t) = (\vec{x}_1'(t), \vec{x}_2'(t), \dots \vec{x}_n'(t)) = \begin{pmatrix} x_{11}'(t) & \dots & x_{n1}'(t) \\ \vdots & \ddots & \vdots \\ x_{1n}'(t) & \dots & x_{nn}'(t) \end{pmatrix} = A\Phi(t) = A(\vec{x}_1(t), \vec{x}_2(t), \dots \vec{x}_n(t)).$$

Satz 17.4 (Vom Fundamentalsystem zur Lösung des Anfangswertproblems):

Sei $\{\vec{x}_1(t), \vec{x}_2(t), \dots \vec{x}_n(t)\}$ ein Fundamentalsystem für die lineare Differentialgleichung $\vec{x}'(t) = A(t)\vec{x}(t)$. Dann ist die Lösung des Anfangswertproblems

$$\vec{x}\,'(t) = A(t)\vec{x}(t), \quad \vec{x}(t_0) = \vec{x}_0$$

gegeben durch

$$\vec{x}(t) = c_1\vec{x}_1(t) + c_2\vec{x}_2(t) + \dots + c_n\vec{x}_n(t)$$

wobei sich die Konstanten $c_1, c_2, \dots, c_n \in \mathbb{R}$ aus der Darstellung

$$\vec{x}_0 = c_1\vec{x}_1(t_0) + c_2\vec{x}_2(t_0) + \dots + c_n\vec{x}_n(t_0)$$

ergeben und durch Lösen eines linearen Gleichungssystems bestimmen lassen.

Begründung: Ähnlich wie eben ist nach dem Superpositionsprinzip $c_1\vec{x}_1 + c_2\vec{x}_2 + \dots + c_n\vec{x}_n$ für beliebige Konstanten $c_1, c_2, \dots, c_n \in \mathbb{R}$ eine Lösung der Differentialgleichung. Falls $\vec{x}_0 = c_1\vec{x}_1(t_0) + c_2\vec{x}_2(t_0) + \dots + c_n\vec{x}_n(t_0)$ ist, dann erfüllt die Lösung auch noch die Anfangsbedingung. Nach dem Existenz- und Eindeutigkeitssatz gibt es aber nur eine einzige solche Lösung, daher muss dies die gesuchte Lösung sein.

□

Mit Hilfe der Fundamentalmatrix lässt sich dasselbe Resultat noch etwas anders schreiben.

Satz 17.5 (Von der Fundamentalmatrix zur Lösung des Anfangswertproblems):

Es sei $\Phi(t)$ eine Fundamentalmatrix für $\vec{x}' = A(t)\vec{x}$. Dann ist $\vec{x}(t) = \Phi(t)\Phi(t_0)^{-1}\vec{x}_0$ die (eindeutige) Lösung des Anfangswertproblems $\vec{x}' = A(t)\vec{x}$, $\vec{x}(t_0) = \vec{x}_0$.

Begründung: Die allgemeine Lösung lautet zunächst

$$\vec{x}(t) = c_1\vec{x}_1(t) + c_2\vec{x}_2(t) + \dots + c_n\vec{x}_n(t) = \Phi(t)\vec{c} \quad \text{mit} \quad \vec{c} = (c_1, c_2, \dots, c_n)^T.$$

Damit die Anfangsbedingung erfüllt ist, muss $\vec{x}_0 = \vec{x}(t_0) = \Phi(t_0)\vec{c}$ sein, also $\vec{c} = \Phi(t_0)^{-1}\vec{x}_0$. Dann ist $\vec{x}(t) = \Phi(t)\vec{c} = \Phi(t)\Phi(t_0)^{-1}\vec{x}_0$. Zur Sicherheit rechnen wir noch nach, dass die Differentialgleichung tatsächlich erfüllt ist:

$$\vec{x}\,'(t) = \Phi'(t)\vec{c} = A(t)\Phi(t)\vec{c} = A(t)\Phi(t)\Phi(t_0)^{-1}\vec{x}_0 = A(t)\vec{x}(t).$$

Außerdem ist

$$\vec{x}(t_0) = \underbrace{\Phi(t_0)\Phi(t_0)^{-1}}_{=E_n}\vec{x}_0 = \vec{x}_0.$$

Da die Differentialgleichung mit dem richtigen Anfangswert erfüllt ist, ist $\vec{x}(t) = \Phi(t)\Phi(t_0)^{-1}\vec{x}_0$ die (eindeutige) Lösung der Anfangswertproblems.

□

Mehr kann man ohne Hilfe durch numerische Verfahren im allgemeinen nicht über die Lösungen von Systemen linearer Differentialgleichungen herausfinden, wenn die Koeffizienten der Matrix $A(t)$ von t abhängig sind. Insbesondere kann es durchaus sein, dass man die Lösungen schon prinzipiell gar nicht durch Summen, Produkte, Verkettungen, etc. von uns bekannten Funktionen darstellen kann. Das ist jedoch anders, wenn $A(t)$ nicht von t abhängt sondern eine konstante Matrix ist. Im nächsten Abschnitt wenden wir uns der Frage zu, welche Lösungen die Differentialgleichung $\vec{x}\,'(t) = A\vec{x}(t)$ konkret besitzt, wenn A nicht von t abhängt, und wie man die Lösung zu einem vorgegebenen Anfangswert findet.

17.2 Lineare Differentialgleichungen mit konstanten Koeffizienten

In diesem Abschnitt lösen wir Systeme von linearen Differentialgleichungen 1. Ordnung

$$\vec{x}\,'(t) = A\,\vec{x}(t), \qquad \vec{x}(t) = \begin{pmatrix} x_1(t) \\ \vdots \\ x_n(t) \end{pmatrix}$$

mit einer $n \times n$-Matrix A, die *nicht* von t abhängt. Man nennt dies auch ein System von linearen Differentialgleichungen **mit konstanten Koeffizienten** im Gegensatz zu **nicht-autonomen** linearen Differentialgleichungen, bei denen die Koeffizienten der Matrix A noch von t abhängen dürfen. Hier können wir einiges von dem anwenden, was wir in Kapitel 7 über Matrizen gelernt haben.

Die Differentialgleichung $\vec{x}\,' = A\vec{x}$ mit diagonalisierbarem A

Sei A eine diagonalisierbare $n \times n$-Matrix. Diagonalisierbar bedeutet, dass es eine invertierbare $n \times n$-Matrix S gibt, so dass

$$S^{-1}AS = D = \operatorname{diag}(\lambda_1, \lambda_2, \ldots, \lambda_n)$$

eine Diagonalmatrix ist. Aus Kapitel 7 wissen wir, dass $\lambda_1, \lambda_2, \ldots, \lambda_n$ die Eigenwerte von A sind und die zugehörigen Eigenvektoren $\vec{v}_1, \vec{v}_2, \ldots, \vec{v}_n$ von A die Spaltenvektoren der Matrix S sind. Die Eigenwerte müssen dabei nicht alle verschieden sein.

Dann ist $A = SDS^{-1}$ und wir können die Differentialgleichung umschreiben als

$$\vec{x}\,'(t) = SDS^{-1}\vec{x}(t) \Leftrightarrow S^{-1}\vec{x}\,'(t) = DS^{-1}\vec{x}(t)\,.$$

Führt man nun $\vec{w}(t) = S^{-1}\vec{x}(t)$ als neue Variable ein, dann ist $\vec{w}\,'(t) = S^{-1}\vec{x}\,'(t)$ und $\vec{w}(t)$ ertüllt die einfachere Differentialgleichung

$$\vec{w}\,'(t) = D\vec{w}(t)\,.$$

In Komponenten ausgeschrieben heißt das

$$\begin{aligned} w_1'(t) &= \lambda_1 w_1(t) \\ w_2'(t) &= \lambda_2 w_2(t) \\ &\vdots \\ w_n'(t) &= \lambda_n w_n(t) \end{aligned}$$

Diese Differentialgleichungen sind alle *entkoppelt* und wir kennen die (eindeutige) Lösung zu einem Anfangswert $\vec{w}(t_0) = S^{-1}\vec{x}(t_0)$ bereits:

$$\begin{array}{rcl} w_1(t) & = & e^{\lambda_1(t-t_0)}w_1(t_0) \\ w_2(t) & = & e^{\lambda_2(t-t_0)}w_2(t_0) \\ \vdots & & \vdots \\ w_n(t) & = & e^{\lambda_n(t-t_0)}w_n(t_0) \end{array}$$

Mit Hilfe der Standard-Basisvektoren $\vec{e}_1, \vec{e}_2, \dots, \vec{e}_n$ des $\mathbb{R}^n$ kann man dies auch in der Form

$$\vec{w}(t) = e^{\lambda_1(t-t_0)}w_1(t_0)\vec{e}_1 + e^{\lambda_2(t-t_0)}w_2(t_0)\vec{e}_2 + \dots + e^{\lambda_n(t-t_0)}w_n(t_0)\vec{e}_n$$

ausdrücken. Multipliziert man diese Gleichung nun wieder mit der Matrix S, gelangt man zu den ursprünglichen Koordinaten zurück:

$$\vec{x}(t) = S\vec{w}(t) = \underbrace{Se^{\lambda_1(t-t_0)}w_1(t_0)\vec{e}_1}_{=e^{\lambda_1(t-t_0)}w_1(t_0)S\vec{e}_1} + Se^{\lambda_2(t-t_0)}w_2(t_0)\vec{e}_2 + \dots + Se^{\lambda_n(t-t_0)}w_n(t_0)\vec{e}_n$$

Da die Spalten von S aus den Eigenvektoren $\vec{v}_1, \vec{v}_2, \dots, \vec{v}_n$ von A bestehen, ist $S\vec{e}_j = \vec{v}_j$ und somit schließlich

$$\vec{x}(t) = e^{\lambda_1(t-t_0)}w_1(t_0)\vec{v}_1 + e^{\lambda_2(t-t_0)}w_2(t_0)\vec{v}_2 + \dots + e^{\lambda_n(t-t_0)}w_n(t_0)\vec{v}_n$$

Die Werte $w_j(t_0)$ ergeben sich aus den Anfangswerten $\vec{x}(t_0)$ über die Gleichung $\vec{w}(t_0) = S^{-1}\vec{x}(t_0)$.

Aus den gerade durchgeführten Überlegungen ergeben sich gleich zwei Methoden, wie man ein Anfangswertproblem $\vec{x}\,' = A\vec{x},\ \vec{x}(t_0) = \vec{x}_0$ mit einer diagonalisierbaren Matrix A konkret lösen kann.

- Hält man sich eng an die obige Rechnung, so muss man zunächst die Eigenwerte $\lambda_1, \dots, \lambda_n$ und die zugehörigen Eigenvektoren $\vec{v}_1, \dots, \vec{v}_n$ der Matrix A bestimmen. Die Eigenvektoren von A bilden dann die Spalten einer Matrix S. Diese Matrix muss man invertieren, dann kann man mit Hilfe des Vektors $\vec{w}_0 = S^{-1}\vec{x}_0 = (w_{01}, w_{02}, \dots, w_{0n})^T$ die Lösung

  $$\vec{x}(t) = e^{\lambda_1(t-t_0)}w_{01}\vec{v}_1 + e^{\lambda_2(t-t_0)}w_{02}\vec{v}_2 + \dots + e^{\lambda_n(t-t_0)}w_{0n}\vec{v}_n$$

  angeben.
- Will man die Matrix S^{-1} vermeiden, die man nur durch Invertieren der Matrix S erhalten kann, so kann man die „Lösungsformel"

  $$\vec{x}(t) = e^{\lambda_1(t-t_0)}w_{01}\vec{v}_1 + e^{\lambda_2(t-t_0)}w_{02}\vec{v}_2 + \dots + e^{\lambda_n(t-t_0)}w_{0n}\vec{v}_n$$

  auch als ein lineares Gleichungssystem für die n Unbekannten $w_{01}, w_{02}, \dots, w_{0n}$ auffassen und dieses Gleichungssystem zum Beispiel mit Hilfe des Gauß-Verfahrens lösen. Im Allgemeinen wird dies die weniger aufwändige Methode sein.

Bemerkung :

Die zweite Methode zeigt uns nebenbei etwas Interessantes: Wir können die Existenz einer Koordinatentransformation S, die die Matrix A diagonalisiert, für unsere Zwecke nutzen, ohne dass wir diese Koordinatentransformation selbst bestimmen müssen.

Beispiel: Die allgemeine Lösung der linearen Differentialgleichung

$$\vec{x}\,'(t) = \begin{pmatrix} 0 & 1 \\ 1 & 0 \end{pmatrix} \vec{x}(t) = A\vec{x}$$

erhält man, indem man das charakteristische Polynom

$$\chi_A(\lambda) = \det(A - \lambda\, E_2) = \lambda^2 - 1$$

aufstellt und seine Nullstellen $\lambda_1 = -1$ und $\lambda_2 = 1$ sowie die zugehörigen Eigenvektoren

$$\vec{v}_1 = \begin{pmatrix} 1 \\ -1 \end{pmatrix} \quad \text{und} \quad \vec{v}_2 = \begin{pmatrix} 1 \\ 1 \end{pmatrix}$$

bestimmt. Sie lautet

$$\vec{x}(t) = C_1 \begin{pmatrix} 1 \\ -1 \end{pmatrix} e^{-t} + C_2 \begin{pmatrix} 1 \\ 1 \end{pmatrix} e^{t} = \begin{pmatrix} C_1 e^{-t} + C_2 e^{t} \\ -C_1 e^{-t} + C_2 e^{t} \end{pmatrix}$$

mit beliebigen Konstanten C_1 und C_2.

Beispiel: Um das Anfangswertproblem

$$\vec{x}\,'(t) = \begin{pmatrix} 0 & 1 & 1 \\ 1 & 0 & 1 \\ 1 & 1 & 0 \end{pmatrix} \vec{x}(t) = B\vec{x}, \qquad \vec{x}(0) = \begin{pmatrix} 0 \\ 1 \\ 5 \end{pmatrix}$$

zu lösen, bestimmt man zunächst das charakteristische Polynom

$$\chi_B(\lambda) = \det(B - \lambda\, E_3) = -\lambda^3 + 3\lambda + 2 = (2 - \lambda)(1 + \lambda)^2.$$

Die Nullstellen $\lambda_1 = 2$ und $\lambda_2 = \lambda_3 = -1$ von χ_B sind die Eigenwerte der Matrix B. Indem man die Gleichungssysteme $(B - \lambda_j E_3)\vec{v}_j = \vec{0}$ löst, findet man als Eigenvektoren

$$\vec{v}_1 = \begin{pmatrix} 1 \\ 1 \\ 1 \end{pmatrix} \text{ zum Eigenwert } 2 \quad \text{und} \quad \vec{v}_2 = \begin{pmatrix} -1 \\ 0 \\ 1 \end{pmatrix} \text{ sowie } \vec{v}_3 = \begin{pmatrix} -1 \\ 1 \\ 0 \end{pmatrix} \text{ zum Eigenwert } -1.$$

Da bei beiden Eigenwerten die algebraische und geometrische Vielfachheit übereinstimmt, ist die Matrix B diagonalisierbar. Die Lösungen der Differentialgleichung sind daher von der Form

$$\vec{x}(t) = C_1 \vec{v}_1 e^{2t} + C_2 \vec{v}_2 e^{-t} + C_3 \vec{v}_3 e^{-t}$$

mit Konstanten $C_1, C_2, C_3 \in \mathbb{R}$. Um die Anfangsbedingung zu erfüllen, setzt man nun speziell $t = 0$ ein und erhält so das lineare Gleichungssystem

$$C_1 \vec{v}_1 + C_2 \vec{v}_2 + C_3 \vec{v}_3 = \begin{pmatrix} 0 \\ 1 \\ 5 \end{pmatrix}$$

mit der Lösung $C_1 = 2, C_2 = 3, C_3 = -1$. Daraus ergibt sich als Lösung des Anfangswertproblems schließlich

$$\vec{x}(t) = 2\vec{v}_1 e^{2t} + 3\vec{v}_2 e^{-t} - \vec{v}_3 e^{-t} = \begin{pmatrix} 2e^{2t} - 2e^{-t} \\ 2e^{2t} - e^{-t} \\ 2e^{2t} + 3e^{-t} \end{pmatrix}.$$

Die Differentialgleichung $\vec{x}\,' = A\vec{x}$ mit nicht-diagonalisierbarem A

Für quadratische Matrizen, die nicht diagonalisierbar sind, kann man immerhin eine invertierbare Matrix S finden, so dass $S^{-1}AS = J$ die sogenannte *Jordan-Normalform* der Matrix A ist. Diese Jordan-Normalform wollen wir gar nicht im Detail kennenlernen, sie hat außer in der Diagonalen selbst auch noch in der ersten Nebendiagonalen direkt über der Hauptdiagonalen Einträge, die ungleich 0 sind. Wenn man ähnliche Überlegungen wie oben mit dieser Jordan-Normalform J anstelle der Diagonalmatrix D anstellt, findet man heraus, wie die allgemeine Lösung der Differentialgleichung $\vec{x}\,' = A\vec{x}$ aussehen muss. Um diese zu berechnen, muss man wiederum weder die Jordan-Normalform selbst noch die Transformationsmatrix S kennen[1]
Das Ergebnis dieser Überlegungen besteht darin, dass bei Eigenwerten, deren algebraische und geometrische Vielfachheit nicht übereinstimmt, der Exponentialansatz modifiziert werden muss. Genauer gibt es das folgende Resultat:

Satz 17.6 (Exponentialansatz):

Ist λ ein algebraisch k-facher Eigenwert von A und $\vec{v}$ eine Lösung des linearen Gleichungssystems

$$(A - \lambda E_n)^k \vec{v} = \vec{0},$$

dann ist

$$\vec{x}(t) = e^{\lambda t}\left(\vec{v} + t(A - \lambda E_n)\vec{v} + \ldots + \frac{t^{k-1}}{(k-1)!}(A - \lambda E_n)^{k-1}\vec{v}\right)$$

eine Lösung von $\vec{x}\,' = A\vec{x}$. Das Gleichungssystem $(A - \lambda E_n)^k\vec{v} = \vec{0}$ besitzt immer k linear unabhängige Lösungen.
Die entsprechenden Lösungen für *alle* Eigenwerte bilden zusammen ein Fundamentalsystem der Differentialgleichung.

Begründung: Auch wenn wir die gesamte dahinterliegende Theorie ausblenden, können wir zumindest verifizieren, dass die angegebene Funktion eine Lösung der Differentialgleichung ist. Zunächst sollte man sich klarmachen, dass aus $(A-\lambda E_n)^k\vec{v} = \vec{0}$ für eine Zahl $k \in \mathbb{N}$ und einen Vektor $\vec{v}$ auch

$$(A - \lambda E_n)^{k+1}\vec{v} = (A - \lambda E_n)^{k+2}\vec{v} = \ldots = \vec{0}$$

folgt. Die Ableitung der oben angegebenen Funktion berechnet sich mit der (komponentenweise angewandten) Produktregel als

$$\begin{aligned}
\vec{x}\,'(t) &= \lambda e^{\lambda t}\left(E_n + t(A-\lambda) + \ldots + \tfrac{t^{k-1}}{(k-1)!}(A-\lambda)^{k-1}\right)\vec{v} \\
&\quad + e^{\lambda t}\left((A-\lambda) + t(A-\lambda)^2 + \ldots + \tfrac{t^{k-2}}{(k-2)!}(A-\lambda)^{k-1}\right)\vec{v} \\
&= e^{\lambda t}\left(\lambda + \lambda t(A-\lambda) + \ldots + \lambda\tfrac{t^{k-1}}{(k-1)!}(A-\lambda)^{k-1} + (A-\lambda) + t(A-\lambda)^2 + \ldots + \tfrac{t^{k-2}}{(k-2)!}(A-\lambda)^{k-1}\right)\vec{v} \\
&= e^{\lambda t}\left(A\vec{v} + At(A-\lambda)\vec{v} + \ldots + A\tfrac{t^{k-1}}{(k-1)!}(A-\lambda)^{k-1}\vec{v}\right) \\
&= A\vec{x}
\end{aligned}$$

wobei zur einfacheren Lesbarkeit statt $(A - \lambda E_n)$ die Kurzform $(A-\lambda)$ verwendet wurde. □

[1] Das stimmt natürlich nur halb: Mit der Rechnung, die wir unten durchführen, könnten wir im Prinzip auch J und S bestimmen, aber es geht eben auch, ohne dass man die Theorie kennt.

Bemerkung: Jeder Eigenvektor von A zum Eigenwert λ ist eine Lösung des linearen Gleichungssystems $(A - \lambda E_n)^k \vec{v} = \vec{0}$, aber es gibt noch weitere Lösungen, falls für den Eigenwert λ die algebraische und geometrische Vielfachheit nicht übereinstimmen. Alle Lösungen dieses linearen Gleichungssystems bilden den **verallgemeinerten Eigenraum** zum Eigenwert λ.

Beispiel: Besitzt die Matrix A einen doppelten Eigenwert λ, der geometrisch einfach ist, dann kann man einen Eigenvektor $\vec{v}$ sowie einen weiteren Vektor $\vec{w}$ finden, so dass $(A - \lambda E_n)\vec{w} \neq \vec{0}$ und $(A - \lambda E_n)^2 \vec{w} = \vec{0}$ ist. Dabei kann man $\vec{w}$ so wählen, dass $(A - \lambda E_n)\vec{w} = \vec{v}$ ist, da

$$(A - \lambda E_n)^2 \vec{w} = (A - \lambda E_n)\left((A - \lambda E_n)\vec{w}\right) = \vec{0}$$

ist und $(A - \lambda E_n)\vec{w}$ daher ein Eigenvektor, also ein Vielfaches von $\vec{v}$ sein muss. Einen solchen Vektor $\vec{w}$ nennt man einen Hauptvektor oder verallgemeinerten Eigenvektor. Mit dieser Wahl lauten die zugehörigen Lösungen der Differentialgleichung

$$\vec{x}_1(t) = e^{\lambda t}(\vec{v} + t\underbrace{(A - \lambda E_n)\vec{v}}_{=\vec{0}}) = e^{\lambda t}\vec{v}$$

und

$$\vec{x}_2(t) = e^{\lambda t}(\vec{w} + t\underbrace{(A - \lambda E_n)\vec{w}}_{=\vec{v}}) = e^{\lambda t}\vec{w} + te^{\lambda t}\vec{v}.$$

Dieses allgemeine Vorgehen soll nun für eine konkrete Matrix A dargestellt werden.

Beispiel: Gesucht ist die allgemeine Lösung der Differentialgleichung

$$\vec{x}\,'(t) = \begin{pmatrix} 8 & -3 & -2 \\ 5 & 0 & -2 \\ 7 & -4 & 0 \end{pmatrix} \vec{x}(t) = A\vec{x}.$$

Die Eigenwerte von A sind die Nullstellen des charakteristischen Polynoms

$$\chi_A(\lambda) = \det(A - \lambda E_3) = -\lambda^3 + 8\lambda^2 - 21\lambda + 18 = (3-\lambda)^2(2-\lambda),$$

also ist $\lambda_1 = 2$ und $\lambda_2 = \lambda_3 = 3$. Die zugehörigen Eigenvektoren sind

$$\vec{v}_1 = \begin{pmatrix} 2 \\ 2 \\ 3 \end{pmatrix} \text{ zum Eigenwert } \lambda_1 = 2 \quad \text{und} \quad \vec{v}_2 = \begin{pmatrix} 1 \\ 1 \\ 1 \end{pmatrix} \text{ zum Eigenwert } \lambda_2 = 3.$$

Der algebraisch doppelte Eigenwert $\lambda_2 = 3$ ist also geometrisch nur einfach. Wir benötigen daher einen Hauptvektor $\vec{v}_3$, der die Gleichung $(A - 3 \cdot E_3)\vec{v}_3 = \vec{v}_2$ löst. Ein solcher Vektor ist

$$\vec{v}_3 = \begin{pmatrix} 1 \\ 0 \\ 2 \end{pmatrix}.$$

Damit haben wir mit Hilfe der oben durchgeführten Überlegungen ein Fundamentalsystem

$$\{\vec{v}_1 e^{2t}, \vec{v}_2 e^{3t}, \vec{v}_3 e^{3t} + \vec{v}_2 te^{3t}\}$$

gefunden. Jede Lösung der Differentialgleichung ist daher von der Form

$$\vec{x}(t) = C_1\vec{v}_1 e^{2t} + C_2\vec{v}_2 e^{3t} + C_3(\vec{v}_3 e^{3t} + \vec{v}_2 te^{3t}) = C_1\vec{v}_1 e^{2t} + (C_2 + C_3 t)\vec{v}_2 e^{3t} + C_3\vec{v}_3 e^{3t},$$

wobei für die Lösung eines Anfangswertproblems die Konstanten C_1, C_2 und C_3 durch Lösen eines linearen Gleichungssystems bestimmt werden können.

Eine ähnliche Situation liegt auch im nächsten Beispiel vor.

Beispiel: Um die Lösung der Differentialgleichung

$$\vec{x}\,'(t) = \begin{pmatrix} 2 & 0 & 1 \\ 0 & 2 & 1 \\ 0 & 0 & 2 \end{pmatrix} \vec{x}(t) = A\vec{x}$$

zu bestimmen, benötigt man zunächst die Eigenwerte von A. Da A eine Dreiecksmatrix ist, liest man die Eigenwerte direkt aus der Diagonalen ab: Es ist $\lambda_1 = \lambda_2 = \lambda_3 = 2$, der Eigenwert 2 ist also algebraisch dreifach.

Die Eigenvektoren sind die Lösungen des linearen Gleichungssystems

$$(A - 2 \cdot E_3)\vec{v} = \vec{0} \quad \Leftrightarrow \quad \begin{pmatrix} 0 & 0 & 1 \\ 0 & 0 & 1 \\ 0 & 0 & 0 \end{pmatrix} \vec{v} = \vec{0}\,.$$

Man erkennt, dass alle Vektoren, deren dritte Komponente Null ist, Eigenvektoren sind. Man kann daher nur zwei linear unabhängige Eigenvektoren zum Eigenwert $\lambda = 2$ angeben, zum Beispiel

$$\vec{u}_1 = \begin{pmatrix} 1 \\ 0 \\ 0 \end{pmatrix} \quad \text{und} \quad \vec{u}_2 = \begin{pmatrix} 0 \\ 1 \\ 0 \end{pmatrix}.$$

Der Eigenwert $\lambda = 2$ ist somit geometrisch doppelt, wir benötigen also noch einen Vektor $\vec{w}$, der kein Eigenvektor ist und der die Gleichung $(A - 2 \cdot E_3)^2 \vec{v}_3 = \vec{0}$ löst. Da $(A - 2 \cdot E_3)^2$ die Nullmatrix ist, kann man hier einen beliebigen Vektor $\vec{w}$ wählen, zum Beispiel $\vec{w} = (0, 0, 1)^T$.

Wie oben ist es ganz praktisch, wenn man als einen der beiden linear unabhängigen Eigenvektoren nicht $\vec{u}_2$ sondern $\vec{v}_2 = (A - 2 \cdot E_3)\vec{w} = (1, 1, 0)^T$ wählt und als zweiten beispielsweise $\vec{v}_1 = (1, 0, 0)^T$.

Ein Fundamentalsystem besteht dann aus den drei Funktionen

$$\{\vec{v}_1 e^{2t}, \vec{v}_2 e^{2t}, \vec{w} e^{2t} + \vec{v}_2 t e^{2t}\}.$$

Gelegentlich ist es auch nützlich die allgemeine Struktur der Lösung einer linearen Differentialgleichung anzugeben, ohne allzu konkrete Berechnungen anzustellen. Allein aus der Tatsache wie die Lösungen in Satz 17.6 grundsätzlich aufgebaut sind, ergibt sich

Satz 17.7 (Exponentialansatz, komplex):

Alle Lösungen $\vec{x}(t)$ der linearen Differentialgleichung $\vec{x}\,'(t) = A\vec{x}(t)$ sind von der Form

$$x(t) = \sum_{\lambda} \vec{p}_\lambda(t) e^{\lambda t}.$$

Dabei erstreckt sich die Summe über alle Eigenwerte λ der Matrix A und $\vec{p}_\lambda(t)$ ist ein Vektor, der in jeder Komponente ein Polynom in t enthält.

Reelle Lösungen im Fall von komplexen Eigenwerten

Wenn man mit reellen Matrizen A arbeitet, möchte man meist auch reelle Lösungen $x(t)$ finden. Führt man die Berechnung eines Fundamentalsystems so durch wie bisher beschrieben, dann enthält dieses Fundamentalsystem komplexe Exponenten, sobald die Matrix A komplexe Eigenwerte besitzt. In diesem Abschnitt wird beschrieben, wie man im Fall von komplexen Eigenwerten ein reelles Fundamentalsystem konstruiert.

Da das charakteristische Polynom $\chi_A(\lambda) = \det(A - \lambda E_n)$ einer reellen Matrix A reell ist, ist mit jeder echt kompexen Nullstelle $\lambda = \alpha + i\omega \in \mathbb{C} \setminus \mathbb{R}$ auch die zu λ komplex-konjugierte Zahl $\bar{\lambda} = \alpha - i\omega$ eine Nullstelle, denn

$$\chi_A(\bar{\lambda}) = \overline{\chi_A(\lambda)} = 0\,.$$

Komplexe Eigenwerte von A treten also immer in komplex-konjugierten Paaren auf. Auch die entsprechenden Eigenvektoren $\vec{v}$ und $\bar{\vec{v}}$ sind (komponentenweise) komplex-konjugiert zueinander. Man kann nun beispielsweise die beiden komplexen Lösungen $\vec{v}e^{\lambda t}$ und $\bar{\vec{v}}e^{\bar{\lambda} t}$ durch die beiden reellen Lösungen $\mathrm{Re}\,(\vec{v}e^{\lambda t})$ und $\mathrm{Im}\,(\vec{v}e^{\lambda t})$ ersetzen, wenn man nur an reellen Lösungen interessiert ist. Dabei kommt die Eulersche Formel durch

$$e^{(\alpha+i\omega)t} = e^{\alpha t}e^{i\omega t} = e^{\alpha t}(\cos(\omega t) + i\sin(\omega t))$$

zum Einsatz, denn die komplexen Lösungen werden in Real- und Imaginärteil zerlegt. Es zeigt sich nämlich, dass bei linearen Differentialgleichungen der Real- und der Imaginärteil jeder komplexwertigen Lösung ebenfalls eine Lösung der Differentialgleichung ist:

Satz 17.8 (Von der komplexen zur reellen Lösung):

Sei A eine reelle $n \times n$-Matrix und $x(t)$ eine komplexe Lösung der linearen Differentialgleichung $\vec{x}\,' = A\vec{x}$.
Dann sind $\vec{x}_R(t) = \mathrm{Re}\,\vec{x}(t)$ und $\vec{x}_I(t) = \mathrm{Im}\,\vec{x}(t)$ ebenfalls Lösungen von $\vec{x}\,' = A\vec{x}$.

Beweis: Es ist

$$\begin{aligned}\vec{x}_R{}'(t) &= (\mathrm{Re}\,\vec{x})'(t) = \mathrm{Re}\,(\vec{x}\,'(t))\\ &= \mathrm{Re}\,(A\vec{x}(t))\\ &= A\,\mathrm{Re}\,(\vec{x}(t)) = A\vec{x}_R(t).\end{aligned}$$

Daher löst $\vec{x}_R$ tatsächlich die Differentialgleichung. Dasselbe Argument lässt sich auch auf den Imaginärteil x_I anwenden. □

Satz 17.9 (Exponentialansatz, reell):

Sei A eine reelle $n \times n$-Matrix. Dann trägt jedes Paar $\alpha \pm i\omega$ von einfachen komplexen Eigenwerten die Lösungen

$$e^{\alpha t}(\cos(\omega t)\vec{v} - \sin(\omega t)\vec{w}) \quad \text{und} \quad e^{\alpha t}(\sin(\omega t)\vec{v} + \cos(\omega t)\vec{w})$$

zum Fundamentalsystem bei, wobei $\vec{v}$ und $\vec{w}$ der Real- bzw. Imaginärteil eines Eigenvektors zum Eigenwert $\alpha + i\omega$ ist.

Bemerkung: Im Fall von mehrfachen komplexen Eigenwerten muss man von der allgemeineren Lösung aus Satz 17.6 ausgehen und diese in Real- und Imaginärteil zerlegen.

Beispiel: Gekoppelte Pendel

Zwei gleich große Massen m seien mit Federn wie in der nachfolgenden Skizze befestigt.

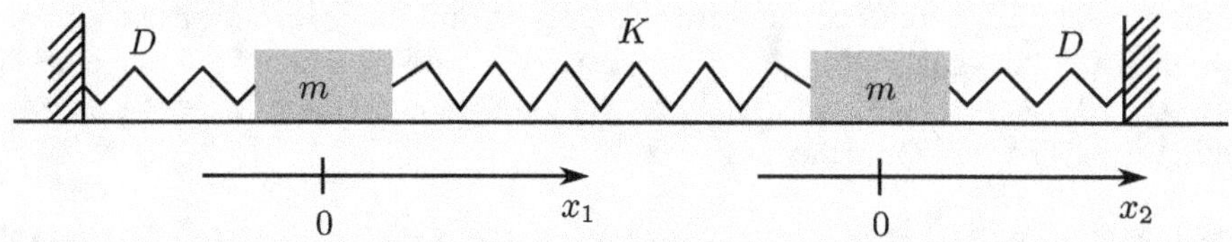

Die Auslenkung x_1 bzw. x_2 aus der Ruhelage bewirkt auf die Massen nach dem Hookeschen Gesetz die Kräfte

$$F_1 = -Dx_1 + K(x_2 - x_1) \quad \text{und} \quad F_2 = -Dx_2 + K(x_1 - x_2),$$

wobei D und K die Federkonstanten sind.
Nach dem Newtonschen Gesetz „Kraft = Masse mal Beschleunigung“ ist dann

$$\begin{aligned} mx_1''(t) &= -Dx_1(t) + K(x_2(t) - x_1(t)) \\ mx_2''(t) &= -Dx_2(t) + K(x_1(t) - x_2(t)). \end{aligned}$$

Indem man $x_1'(t) = y_1(t)$ und $x_2'(t) = y_2(t)$ setzt, kann man diese Differentialgleichungen umschreiben in ein System 1. Ordnung:

$$\begin{pmatrix} x_1' \\ y_1' \\ x_2' \\ y_2' \end{pmatrix} = \begin{pmatrix} 0 & 1 & 0 & 0 \\ -\frac{D+K}{m} & 0 & \frac{K}{m} & 0 \\ 0 & 0 & 0 & 1 \\ \frac{K}{m} & 0 & -\frac{D+K}{m} & 0 \end{pmatrix} \begin{pmatrix} x_1 \\ y_1 \\ x_2 \\ y_2 \end{pmatrix} = A \begin{pmatrix} x_1 \\ y_1 \\ x_2 \\ y_2 \end{pmatrix}$$

Die Eigenwerte der Matrix A sind alle rein imaginär:

$$\lambda_{1,2} = \pm i\sqrt{\frac{D}{m}} = \pm i\omega, \quad \lambda_{3,4} = \pm i\sqrt{\frac{2K + D}{m}} = \pm i\Omega$$

mit den Eigenvektoren

$$\vec{v}_1 = \begin{pmatrix} 1 \\ \lambda_1 \\ 1 \\ \lambda_1 \end{pmatrix}, \quad \vec{v}_2 = \begin{pmatrix} 1 \\ \lambda_2 \\ 1 \\ \lambda_2 \end{pmatrix}, \quad \vec{v}_3 = \begin{pmatrix} 1 \\ \lambda_3 \\ -1 \\ \lambda_3 \end{pmatrix}, \quad \vec{v}_4 = \begin{pmatrix} 1 \\ \lambda_4 \\ -1 \\ \lambda_4 \end{pmatrix}.$$

Ein komplexes Fundamentalsystem ist daher

$$\begin{pmatrix} 1 \\ i\omega \\ 1 \\ i\omega \end{pmatrix} e^{i\omega t}, \quad \begin{pmatrix} 1 \\ -i\omega \\ 1 \\ -i\omega \end{pmatrix} e^{-i\omega t}, \quad \begin{pmatrix} 1 \\ i\Omega \\ -1 \\ i\Omega \end{pmatrix} e^{-i\Omega t}, \quad \begin{pmatrix} 1 \\ -i\Omega \\ -1 \\ -i\Omega \end{pmatrix} e^{-i\Omega t}.$$

Das entsprechende reelle Fundamentalsystem erhalten wir, indem wir die Real- und Imaginärteile bilden:

$$\begin{pmatrix} \cos(\omega t) \\ -\omega\sin(\omega t) \\ \cos(\omega t) \\ -\omega\sin(\omega t) \end{pmatrix}, \quad \begin{pmatrix} \sin(\omega t) \\ \omega\cos(\omega t) \\ \sin(\omega t) \\ \omega\cos(\omega t) \end{pmatrix}, \quad \begin{pmatrix} \cos(\Omega t) \\ -\Omega\sin(\Omega t) \\ -\cos(\Omega t) \\ \Omega\sin(\Omega t) \end{pmatrix}, \quad \begin{pmatrix} \sin(\Omega t) \\ \Omega\cos(\Omega t) \\ -\sin(\Omega t) \\ -\Omega\cos(\Omega t) \end{pmatrix}.$$

Eine Lösung für konkrete Werte von Ω und ω kann dann beispielsweise so aussehen:

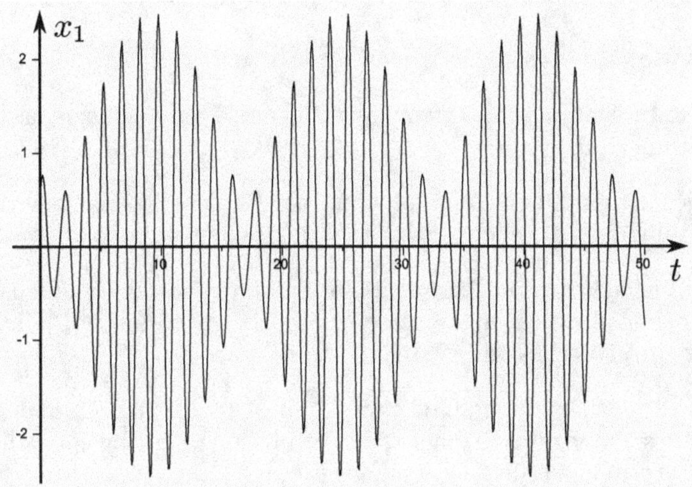

Inhomogene lineare Differentialgleichungen

Die wichtigste Tatsache im Zusammenhang mit inhomogenen linearen Differentialgleichungen ist der folgende Satz:

Satz 17.10 (allgemeine Lösung der inhomogenen Differentialgleichung):

Seien $\vec{x}_1(t)$ und $\vec{x}_2(t)$ zwei Lösungen der inhomogenen linearen Differentialgleichung

$$\vec{x}\,'(t) = A\vec{x}(t) + \vec{b}(t)\,.$$

Dann ist die Differenz $\vec{x}_1(t) - \vec{x}_2(t)$ eine Lösung der zugehörigen homogenen Differentialgleichung.
Umgekehrt erhält man *alle* Lösungen der inhomogenen Differentialgleichung indem man zu einer einzigen speziellen Lösung $\vec{x}_p(t)$ der inhomogenen Differentialgleichung alle möglichen Lösungen der zugehörigen homogenen Differentialgleichung addiert.

Diese Aussage lässt sich auch kurz wie folgt formulieren:

allgemeine Lösung der inhomogenen Differentialgleichung
= **spezielle Lösung der inhomogenen Differentialgleichung**
\+ **allgemeine Lösung der homogenen Differentialgleichung**

Falls $\vec{b}(t) \neq \vec{0}$ ist, muss man für die allgemeine Lösung der inhomogenen Differentialgleichung $\vec{x}\,'(t) = A\vec{x}(t) + \vec{b}(t)$ also noch eine einzige spezielle Lösung dieser inhomogenen Differentialgleichung finden. Es gibt dafür zwar ein systematisches Verfahren[2], hier soll es allerdings reichen, einige Hinweise zu geben, wie man in typischen Situationen mit weniger Aufwand eine Lösung findet.

[2] eine kompliziertere Variante der Variation-der-Konstanten, wie sie uns in Kapitel 16 schon begegnet ist

Beim „Ansatz vom Typ der rechten Seite“ sucht man gezielt nach einer Lösung, die vom selben Typ (konstant, Polynom, Exponentialfunktion, trigonometrische Funktion,...) ist wie die Inhomogenität $\vec{b}$.
Genauer geht man wie folgt vor:

- Falls $\vec{b}(t)$ ein fester Vektor ist und nicht von t abhängt, dann sucht man nach einer konstanten speziellen Lösung $\vec{x}(t)$
- Falls $\vec{b}(t)$ in jeder Komponente ein Polynom vom Grad $\leq k$ ist, dann sucht man nach einer speziellen Lösung $\vec{x}(t)$, die ebenfalls in jeder Komponente ein Polynom vom Grad $\leq k$ ist
- Falls $\vec{b}(t)$ aus Vielfachen einer Exponentialfunktion $e^{\alpha t}$ besteht, und falls α kein Eigenwert der Matrix A ist, dann sucht man nach einer speziellen Lösung $\vec{x}(t)$, die ebenfalls in jeder Komponente ein Vielfaches von $e^{\alpha t}$ ist
- Falls $\vec{b}(t)$ aus Termen $\cos(\omega t)$ und/oder $\sin(\omega t)$ besteht, und falls $i\omega$ kein Eigenwert der Matrix A ist, dann sucht man nach einer speziellen Lösung $\vec{x}(t)$, die ebenfalls in jeder Komponente von der Form $C_1 \cos(\omega t) + C_2 \sin(\omega t)$ ist

Man spricht von **Resonanz**, falls der Störterm $\vec{b}(t)$ selbst zu den Lösungen der homogenen Differentialgleichung $\vec{x}\,' = A\vec{x}$ gehört. In diesem Fall muss man den Ansatz etwas modifizieren:

- Falls $\vec{b}(t)$ aus Vielfachen einer Exponentialfunktion $e^{\alpha t}$ besteht, und falls genau diese Zahl α ein Eigenwert der Matrix A ist, dann sucht man nach einer speziellen Lösung $\vec{x}(t)$, die in jeder Komponente von der Form $(C_1 + C_2 t)e^{\alpha t}$ ist
- Falls $\vec{b}(t)$ aus Termen $\cos(\omega t)$ und/oder $\sin(\omega t)$ besteht, und falls für genau dieses ω die Zahlen $\pm i\omega$ Eigenwerte der Matrix A sind, dann sucht man nach einer speziellen Lösung $\vec{x}(t)$, die in jeder Komponente von der Form $(C_1 + C_2 t)\cos(\omega t) + (C_3 + C_4 t)\sin(\omega t)$ ist

Beispiele:

1. Eine spezielle Lösung der inhomogenen Differentialgleichung

$$\vec{x}\,'(t) = \begin{pmatrix} 1 & 1 \\ 1 & -1 \end{pmatrix} \vec{x} + \begin{pmatrix} 3 \\ 2 \end{pmatrix}$$

mit konstanter Inhomogenität sucht man in der Form $\vec{x}_p = (p_1, p_2)^T$. Da in diesem Fall $\vec{x}_p' = \vec{0}$ ist, muss man nur ein lineares Gleichungssystem

$$\begin{pmatrix} 1 & 1 \\ 1 & -1 \end{pmatrix} \begin{pmatrix} p_1 \\ p_2 \end{pmatrix} = -\begin{pmatrix} 3 \\ 2 \end{pmatrix}$$

lösen und findet $p_1 = \frac{5}{2}$ und $p_2 = \frac{1}{2}$.

2. Eine spezielle Lösung der inhomogenen Differentialgleichung

$$\vec{x}\,'(t) = \underbrace{\begin{pmatrix} 3 & 2 \\ -1 & -2 \end{pmatrix}}_{=A} \vec{x} + \underbrace{\begin{pmatrix} 3e^{-t} \\ 0 \end{pmatrix}}_{=\vec{b}}$$

mit einer Exponentialfunktion als Inhomogenität sucht man in der Form $\vec{x}_p = (\alpha e^{-t}, \beta e^{-t})^T$, denn -1 ist kein Eigenwert der Matrix A.

Wichtig ist hierbei, dass man in beiden Komponenten eine Exponentialfunktion ansetzt, auch wenn $\vec{b}(t)$ nur in der ersten Komponente einen solchen Eintrag hat. Da in diesem Fall $\vec{x}_p' = -\vec{x}_p$, kann man den Term e^{-t} ausklammern und muss nur noch ein lineares Gleichungssystem

$$-\begin{pmatrix} \alpha \\ \beta \end{pmatrix} = \begin{pmatrix} 3 & 2 \\ -1 & -2 \end{pmatrix} \begin{pmatrix} \alpha \\ \beta \end{pmatrix} + \begin{pmatrix} 3 \\ 0 \end{pmatrix}$$

lösen und findet $\alpha = -\frac{3}{2}$ und $\beta = \frac{3}{2}$. Die spezielle Lösung lautet also

$$\vec{x}_p = \begin{pmatrix} -\frac{3}{2}e^{-t} \\ \frac{3}{2}e^{-t} \end{pmatrix}.$$

3. Eine spezielle Lösung der inhomogenen Differentialgleichung

$$\vec{x}\,'(t) = \underbrace{\begin{pmatrix} 0 & 2 \\ -2 & 0 \end{pmatrix}}_{=A} \vec{x} + \underbrace{\begin{pmatrix} 0 \\ 6\cos(t) \end{pmatrix}}_{=\vec{b}}$$

mit einer Cosinusfunktion als Inhomogenität sucht man in der Form

$$\vec{x}_p(t) = \begin{pmatrix} A\cos(t) + B\sin(t) \\ C\cos(t) + D\sin(t) \end{pmatrix},$$

denn $\pm i$ ist kein Eigenwert der Matrix A. Wichtig ist hierbei, dass man in beiden Komponenten sowohl eine Sinus- als auch eine Cosinusfunktion ansetzt, auch wenn auf der rechten Seite nur ein Cosinus auftritt. Dann ist

$$\begin{aligned} \vec{x}_p'(t) &= \begin{pmatrix} -A\sin(t) + B\cos(t) \\ -C\sin(t) + D\cos(t) \end{pmatrix} \quad \text{und} \\ A\vec{x}_p(t) + \vec{b}(t) &= \begin{pmatrix} 2C\cos(t) + 2D\sin(t) \\ -2A\cos(t) - 2B\sin(t) + 6\cos(t) \end{pmatrix}. \end{aligned}$$

Durch Koeffizientenvergleich der verschiedenen Terme in den verschiedenen Komponenten (oder alternativ durch Einsetzen der speziellen Werte $t = 0$ und $t = \pi/2$) gelangt man zu einem linearen Gleichungssystem

$$\begin{aligned} -A &= 2D \\ B &= 2C \\ -C &= -2B \\ D &= -2A + 6 \end{aligned}$$

und findet $B = C = 0$ und $D = -2$, $A = 4$. Die spezielle Lösung lautet also für diese Differentialgleichung

$$\vec{x}_p = \begin{pmatrix} 4\cos(t) \\ -2\sin(t) \end{pmatrix}.$$

Zusammenfassung: allgemeine Lösung von $\vec{x}\,'(t) = A\vec{x}(t) + \vec{b}(t)$

1. Bestimme die **Eigenwerte** λ_j der $n\times n$-Matrix A und deren algebraischen Vielfachheiten mit Hilfe der Gleichung $\det(A - \lambda E_n) = 0$.

2. Berechne **Eigenvektoren** und gegebenfalls Hauptvektoren $\vec{v}_j$ zu allen Eigenwerten λ_j mittels $(A-\lambda_j E_n)\vec{v}_j = 0$ beziehungsweise $(A-\lambda_j E_n)^k\vec{v}_j = 0$ für mehrfache Eigenwerte.

3. Die **allgemeine Lösung der homogenen Differentialgleichung** ergibt sich mit dem Exponentialansatz: Falls A diagonalisierbar ist, erhält man ein (möglicherweise komplexes) Fundamentalsystem der Form $\{e^{\lambda_1 t}\vec{v}_1, \ldots, e^{\lambda_n t}\vec{v}_n\}$. Für nicht-diagonalisierbare Matrizen liefert Satz 17.6 eine Methode, ein Fundamentalsystem zu finden. Falls komplexe Eigenwerte $\alpha_j \pm i\omega_j$ vorkommen und reelle Lösungen gesucht werden, bildet man dafür die Real- und Imaginärteile der komplexen Lösungen.

4. Eine **spezielle Lösung der inhomogenen Differentialgleichung** findet man oft durch einen geeigneten „Ansatz vom Typ der rechten Seite". Die allgemeine Lösung der inhomogenen Differentialgleichung ist die Summe dieser Lösung und der allgemeinen Lösung der homogenen Differentialgleichung aus dem vorigen Schritt.

5. falls ein **Anfangswertproblem** gelöst werden soll, setzt man gegebenenfalls den Anfangswert ein und bestimmt durch Lösen eines linearen Gleichungssystems die Koeffizienten der allgemeinen Lösung der homogenen Differentialgleichung.

17.3 Lineare Differentialgleichungen höherer Ordnung

Alles, was wir für Systeme von linearen Differentialgleichungen 1. Ordnung im vorigen Abschnitt gemacht haben, kann man auf lineare Differentialgleichungen höherer Ordnung übertragen.

Definition (Lineare Differentialgleichung n-ter Ordnung):

Eine **lineare Differentialgleichung n-ter Ordnung** ist eine Differentialgleichung der Form

$$x^{(n)}(t) + a_{n-1}(t)\cdot x^{(n-1)}(t) + \ldots + a_1(t)\cdot x'(t) + a_0(t)x(t) \;=\; b(t)$$

Sind die Funktionen a_j konstant, so spricht man von einer linearen Differentialgleichung n-ter Ordnung **mit konstanten Koeffizienten.**
Ist $b(t) = 0$, dann heißt die Differentialgleichung **homogen**, sonst **inhomogen**. Die Funktion b heißt **Inhomogenität** oder **Störfunktion**.

Wir können diese lineare Differentialgleichung n-ter Ordnung in ein System von Differentialgleichungen 1. Ordnung umwandeln, indem wir

$$x_1(t) = x(t), \quad x_2(t) = x'(t), \quad \ldots, \quad x_n(t) = x^{(n-1)}(t)$$

setzen. Wir erhalten dann als äquivalentes System

$$\begin{aligned}
x_1'(t) &= x_2(t)\\
x_2'(t) &= x_3(t)\\
&\vdots\\
x_{n-1}'(t) &= x_n(t)\\
x_n'(t) &= -a_0(t)x_1(t) - a_1(t)x_2(t) - \ldots - a_{n-1}(t)x_n(t) + b(t)
\end{aligned}$$

oder in der Schreibweise des vorigen Abschnitts

$$\begin{pmatrix} x_1'(t) \\ x_2'(t) \\ \vdots \\ x_{n-1}'(t) \\ x_n'(t) \end{pmatrix} = \begin{pmatrix} 0 & 1 & 0 & \dots & 0 \\ 0 & 0 & 1 & & 0 \\ \vdots & & \ddots & \ddots & \vdots \\ 0 & 0 & 0 & \dots & 1 \\ -a_0 & -a_1 & -a_2 & \dots & -a_{n-1} \end{pmatrix} \begin{pmatrix} x_1(t) \\ x_2(t) \\ \vdots \\ x_{n-1}(t) \\ x_n(t) \end{pmatrix} + \begin{pmatrix} 0 \\ 0 \\ \vdots \\ 0 \\ b(t) \end{pmatrix}.$$

Was im vorigen Abschnitt beim System $\vec{x}\,'(t) = A\vec{x}$ die verschiedenen Komponenten des Vektors $\vec{x}$ waren, sind hier die ersten $n-1$ Ableitungen der Funktion $x(t)$. Das legt nahe, dass wir als Anfangswert nicht nur $x(t_0)$ sondern auch die Ableitungen $x'(t_0), x''(t_0), \dots, x^{(n-1)}(t_0)$ vorschreiben sollten, um eine eindeutige Lösung des Anfangswertproblems zu erhalten.
Aus der bisherigen Theorie erhalten wir dann sofort folgenden Satz:

Satz 17.11 (Existenz und Eindeutigkeit einer Lösung):

Sind die Funktionen $a_0(t), \dots, a_{n-1}(t)$ und $b(t)$ stetig, dann hat das Anfangswertproblem

$$\begin{aligned} x^{(n)}(t) + a_{n-1}(t) \cdot x^{(n-1)}(t) + \dots + a_1(t)\,x'(t) + a_0(t)x(t) &= b(t), \\ x(t_0) = x_0,\ \ x'(t_0) = x_1,\ \dots,\ x^{(n-1)}(t_0) &= x_{n-1} \end{aligned}$$

eine eindeutige Lösung, die für alle $t \in \mathbb{R}$ definiert ist.

In Analogie zu den Überlegungen im vorigen Abschnitt, kann man auch hier wieder zeigen, dass für die Lösungen der *homogenen* linearen Differentialgleichung das Superpositionsprinzip gilt. Für zwei Lösungen $v(t)$ und $w(t)$ sind auch $v(t) + w(t)$ und alle Vielfachen $\lambda v(t)$ mit $\lambda \in \mathbb{R}$ ebenfalls Lösungen der homogenen Differentialgleichung.
Auch der Begriff des Fundamentalsystems lässt sich übertragen, wenn man daran denkt, wie sich die Differentialgleichung n-ter Ordnung in ein System von Differentialgleichungen 1. Ordnung umschreiben lässt. Ganz ähnlich wie in Satz 17.3(a) gilt dann:

Satz 17.12 (Wronski-Determinante):

Seien $v_1(t), v_2(t), \dots, v_n(t)$ Lösungen der homogenen linearen Differentialgleichung

$$x^{(n)}(t) + a_{n-1}(t) \cdot x^{(n-1)}(t) + \dots + a_1(t)\,x'(t) + a_0(t)x(t) = 0.$$

Definiert man die **Wronski-Determinante** als

$$W(t) = \begin{vmatrix} v_1(t) & v_2(t) & \dots & v_n(t) \\ v_1'(t) & v_2'(t) & \dots & v_n'(t) \\ \vdots & \ddots & \ddots & \vdots \\ v_1^{(n-1)}(t) & v_2^{(n-1)}(t) & \dots & v_n^{(n-1)}(t) \end{vmatrix},$$

dann gilt:
Falls $W(t_1) \neq 0$ ist für ein $t_1 \in \mathbb{R}$, dann ist $W(t) \neq 0$ für alle $t \in \mathbb{R}$.

Definition (Fundamentalsystem einer linearen DGL n-ter Ordnung):

Wir nennen die Menge der n Lösungen $\{v_1, v_2, \ldots, v_n\}$ ein **Fundamentalsystem** der homogenen linearen Differentialgleichung, falls $W(t) \neq 0$ für alle $t \in \mathbb{R}$, wobei W die im vorhergehenden Satz definierte Wronski-Determinante ist.

Mit Hilfe eines Fundamentalsystems lassen sich *alle* Lösungen der homogenen Differentialgleichung darstellen. Analog zu Satz 17.3 (b) gilt daher

Satz 17.13 (Allgemeine Lösung der homogenen DGL n-ter Ordnung):

Ist $\{v_1, v_2, \ldots, v_n\}$ ein Fundamentalsystem der Differentialgleichung

$$x^{(n)}(t) + a_{n-1}(t) \cdot x^{(n-1)}(t) + \ldots + a_1(t) \cdot x'(t) + a_0(t)x(t) = 0,$$

dann ist jede Lösung der homogenen Differentialgleichung von der Form

$$x(t) = c_1v_1(t) + c_2v_2(t) + \ldots + c_nv_n(t)$$

mit geeigneten Konstanten $c_1, c_2, \ldots, c_n \in \mathbb{R}$.

Leider gibt es auch hier wieder kein allgemeines Verfahren, um ein Fundamentalsystem zu berechnen. Kennt man jedoch schon irgendeine nichttriviale Lösung einer Differentialgleichung n-ter Ordnung, dann kann man eine Bestimmung des Fundamentalsystem für diese Gleichung zurückführen auf die Bestimmung eines Fundamentalsystem für eine Differentialgleichung der Ordnung $n-1$.

Speziell für Differentialgleichungen zweiter Ordnung ist das nützlich, denn sie lassen sich so auf eine Differentialgleichung erster Ordnung zurückführen, für die es besondere Methoden wie beispielsweise die Trennung der Variablen gibt. Konkret sieht das so aus:

Satz 17.14 (Reduktionsverfahren von D'Alembert):

Ist $z(t) \not\equiv 0$ eine Lösung der Differentialgleichung

$$x''(t) + a_1(t)x'(t) + a_0(t)x(t) = 0,$$

dann ist $c(t)z(t)$ eine weitere Lösung derselben Differentialgleichung, wobei $y(t) = c'(t)$ eine Lösung von

$$z(t)y'(t) \; + \; (a_1(t)z(t) + 2z'(t)) \; y(t) = 0$$

ist.

Begründung: Es sei $z(t) \not\equiv 0$ eine Lösung der Differentialgleichung. Um eine weitere Lösung zu finden, machen wir den Ansatz $y(t) = z(t) \cdot c(t)$ mit einer noch unbekannten Funktion $c(t)$, für die wir eine neue Differentialgleichung herleiten wollen. Es soll also gelten:

$$\begin{aligned}
0 &= (z(t) \cdot c(t))'' + a_1(t)(z(t) \cdot c(t))' + a_0(t)(z(t) \cdot c(t)) \\
&\overset{\text{Produktregel}}{=} z''(t)c(t) + 2z'(t)c'(t) + z(t)c''(t) + a_1(t)z'(t)c(t) + a_1(t)z(t)c'(t) + a_0(t)z(t)c(t) \\
&= \underbrace{(z''(t) + a_1(t)z'(t) + a_0(t)z(t))}_{=0} c(t) + 2z'(t)c'(t) + z(t)c''(t) + a_1(t)z(t)c'(t)
\end{aligned}$$

Was bleibt ist eine Differentialgleichung $2z'(t)c'(t) + z(t)c''(t) + a_1(t)z(t)c'(t) = 0$ erster Ordnung für die Funktion $y(t) = c'(t)$:

$$2z'(t)y(t) + z(t)y'(t) + a_1(t)z(t)y(t) = 0 \quad \Rightarrow \quad y'(t) = -\frac{a_1(t)z(t) + 2z'(t)}{z(t)}y(t).$$

Wenn wir von dieser Differentialgleichung eine beliebige Lösung bestimmen, dann können wir durch Integration die Funktion $c(t)$ bestimmen und $z(t) \cdot c(t)$ ist die gesuchte zweite Lösung der ursprünglichen Differentialgleichung.

□

Lineare homogene Differentialgleichung mit konstanten Koeffizienten

Wir betrachten nun eine lineare Differentialgleichung n-ter Ordnung mit konstanten Koeffizienten, also

$$x^{(n)}(t) + a_{n-1} \cdot x^{(n-1)}(t) + \ldots + a_1 \cdot x'(t) + a_0 x(t) = 0.$$

Setzt man den *Exponentialansatz* $x(t) = e^{\lambda t}$ in diese Gleichung ein, erhält man

$$\lambda^n e^{\lambda t} + a_{n-1}\lambda^{n-1} e^{\lambda t} + \ldots + a_1 \lambda e^{\lambda t} + a_0 e^{\lambda t} = 0.$$

Da $e^{\lambda t} \neq 0$ ist, kann man durch $e^{\lambda t}$ teilen und erhält eine polynomiale Gleichung für λ, die erfüllt sein muss, damit die Funktion $e^{\lambda t}$ eine Lösung der Differentialgleichung ist.

Definition (Charakteristische Gleichung):

Die Gleichung

$$\lambda^n + a_{n-1} \cdot \lambda^{(n-1)} + \cdots + a_1 \cdot \lambda + a_0 = 0$$

heißt **charakteristische Gleichung** der Differentialgleichung

$$x^{(n)}(t) + a_{n-1} \cdot x^{(n-1)}(t) + \ldots + a_1 \cdot x'(t) + a_0 x(t) = 0.$$

Bemerkung: Man kann sich überzeugen, dass die linke Seite der charakteristischen Gleichung gerade das charakteristische Polynom der Matrix

$$A = \begin{pmatrix} 0 & 1 & 0 & \ldots & 0 \\ 0 & 0 & 1 & & 0 \\ \vdots & & \ddots & \ddots & \vdots \\ 0 & 0 & 0 & \ldots & 1 \\ -a_0 & -a_1 & -a_2 & \ldots & -a_{n-1} \end{pmatrix}$$

ist, die auftritt, wenn man die Differentialgleichung als System 1. Ordnung schreibt. Es stellt sich dabei heraus, dass jeder Eigenwert der Matrix A unabhängig von seiner algebraischen Vielfachheit immer geometrisch einfach ist. Dies ist der tiefere Grund für die im nächsten Satz angegebene Struktur der Lösung.

Satz 17.15 (Allgemeine Lösung der homogenen DGL n-ter Ordnung):

Eine k-fache reelle Lösung λ der charakteristischen Gleichung liefert den Beitrag

$$w(t) = (c_0 + c_1 \cdot t + c_2 \cdot t^2 + \cdots + c_{k-1}t^{k-1}) \cdot e^{\lambda t}$$

zur allgemeine Lösung.
Jede k-fache komplexe Nullstelle $\alpha \pm i\omega$ mit $\omega \neq 0$ liefert in der allgemeinen Lösung den Beitrag

$$w(t) = (p(t) \cdot \cos(\omega t) + q(t) \cdot \sin(\omega t)) \cdot e^{\alpha t}$$

wobei $p(t) = c_0 + c_1 t + \ldots + c_{k-1}t^{k-1}$ und $q(t) = d_0 + d_1 t + \ldots + d_{k-1}t^{k-1}$ Polynome vom Grad $k-1$ sind.
Um die allgemeine Lösung zu erhalten, werden die Beiträge aller Lösungen der charakteristischen Gleichung addiert.

Beispiele:

1. $x'''(t) - 3x''(t) - x'(t) + 3x(t) = 0$
   Die charakteristische Gleichung lautet hier $\lambda^3 - 3\lambda^2 - \lambda + 3 = 0$ und durch Raten und Polynomdivision findet man die Lösungen $\lambda_1 = -1$, $\lambda_2 = 1$ und $\lambda_3 = 3$. Die allgemeine Lösung lautet daher

   $$x(t) = c_1 e^{-t} + c_2 e^{t} + c_3 e^{3t} \text{ mit beliebigen } c_1, c_2, c_3 \in \mathbb{R}.$$

   Sind noch Anfangsbedingungen vorgegeben, müssen diese Konstanten entsprechend gewählt werden. So ergibt sich beispielsweise für die Anfangsbedingung $x(0) = 2$, $x'(0) = -4$, $x''(0) = -6$ das lineare Gleichungssystem

   $$\begin{aligned} c_1 + c_2 + c_3 &= 2 \\ -c_1 + c_2 + 3c_3 &= -4 \\ c_1 + c_2 + 9c_3 &= -6 \end{aligned}$$

   mit der Lösung $c_1 = 2$, $c_2 = 1$ und $c_3 = -1$. Die Funktion

   $$x(t) = 2e^{-t} + e^{t} - e^{3t}$$

   ist also die (eindeutige) Lösung dieses Anfangswertproblems.

2. $x^{(4)}(t) - x'''(t) - 3x''(t) + 5x'(t) - 2x(t) = 0$

   Die charakteristische Gleichung lautet hier $\lambda^4 - \lambda^3 - 3\lambda^2 + 5\lambda - 2 = 0$ und man findet den dreifachen Eigenwert $\lambda_{1,2,3} = 1$ sowie $\lambda_4 = -2$.

   Die allgemeine Lösung ist daher von der Form

   $$x(t) = (c_0 + c_1 t + c_2 \cdot t^2) \cdot e^{t} + c_3 e^{-2t}.$$

3. $x^{(4)}(t) - 3x'''(t) + 6x''(t) - 12x'(t) + 8x(t) = 0$

   Die charakteristische Gleichung lautet $\lambda^4 - 3\lambda^3 + 6\lambda^2 - 12\lambda + 8 = 0$ und man erhält als Lösungen $\lambda_1 = 1$, $\lambda_2 = 2$ sowie die komplexen Lösungen $\lambda_{3,4} = \pm 2i$.
   Die allgemeine komplexe Lösung ist in diesem Fall

   $$x(t) = c_1 e^{t} + c_2 \cdot e^{2t} + c_3 e^{2it} + c_4 e^{-2it}.$$

Die allgemeine reelle Lösung lautet

$$x(t) = d_1 e^t + d_2 \cdot e^{2t} + d_3 \cos(2t) + d_4 \sin(2t).$$

Hierbei sind zwar $c_1 = d_1$ und $c_2 = d_2$, aber im allgemeinen $c_3 \neq d_3$ und $c_4 \neq d_4$.

Zusammenfassung: Lösen einer linearen DGL n-ter Ordnung mit konstanten Koeffizienten

1. Aufstellen der charakteristischen Gleichung:
   Die k-te Ableitung von x wird in der Differentialgleichung durch λ^k ersetzt, d.h. x selbst durch $\lambda^0 = 1$, x' durch λ, x'' durch λ^2, usw.

2. Lösungen der charakteristischen Gleichung inklusive ihrer jeweiligen Vielfachheit bestimmen

3. Der Ansatz für die Fundamentalsystem lautet dann:

   Zu jeder Lösung λ_0 der charakteristischen Gleichung mit Vielfachheit k gehören die k Funktionen $e^{\lambda_0 t}, te^{\lambda_0 t}, t^2 e^{\lambda_0 t}, \ldots, t^{k-1} e^{\lambda_0 t}$.

   Besitzt die charakteristische Gleichung ein Paar konjugiert komplexer Lösungen, dann hat man die Wahl, das Fundamentalsystem mit komplexen Lösungen aufzustellen, oder reelle Lösungen zu bilden, indem man Real- und Imaginärteil der komplexen Lösungen berechnet. In diesem Fall gehören zu jedem komplexkonjugierten Paar $\lambda, \bar{\lambda} = \alpha \pm i\omega$ von Lösungen der Vielfachheit k die Funktionen $e^{\alpha t}\cos(\omega t), e^{\alpha t}\sin(\omega t), te^{\alpha t}\cos(\omega t), te^{\alpha t}\sin(\omega t), \ldots, t^{k-1}e^{\alpha t}\cos(\omega t), t^{k-1}e^{\alpha t}\sin(\omega t)$

4. Die allgemeine Lösung der Differentialgleichung ist nun eine beliebige Linearkombination aus diesen Beiträgen. Ist eine Anfangsbedingung vorgegeben, dann muss man diese einsetzen und erhält ein lineares Gleichungssystem aus n Gleichungen für n Unbekannte, dessen eindeutige Lösung sich beispielsweise mit dem Gauß-Verfahren ermitteln lässt.

Lineare inhomogene Differentialgleichungen mit konstanten Koeffizienten

Wir betrachten nun *inhomogene* Differentialgleichungen n-ter Ordnung, also Differentialgleichungen der Form

$$x^{(n)}(t) + a_{n-1} \cdot x^{n-1}(t) + \ldots + a_1 \cdot x'(t) + a_0 \cdot x(t) = b(t)$$

mit einer stetigen Funktion $b(t)$. Eine wichtige Beobachtung ist wieder, dass die Differenz von zwei beliebigen Lösungen $x(t)$ und $\tilde{x}(t)$ der inhomogenen Differentialgleichung eine Lösung der entsprechenden *homogenen* Differentialgleichung ist, denn

$$\begin{aligned} & (x-\tilde{x})^{(n)}(t) + a_{n-1} \cdot (x-\tilde{x})^{n-1}(t) + \ldots + a_1 \cdot (x-\tilde{x})'(t) + a_0 \cdot (x-\tilde{x})(t) \\ = \; & (x^{(n)}(t) + \ldots + a_1 \cdot x'(t) + a_0 \cdot x(t)) - (\tilde{x}^{(n)}(t) + \ldots + a_1 \cdot \tilde{x}'(t) + a_0 \cdot \tilde{x}(t)) \\ = \; & b(t) - b(t) = 0 \end{aligned}$$

Daher kann man die Lösungen der inhomogenen Differentialgleichung n-ter Ordnung ähnlich charakterisieren wie im Fall eines Systems von linearen Differentialgleichungen.

Satz 17.16 (Allgemeine Lösung der inhomogenen DGL n-ter Ordnung):

Die allgemeine Lösung der inhomogenen Differentialgleichung

$$x^{(n)}(t) + a_{n-1} \cdot x^{n-1}(t) + \ldots + a_1 \cdot x'(t) + a_0 \cdot x(t) = b(t)$$

setzt sich zusammen aus der allgemeinen Lösung der zugehörigen homogenen Differentialgleichung und einer speziellen Lösung der inhomogenen Differentialgleichung.

Es genügt also, eine einzige Lösung der inhomogenen Differentialgleichung zu finden, da wir schon wissen, wie man sich alle Lösungen der homogenen Differentialgleichung verschafft.

Man kann auch hier wieder den „Ansatz vom Typ der rechten Seite“ versuchen, indem man

- für einen polynomialen Störterm $b(t) = b_0 + b_1 t + \ldots + b_k t^k$ eine spezielle Lösung der Form $x(t) = c_0 + c_1 t + \ldots + c_k t^k$ sucht, falls 0 keine Lösung der charakteristischen Gleichung ist,
- für einen polynomialen Störterm $b(t) = b_0 + b_1 t + \ldots + b_k t^k$ eine spezielle Lösung der Form $x(t) = c_\ell t^\ell + c_{\ell+1} t^{\ell+1} + \ldots + c_{\ell+k} t^{\ell+k}$ sucht, falls 0 eine ℓ-fache Lösung der charakteristischen Gleichung ist,
- für einen exponentiellen Störterm $b(t) = e^{\alpha t}$ eine spezielle Lösung $x(t) = ce^{\alpha t}$ sucht, falls α keine Lösung der charakteristischen Gleichung ist,
- für einen exponentiellen Störterm $b(t) = e^{\alpha t}$ eine spezielle Lösung $x(t) = ct^\ell e^{\alpha t}$ sucht, falls α eine ℓ-fache Lösung der charakteristischen Gleichung ist,
- für $b(t) = b_1 \sin(\omega t) + b_2 \cos(\omega t)$ eine spezielle Lösung $x(t) = c_1 \sin(\omega t) + c_2 \cos(\omega t)$ sucht, falls $\pm i\omega$ keine Lösungen der charakteristischen Gleichung sind.

Beispiele:

1. Gesucht ist eine spezielle Lösung der Differentialgleichung $x''(t) + x'(t) - 2x(t) = 2t^2 = 2t^2 e^{0 \cdot t}$.

   Die charakteristische Gleichung lautet $\lambda^2 + \lambda - 2 = 0$, d.h. $\lambda = 0$ ist keine Nullstelle.

   Der Ansatz lautet in diesem Fall $x_p(t) = q(t) = \alpha_0 + \alpha_1 t + \alpha_2 t^2$. Die Koeffizienten α_0, α_1 und α_2 bestimmt man durch Einsetzen in die Differentialgleichung:

   $$x_p{}' = 2\alpha_2 t + \alpha_1, \quad x_p{}'' = 2\alpha_0 \quad \Rightarrow \quad -2\alpha_2 t^2 + (2\alpha_2 - 2\alpha_1)t + (2\alpha_2 + \alpha_1 - 2\alpha_0) = 2t^2$$

   Ein Koeffizientenvergleich der Terme mit t^2, mit t^1 und t^0 führt auf das lineare Gleichungssystem

   $$\begin{aligned} -2\alpha_2 &= 2 \\ 2\alpha_2 - 2\alpha_1 &= 0 \\ 2\alpha_2 + \alpha_1 - 2\alpha_0 &= 0 \end{aligned}$$

   mit der Lösung $\alpha_2 = -1$, $\alpha_1 = -1$ und $\alpha_0 = -\frac{3}{2}$.
   Eine spezielle Lösung der Differentialgleichung ist daher $x_p(t) = -t^2 - t - \frac{3}{2}$.

2. $x''(t) + x'(t) - 2x(t) = 6t \cdot e^t$

   Die charakteristische Gleichung $\lambda^2 + \lambda - 2 = 0$ hat die Lösungen $\lambda_1 = 1$ und $\lambda_2 = -2$.
   Der Ansatz für die spezielle Lösung lautet daher $x_p(t) = (\alpha_1 t + \alpha_2 t^2) \cdot e^t$ Damit ist

   $$x_p'(t) = (\alpha_1 + \alpha_1 t + 2\alpha_2 t + \alpha_2 t^2) \cdot e^t, \quad x_p''(t) = (2\alpha_1 + 2\alpha_2 + \alpha_1 t + 4\alpha_2 t + \alpha_2 t^2) \cdot e^t$$

   und durch Einsetzen in die Differentialgleichung ergibt sich

   $$(2\alpha_1 + 2\alpha_2 + \alpha_1 t + 4\alpha_2 t + \alpha_2 t^2) \cdot e^t + (\alpha_1 + \alpha_1 t + 2\alpha_2 t + \alpha_2 t^2) \cdot e^t - 2(\alpha_1 t + \alpha_2 t^2) \cdot e^t = 6t \cdot e^t.$$

Der Koeffizientenvergleich der Terme mit $t \cdot e^t$ bzw. e^t liefert die beiden Konstanten $\alpha_1 = -\frac{2}{3}$ und $\alpha_2 = 1$ (die Koeffizienten der Terme mit $t^2 \cdot e^t$ heben sich gegenseitig weg) und somit die spezielle Lösung

$$x_p(t) = \left(t^2 - \frac{2}{3}t\right) e^t.$$

Ein allgemeinerer Lösungsansatz für die spezielle Lösung (oder *partikuläre Lösung*) basiert auf der allgemeinen Lösung der homogenen Differentialgleichung. Wir wissen bereits, dass ein Fundamentalsystem für eine homogene lineare Differentialgleichung n-ter Ordnung aus n Funktionen $v_1(t), v_2(t), \ldots, v_n(t)$ besteht, und wie man diese mit dem Exponentialansatz bestimmt. Die allgemeine Lösung der homogenen Differentialgleichung ist daher von der Form

$$x(t) = c_1 v_1(t) + c_2 v_2(t) + \ldots + c_n v_n(t)$$

mit Konstanten $c_1, c_2, \ldots, c_n \in \mathbb{R}$.

Für die spezielle Lösung der inhomogenen Differentialgleichung machen wir nun den Ansatz

$$x(t) = c_1(t) v_1(t) + c_2(t) v_2(t) + \ldots + c_n(t) v_n(t)$$

mit Funktionen $c_1(t), c_2(t), \ldots, c_n(t)$ statt der Konstanten. Dies ist auch der Grund, warum man diesen Ansatz **Variation der Konstanten** nennt.
Um zu sehen, was aus diesem Ansatz folgt, betrachten wir zunächst die Fälle $n = 2$ und $n = 3$:
Für $n = 2$ lautet die Differentialgleichung

$$x''(t) + a_1 x'(t) + a_0 x(t) = b(t).$$

Mit dem Ansatz $x(t) = c_1(t)v_1(t) + c_2(t)v_2(t)$ ergibt sich als Ableitung

$$x'(t) = c_1'(t)v_1(t) + c_1(t)v_1'(t) + c_2'(t)v_2(t) + c_2(t)v_2'(t)\,.$$

Damit die zweite Ableitung nicht allzu kompliziert wird, verlangt man von c_1 und c_2, dass

$$c_1'(t)v_1(t) + c_2'(t)v_2(t) = 0 \qquad (*)$$

ist. Wir werden erst später nachweisen, dass man diese Bedingung tatsächlich immer erfüllen kann. In diesem Fall vereinfacht sich die Ableitung zu $x'(t) = c_1(t)v_1'(t) + c_2(t)v_2'(t)$ und es ist

$$x''(t) = c_1'(t)v_1'(t) + c_1(t)v_1''(t) + c_2'(t)v_2'(t) + c_2(t)v_2''(t).$$

Setzt man die Ableitungen in die Differentialgleichung ein und sortiert etwas um, erhält man

$$\begin{aligned} & x'' + a_1 x' + a_0 x \\ = \;& c_1'v_1' + c_1 v_1'' + c_2'v_2' + c_2 v_2'' + a_1(c_1 v_1' + c_2 v_2') + a_0(c_1 v_1 + c_2 v_2) \\ = \;& c_1'v_1' + c_1\underbrace{(v_1'' + a_1 v_1' + a_0 v_1)}_{=0} + c_2'v_2' + c_2\underbrace{(v_2'' + a_1 v_2' + a_0 v_2)}_{=0} \\ = \;& v_1'c_1' + v_2'c_2' = b(t)\,. \end{aligned}$$

Die letzte Zeile und die Bedingung $(*)$ von oben kann man zusammen als ein System von Differentialgleichungen 1. Ordnung für die unbekannten Funktionen $c_1(t)$ und $c_2(t)$ schreiben:

$$\begin{pmatrix} v_1(t) & v_2(t) \\ v_1'(t) & v_2'(t) \end{pmatrix} \begin{pmatrix} c_1'(t) \\ c_2'(t) \end{pmatrix} = \begin{pmatrix} 0 \\ b(t) \end{pmatrix} \Rightarrow \begin{pmatrix} c_1'(t) \\ c_2'(t) \end{pmatrix} = \begin{pmatrix} v_1(t) & v_2(t) \\ v_1'(t) & v_2'(t) \end{pmatrix}^{-1} \begin{pmatrix} 0 \\ b(t) \end{pmatrix}.$$

Dass die Matrix invertierbar ist, liegt daran, dass v_1 und v_2 ein Fundamentalsystem für die homogene Differentialgleichung bilden, die Wronski-Determinante daher ungleich Null ist und eine Matrix invertierbar ist, wenn ihre Determinante nicht verschwindet.

Für $n = 3$ ist die Vorgehensweise analog, allerdings werden die Ausdrücke etwas länger: Wenn $\{v_1, v_2, v_3\}$ ein Fundamentalsystem für die homogene lineare Differentialgleichung

$$x'''(t) + a_2x''(t) + a_1x'(t) + a_0x(t) = 0$$

ist, dann bedeutet „Variation der Konstanten" den Lösungsansatz

$$x(t) = c_1(t)v_1(t) + c_2(t)v_2(t) + c_3(t)v_3(t)\,.$$

Damit ist

$$x'(t) = c_1'(t)v_1(t) + c_1(t)v_1'(t) + c_2'(t)v_2(t) + c_2(t)v_2'(t) + c_3'(t)v_3(t) + c_3(t)v_3'(t)\,.$$

Statt $(*)$ verlangt man diesmal

$$c_1'(t)v_1(t) + c_2'(t)v_2(t) + c_3'(t)v_3(t) = 0. \qquad (\diamond)$$

Damit vereinfacht sich die Ableitung zu $x'(t) = c_1(t)v_1'(t) + c_2(t)v_2'(t) + c_3(t)v_3'(t)$ und

$$x''(t) = c_1(t)v_1''(t) + c_1'(t)v_1'(t) + c_2(t)v_2''(t) + c_2'(t)v_2'(t) + c_3(t)v_3''(t) + c_3'(t)v_3'(t)\,.$$

Als zweite Bedingung verlangt man

$$c_1'(t)v_1'(t) + c_2'(t)v_2'(t) + c_3'(t)v_3'(t) = 0 \qquad (\diamond\diamond)$$

so dass sich auch die zweite Ableitung zu $x''(t) = c_1(t)v_1''(t) + c_2(t)v_2''(t) + c_3(t)v_3''(t)$ vereinfacht und man für die dritte Ableitung

$$x'''(t) = c_1(t)v_1'''(t) + c_1'(t)v_1''(t) + c_2(t)v_2'''(t) + c_2'(t)v_2''(t) + c_3(t)v_3'''(t) + c_3'(t)v_3''(t)$$

bekommt. Setzt man nun alles in die ursprüngliche Differentialgleichung ein und berücksichtigt, dass v_1, v_2 und v_3 Lösungen der homogenen Differentialgleichung sind, dann ergibt sich:

$$\begin{aligned} x''' + a_2x'' + a_1x' + a_0x &= \sum_{j=1}^{3} \left(c_jv_j''' + c_j'v_j'' + a_2c_jv_j'' + a_1c_jv_j' + a_0c_jv_j\right) \\ &= \sum_{j=1}^{3} c_j\underbrace{(v_j''' + a_2v_j'' + a_1v_j' + a_0v_j)}_{=0} + c_1'v_1'' + c_2'v_2'' + c_3'v_3'' = b\,. \end{aligned}$$

Die letzte Gleichung zusammen mit $(\diamond)$ und $(\diamond\diamond)$ kann man als System von Differentialgleichungen 1. Ordnung schreiben:

$$\begin{pmatrix} v_1(t) & v_2(t) & v_3(t) \\ v_1'(t) & v_2'(t) & v_3'(t) \\ v_1''(t) & v_2''(t) & v_3''(t) \end{pmatrix} \begin{pmatrix} c_1'(t) \\ c_2'(t) \\ c_3'(t) \end{pmatrix} = \begin{pmatrix} 0 \\ 0 \\ b(t) \end{pmatrix} \quad \Rightarrow \quad \begin{pmatrix} c_1'(t) \\ c_2'(t) \\ c_2'(t) \end{pmatrix} = \begin{pmatrix} v_1(t) & v_2(t) & v_3(t) \\ v_1'(t) & v_2'(t) & v_3'(t) \\ v_1''(t) & v_2''(t) & v_3''(t) \end{pmatrix}^{-1} \begin{pmatrix} 0 \\ 0 \\ b(t) \end{pmatrix}$$

Hieraus lassen sich die Funktionen $c_1(t)$, $c_2(t)$ und $c_3(t)$ durch Integration bestimmen.

Dieses Vorgehen funktioniert auch für allgemeines n und führt zu folgendem Resultat.

Satz 17.17 (Variation der Konstanten):

Eine spezielle Lösung der inhomogenen linearen Differentialgleichung

$$x^{(n)}(t) + a_{n-1} \cdot x^{n-1}(t) + \ldots + a_1 \cdot x'(t) + a_0 \cdot x(t) = b(t)$$

erhält man als

$$x_p(t) = c_1(t)v_1(t) + c_2(t)v_2(t) + \ldots + c_n(t)v_n(t),$$

wobei $\{v_1, v_2, \ldots, v_n\}$ ein Fundamentalsystem der zugehörigen homogenen Differentialgleichung ist und $c_1, c_2, \ldots, c_n$ sich berechnen lassen durch Integration der Differentialgleichung

$$\begin{pmatrix} v_1(t) & v_2(t) & \ldots & v_n(t) \\ v_1'(t) & v_2'(t) & \ldots & v_n'(t) \\ \vdots & \vdots & \ddots & \vdots \\ v_1^{(n-1)}(t) & v_2^{(n-1)}(t) & \ldots & v_n^{(n-1)}(t) \end{pmatrix} \begin{pmatrix} c_1'(t) \\ c_2'(t) \\ \vdots \\ c_n'(t) \end{pmatrix} = \begin{pmatrix} 0 \\ 0 \\ \vdots \\ b(t) \end{pmatrix}.$$

17.4 Langzeitverhalten

Da wir nun wissen, wie die Lösungen linearer Differentialgleichungen prinzipiell aussehen, können wir sogar in manchen Fällen das Langzeitverhalten beschreiben, ohne die Lösungen wirklich explizit auszurechnen. Wir wollen uns in diesem Abschnitt klarmachen, warum es für das Verhalten der Lösungen eines System

$$\vec{x}\,'(t) = A\vec{x}(t)$$

für $t \to \infty$ in erster Linie darauf ankommt, ob die Eigenwerte von A alle in der linken komplexen Halbbene $\{z \in \mathbb{C};\ \operatorname{Re} z < 0\}$ liegen oder nicht.

Satz 17.18 (Abklingende Lösungen):

Falls alle Eigenwerte der $n \times n$-Matrix negativen Realteil haben, dann gilt für alle Lösungen der Differentialgleichung $\vec{x}\,'(t) = A\vec{x}(t)$:

$$\lim_{t \to \infty} |\vec{x}(t)| = 0.$$

Begründung: Wir betrachten zunächst den Fall, dass alle Eigenwerte $\lambda_1, \ldots, \lambda_n$ von A einfach sind und $\vec{v}_1, \ldots, \vec{v}_n$ zugehörige Eigenvektoren sind. Dann ist *jede* Lösung der Differentialgleichung von der Form

$$\vec{x}(t) = C_1 e^{\lambda_1 t}\vec{v}_1 + \ldots + C_n e^{\lambda_n t}\vec{v}_n$$

mit Konstanten $C_1, \ldots, C_n$, die im allgemeinen auch komplex sein können, weil ja auch komplexe Eigenwerte auftreten können. Da

$$|e^{\lambda_j t}| = |e^{(\operatorname{Re}\lambda_j + i \operatorname{Im}\lambda_j)t}| = |e^{\operatorname{Re}\lambda_j t}| \cdot \underbrace{|e^{i \operatorname{Im}\lambda_j t}|}_{=1} = e^{\operatorname{Re}\lambda_j t} \to 0 \text{ für } t \to \infty,$$

konvergiert jeder Term $C_j e^{\lambda_j t}\vec{v}_j$ betragsmäßig gegen Null. Damit strebt auch die Summe gegen Null.

Im allgemeinen Fall mit mehrfachen Eigenwerten ist jede Lösung der Differentialgleichung in jeder Komponente eine Summe von Funktionen der Form $p(t) \cdot e^{\lambda_j t}$, wobei p ein Polynom ist und λ_j einer der Eigenwerte von A. Für das Verhalten im Fall $t \to \infty$ ist das Verhalten der Exponentialfunktion ausschlaggebend. Wenn hier immer $\operatorname{Re} \lambda_j < 0$ ist, dann klingen alle Exponentialfunktionen, die vorkommen, für $t \to \infty$ ab und auch die gesamte Lösung konvergiert gegen Null. □

Beispiel (Gedämpftes Pendel):

Fügt man der Gleichung des harmonischen Oszillators $x''(t) + \omega^2 x(t) = 0$ einen Term $\gamma x'(t)$ mit $\gamma > 0$ hinzu, der die (geschwindigkeitsabhängige) Reibung modelliert, dann sind die Lösungen dieser neuen Differentialgleichung

$$x''(t) + \gamma x'(t) + \omega^2 x(t) = 0$$

typischerweise von der Form

$$x(t) = C_1 e^{\lambda_1 t} + C_2 e^{\lambda_2 t}$$

wobei $\lambda_{1,2}$ die Lösungen der charakteristischen Gleichung $\lambda^2 + \gamma\lambda + \omega^2 = 0$ sind, also

$$\lambda_{1,2} = \frac{-\gamma \pm \sqrt{\gamma^2 - 4\gamma\omega^2}}{2}$$

Falls $\gamma^2 - 4\gamma\omega^2 < 0$ ist, sind λ_1 und λ_2 beide komplex mit negativem Realteil und die Lösungen klingen wie im Bild oszillatorisch ab.

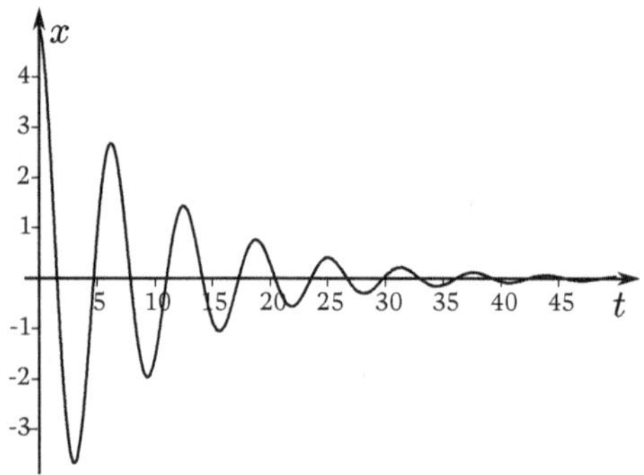

Falls $\gamma^2 - 4\gamma\omega^2 > 0$ ist, dann ist $\sqrt{\gamma^2 - 4\gamma\omega^2} < |\gamma|$ und beide Lösungen $\lambda_{1,2}$ der charakteristischen Gleichung sind reell und negativ. Auch in diesem Fall klingen die Lösungen der Differentialgleichung also ab, allerdings ohne zu oszillieren.

Anregung zur weiteren Vertiefung :

Vervollständigen Sie die Diskussion, indem Sie noch den Fall $\gamma^2 - 4\gamma\omega^2 = 0$ untersuchen, bei dem der Lösungsansatz $x(t) = C_1 e^{\lambda_1 t} + C_2 e^{\lambda_2 t}$ modifiziert werden muss.

Die hier nur kurz vorgestellte Methode, mit Hilfe von Eigenwerten das Langzeitverhalten und damit die Stabilität eines *dynamischen Systems* zu untersuchen, greifen wir in einem späteren Kapitel noch einmal auf, da sie in der Mechanik häufig benutzt wird.

Nachdem Sie dieses Kapitel bearbeitet haben, sollten Sie ...

... erklären können, was eine Differentialgleichung und was ein Anfangswertproblem ist

... erkennen können, ob eine gegebene Differentialgleichung linear ist

... eine Differentialgleichung höherer Ordnung in ein System von Differentialgleichungen erster Ordnung umschreiben können

... wissen, was ein Fundamentalsystem einer linearen Differentialgleichung ist und wie man damit die Lösung eines Anfangswertproblems bestimmt

... das Superpositionsprinzip erklären und anwenden können

... Systeme $\vec{x}\,'(t) = A\vec{x}$ von linearen Differentialgleichungen erster Ordnung mit konstanten Koeffizienten lösen können, selbst wenn die Matrix A nicht diagonalisierbar ist

... die Regel *allgemeine Lösung der inhomogenen Differentialgleichung = spezielle Lösung der inhomogenen Differentialgleichung + allgemeine Lösung der homogenen Differentialgleichung* erklären können

... Lösungen zu inhomogenen linearen Differentialgleichungen $\vec{x}\,'(t) = A\vec{x} + \vec{b}(t)$ durch einen Ansatz „vom Typ der rechten Seite" finden können

... Lösungen zu homogenen und inhomogenen linearen Differentialgleichungen höherer Ordnung mit konstanten Koeffizienten berechnen können

... wissen, welche Rolle die Eigenwerte für das Langzeitverhalten eines Systems von linearen Differentialgleichungen spielen

Aufgaben zu Kapitel 17

1. Welche der folgenden Differentialgleichungen sind linear?

   (a) $x'(t) = 2x(t) - t^2$ (b) $x''(t) = t^2 x(t) - tx(t)^2$

   (c) $x'''(t) = t^2 x(t) - \sqrt{t^2+1}$ (d) $x'(t) = 2y(t),\ y'(t) = -x(t)$

   (e) $x'(t) = e^t x(t) - y(t),\ y'(t) = \sin(x(t) + y(t))$ (f) $x''(t) = z(t),\ z'(t) = -x(t)z(t)$

2. (a) Bestimmen Sie ein Fundamentalsystem von Lösungen der linearen Differentialgleichung $\vec{x}\,'(t) = A\vec{x}(t)$ mit
$$A = \begin{pmatrix} 5 & 3 \\ -6 & -4 \end{pmatrix}.$$
   (b) Geben Sie die allgemeine Lösung der Differentialgleichung aus (a) an.

   (c) Geben Sie die Lösung des Anfangswertproblems $\vec{x}\,'(t) = A\vec{x}(t)$ mit der Matrix A aus (a) und $x(0) = \begin{pmatrix} 4 \\ 1 \end{pmatrix}$ an.

3. (a) Geben Sie die allgemeine reelle Lösung der Differentialgleichung
$$\begin{pmatrix} x_1'(t) \\ x_2'(t) \end{pmatrix} = \begin{pmatrix} 0 & -2 \\ 1 & 2 \end{pmatrix} \begin{pmatrix} x_1(t) \\ x_2(t) \end{pmatrix} + \begin{pmatrix} 2e^{2t} \\ 0 \end{pmatrix}.$$
   an.

   (b) Wie lautet die Lösung des Anfangswertproblems
$$\begin{pmatrix} x_1'(t) \\ x_2'(t) \\ x_3'(t) \end{pmatrix} = \begin{pmatrix} 1 & 2 & 0 \\ 3 & 1 & 3 \\ 0 & -2 & 1 \end{pmatrix} \begin{pmatrix} x_1(t) \\ x_2(t) \\ x_3(t) \end{pmatrix}, \quad \vec{x}(0) = \begin{pmatrix} 2 \\ 1 \\ 2 \end{pmatrix} \quad ?$$

4. Wie lauten die Lösungen der Differentialgleichung
$$x^{(4)}(t) + 2x^{(3)}(t) - 3x''(t) - 4x'(t) + 4x(t) = 0.$$

5. Bestimmen Sie die allgemeine komplexe und die allgemeine reelle Lösung der Differentialgleichung
$$x^{(3)}(t) + x''(t) + 3x'(t) - 5x(t) = 0.$$

6. Bestimmen Sie mittels *Variation der Konstanten* eine partikuläre Lösung der inhomogenen Differentialgleichung
$$x''(t) - 4x'(t) + 4x(t) = e^{2t}\ln(t), \quad t > 0.$$

7. **Eulersche Differentialgleichung**
   Eine Differentialgleichung der Form
$$t^n \cdot x^{(n)}(t) + a_{n-1}t^{n-1} \cdot x^{(n-1)}(t) + a_2 t^2 \cdot x''(t) + a_1 t \cdot x'(t) + a_0 x(t) = 0$$
   lässt sich durch die Transformation $t = e^s$ beziehungsweise $y(s) = x(e^s)$ in eine Differentialgleichung mit konstanten Koeffizienten überführen. Lösen Sie mit diesem Vorgehen das Anfangswertproblem
$$t^2 \cdot x''(t) + 3t \cdot x'(t) + x(t) = 0, \qquad x(1) = 3,\ x'(1) = -1$$
   für $t > 0$.

18 Reihen

18.1 Unendliche Reihen

Ganz ähnlich wie die Zahlenfolgen aus Kapitel 10 eine unendliche Auflistung von reellen Zahlen sind, sind Reihen so etwas wie eine Summe mit unendlich vielen Summanden. Zunächst geht es darum herauszufinden, ob diese Summe eine endliche Zahl oder unendlich ist und falls möglich möchte man die Summe natürlich auch berechnen. Wenn man Reihen auf die richtige Art betrachtet, dann sind diese unendlichen Summen nichts anderes als eine spezielle Form von Zahlenfolgen, mit deren Konvergenz wir uns schon auskennen.
Nach den „normalen" Reihen mit konstanten Gliedern, bei denen Zahlen aufsummiert werden, werden wir auch noch die sogenannten *Potenzreihen* betrachten. Diese „Polynome von unendlichem Grad" sind Funktionen der Form

$$a_0 + a_1x + a_2x^2 + a_3x^3 + \dots$$

Solche Funktionen benutzen Taschenrechner oder Computerprogramme, um sehr schnell Näherungswerte für e^x, $\sin(x)$ oder $\ln(x)$ zu berechnen. Hier interessiert uns vor allem, wie weit man diese Potenzreihen beim Rechnen tatsächlich wie Polynome behandeln kann und wo man hier an Grenzen stößt.

Definition (Unendliche Reihe):

Unter einer **unendlichen Reihe**, kurz **Reihe**,

$$\sum_{k=1}^{\infty} a_k = a_1 + a_2 + a_3 + \dots$$

mit $a_k \in \mathbb{R}$ versteht man die Folge der **Partialsummen**

$$S_n = \sum_{k=1}^{n} a_k = a_1 + a_2 + \dots + a_n.$$

Die Zahlen a_k heißen **Glieder** der Reihe. Die Reihe heißt **konvergent**, wenn die Folge der Partialsummen konvergiert, falls also der Grenzwert $\lim\limits_{n\to\infty} S_n$ existiert. Wir schreiben dann auch

$$\sum_{k=1}^{\infty} a_k = \lim_{n\to\infty} S_n = S \neq \pm\infty.$$

Existiert kein solcher Limes, so nennt man die Reihe **divergent**.

Man sollte eine Reihe $\sum\limits_{k=1}^{\infty} a_k$ also in erster Linie als eine Abkürzung für die Folge

$$a_1, \quad a_1 + a_2, \quad a_1 + a_2 + a_3, \quad a_1 + a_2 + a_3 + a_4, \dots$$

ihrer Partialsummen betrachten.

Anregung zur weiteren Vertiefung :

Viele Bücher behandeln wegen dieser engen Verbindung Reihen gemeinsam mit Folgen und Grenzwerten, es lohnt sich daher, sich die Definitionen, Rechenregeln und Sätze zu diesem Thema noch einmal in Erinnerung zu rufen.

Anschaulich bedeutet Konvergenz auch, dass der *Reihenrest* $\sum_{k=N}^{\infty} a_k$ mit wachsendem N immer kleiner wird und für $N \to \infty$ gegen 0 konvergiert. **Bemerkung:** Der Anfangsindex, das heißt der Index des ersten Folgenglieds muss nicht unbedingt $k = 1$ sein, man kann genauso gut Reihen

$$\sum_{k=0}^{\infty} a_k, \quad \sum_{\ell=4}^{\infty} x_\ell \quad \text{oder} \quad \sum_{n=0}^{\infty} c_n$$

betrachten. Alle Sätze und Kriterien, die wir für Reihen ab $k = 1$ angeben, gelten sinngemäß auch für diese Reihen.

Beispiel: Die geometrische Reihe

Die Reihe $\sum_{k=0}^{\infty} q^k = 1 + q + q^2 + q^3 + \ldots$ ist konvergent für alle $q \in \mathbb{R}$ mit $|q| < 1$, denn wir kennen die Formel

$$S_n = \sum_{k=0}^{n} q^k = \frac{1 - q^{n+1}}{1 - q}$$

für die Partialsummen. Für $|q| < 1$ gilt $\lim_{n\to\infty} q^{n+1} = 0$ und damit

$$\sum_{k=0}^{\infty} q^k = \lim_{n\to\infty} S_n = \lim_{n\to\infty} \frac{1 - q^{n+1}}{1 - q} = \frac{1}{1 - q}.$$

Beispielsweise ist also

$$1 + \frac{1}{2} + \frac{1}{4} + \frac{1}{8} + \ldots = \frac{1}{1 - \frac{1}{2}} = 2 \quad \text{und} \quad 1 - \frac{3}{4} + \frac{9}{16} - \frac{27}{64} + \frac{81}{256} - + \ldots = \frac{1}{1 - (-\frac{3}{4})} = \frac{4}{7}.$$

Beispiel: Auch die Folge, mit der wir die eulersche Zahl e definiert hatten, ist eigentlich eine Reihe:

$$e = \sum_{k=0}^{\infty} \frac{1}{k!} = \frac{1}{0!} + \frac{1}{1!} + \frac{1}{2!} + \frac{1}{3!} + \ldots$$

Beispiel (Dopplereffekt):

Der Dopplereffekt ist aus dem Alltag bekannt: Die Tonhöhe eines Motors oder eines Martinshorns verändert sich beim Vorbeifahren. Allgemein beruht dieser Effekt darauf, dass die Tonhöhe beeinflusst wird, wenn sich Schallquelle und Schallempfänger relativ zueinander bewegen. Zwei Fälle sind dabei zu unterscheiden:

- Ruht die Schallquelle und sendet Wellen mit der Frequenz f, d.h. der Schwingungsdauer $T = \frac{1}{f}$ aus, dann ist der Abstand zwischen zwei Wellenbergen gerade $\Delta x = cT = \frac{c}{f}$, wobei c die Schallgeschwindigkeit ist. Ein bewegter Empfänger mit Geschwindigkeit v nimmt diese Wellen mit einer Schwingungsdauer $T_b = \dfrac{\Delta x}{c+v} = \dfrac{cT}{c+v}$ wahr.
  Dies entspricht einer Frequenz $\dfrac{c+v}{c}f$.

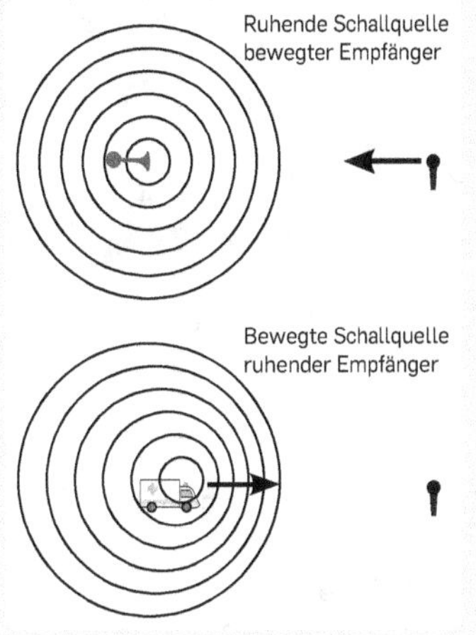

- Bewegt sich dagegen die Schallquelle mit der Geschwindigkeit v, dann werden die Abstände zwischen Wellenbergen verkürzt. Sie betragen dann nur noch $\Delta x = cT - vT$. Ein ruhender Empfänger nimmt diese Wellen mit einer Schwingungsdauer $T_r = \frac{\Delta x}{c} = \frac{(c-v)T}{c}$ wahr.
  Dies entspricht einer Frequenz $f_r = \dfrac{1}{1-\frac{v}{c}}f$.

Mit Hilfe der geometrischen Reihe gilt dann

$$f_r = \frac{1}{1-\frac{v}{c}}f = f\left(1 + \frac{v}{c} + \left(\frac{v}{c}\right)^2 + \left(\frac{v}{c}\right)^3 + \ldots\right) \approx f\left(1 + \frac{v}{c}\right),$$

solange $\dfrac{v}{c}$ klein genug ist, ist die Frequenzverschiebung also ungefähr proportional zu v.

Beispiel: Die harmonische Reihe

Die Reihe $\sum\limits_{k=1}^{\infty} \dfrac{1}{k} = \dfrac{1}{1} + \dfrac{1}{2} + \dfrac{1}{3} + \dfrac{1}{4} + \ldots$ divergiert, obwohl ihre Glieder immer kleiner werden, denn

$$\begin{aligned}
S_{2^{n+1}} = \sum_{k=1}^{2^{n+1}} \frac{1}{k} &= S_{2^n} + \frac{1}{2^n+1} + \frac{1}{2^n+2} + \ldots + \frac{1}{2^n+2^n} \\
&\geq S_{2^n} + \frac{1}{2^{n+1}} + \frac{1}{2^{n+1}} + \ldots + \frac{1}{2^{n+1}} \\
&= S_{2^n} + 2^n \cdot \frac{1}{2^{n+1}} \\
&= S_{2^n} + \frac{1}{2}.
\end{aligned}$$

Mit $S_1 = S_{2^0} = 1$ folgt also für die Partialsummen

$$S_2 \geq \frac{3}{2}, \quad S_4 \geq 2, \quad S_8 \geq \frac{5}{2}, \quad S_{16} \geq 3, \quad S_{32} \geq \frac{7}{2}, \quad S_{64} \geq 4, \ldots$$

und damit (streng genommen per vollständiger Induktion)

$$S_{2^n} \geq 1 + \frac{n}{2}\,.$$

Die Reihe divergiert also, denn die Partialsummen wachsen über jede Schranke hinaus.
Der Wert der harmonischen Reihe beträgt also anschaulich $+\infty$. Wie schon bei den Zahlenfolgen erfassen wir dieses Verhalten mit dem Begriff der uneigentlichen Konvergenz:

Bemerkung (Uneigentliche Konvergenz):

Wir schreiben bei Reihen

$$\sum_{k=1}^{\infty} a_k = +\infty$$

wenn die Folge der Partialsummen uneigentlich gegen unendlich konvergiert, d.h. wenn es zu jeder noch so großen Zahl $C > 0$ einen Index $N \in \mathbb{N}$ gibt, so dass für alle $n \geq N$ gilt:

$$\sum_{k=1}^{n} a_k > C\,.$$

Für die harmonische Reihe gilt also $\sum\limits_{k=1}^{\infty} \frac{1}{k} = +\infty$.

Bemerkung:

1. **Achtung!** Bei einer konvergenten Reihe darf man zwar beliebig Klammern hinzufügen

   $$a_1 + a_2 + a_3 + \ldots = (a_1 + \ldots + a_{n_1}) + (a_{n_1+1} + \ldots + a_{n_2}) + \ldots$$

   Es dürfen aber keine Klammern weggelassen werden: Zum Beispiel ist

   $$0 = (1-1) + (1-1) + (1-1) + \ldots,$$

   aber die Reihe

   $$1 - 1 + 1 - 1 + 1 - 1 + 1 - 1 + \ldots$$

   divergiert, da ihre Partialsummen abwechselnd zwischen 1 und 0 hin- und herspringen.

2. Wie bei Folgen ändert sich das *Konvergenzverhalten* einer Reihe nicht, wenn man endlich viele Glieder abändert oder weglässt. Allerdings verändert man dabei (im Gegensatz zum Grenzwert einer Folge) sehr wohl den *Wert* einer Reihe.

Aus den Rechenregeln für Folgen ergibt sich Reihen:

Satz 18.1 (Rechenregeln für Reihen):

Falls $\sum\limits_{k=1}^{\infty} a_k = a$ und $\sum\limits_{k=1}^{\infty} b_k = b$ zwei konvergente Reihen und $c \in \mathbb{C}$ eine beliebige Zahl sind, dann ist

$$\begin{aligned} \sum_{k=1}^{\infty} (a_k \pm b_k) &= \sum_{k=1}^{\infty} a_k \pm \sum_{k=1}^{\infty} b_k = a \pm b \\ \sum_{k=1}^{\infty} c\,a_k &= c \sum_{k=1}^{\infty} a_k = c \cdot a\,. \end{aligned}$$

Bemerkung: Man kann Reihen auch miteinander multiplizieren, das geschieht jedoch nicht gliedweise, sondern durch das *Cauchy-Produkt*, das in diesem Kurs nur für Potenzreihen erklärt wird. Es ist daher im allgemeinen

$$\sum_{k=1}^{\infty}(a_k \cdot b_k) \neq \left(\sum_{k=1}^{\infty} a_k\right) \cdot \left(\sum_{k=1}^{\infty} b_k\right).$$

Man kann sogar aus der Konvergenz der Reihen auf der rechten Seite nicht einmal schließen, dass die Reihe auf der linken Seite konvergiert.

18.2 Konvergenzkriterien

Wie bei den Zahlenfolgen stellt sich auch bei unendlichen Reihen zunächst die Frage, ob eine gegebene Reihe konvergiert oder nicht. Wir beginnen mit einem relativ einfachen Resultat, mit dem man manche divergenten Reihen schnell erkennen kann.

Satz 18.2 (Divergenzkriterium):

Ist die unendliche Reihe $\sum\limits_{k=1}^{\infty} a_k$ konvergent, dann gilt $\lim\limits_{k\to\infty} a_k = 0$, die Reihenglieder bilden also eine Nullfolge.
Umgekehrt gilt daher: Bilden die Glieder $(a_k)_{k\in\mathbb{N}}$ keine Nullfolge, dann ist die Reihe $\sum\limits_{k=1}^{\infty} a_k$ divergent.

Begründung: Sei $S = \sum\limits_{k=1}^{\infty} a_k$ die Summe der Reihe. Konvergenz bedeutet nach Definition, dass es für jede Zahl $\varepsilon > 0$ einen Index N gibt, so dass

$$|\,S_n - S\,| = \left|\sum_{k=0}^{n} a_k - S\right| < \varepsilon$$

ist, wenn $n \geq N$ ist. Dann ist aber

$$\begin{aligned} |a_{n+1}| &= \left|\sum_{k=0}^{n+1} a_k - \sum_{k=0}^{n} a_k\right| = \left|\left(\sum_{k=0}^{n+1} a_k - S\right) - \left(\sum_{k=0}^{n} a_k - S\right)\right| \\ &\leq \left|\sum_{k=0}^{n+1} a_k - S\right| + \left|\sum_{k=0}^{n} a_k - S\right| \quad \text{(Dreiecksungleichung)} \\ &< \varepsilon + \varepsilon = 2\varepsilon . \end{aligned}$$

Für jede noch so kleine Zahl $\varepsilon > 0$ findet man also ein N, so dass die Glieder der Reihe ab dem Index $N+1$ betragsmäßig kleiner als 2ε sind. Damit muss die Folge $(a_k)_{k\in\mathbb{N}}$ eine Nullfolge sein.

□

Achtung! Wenn die Glieder einer unendlichen Reihe eine Nullfolge bilden, heißt das nicht automatisch, dass die Reihe konvergiert. Das sieht man beispielsweise an der harmonischen Reihe mit $a_k = \frac{1}{k}$. Obwohl die Reihenglieder eine Nullfolge bilden, ist die Reihe selbst divergent.

Kriterien für die Konvergenz von Reihen erhalten wir, indem wir Konvergenzkriterien für Folgen direkt auf die Folge der Partialsummen anwenden. Erinnern wir uns zum Beispiel an den Satz über monotone Konvergenz aus Kapitel 10: Eine Zahlenfolge, die einerseits monoton wachsend ist, aber immer unterhalb einer „Schranke" bleibt, also beschränkt ist, muss automatisch konvergent sein. Im Kontext unendlicher Reihen betrachten wir immer die Folge der Partialsummen. Diese Partialsummen bilden genau dann eine monoton wachsende Folge, wenn alle Reihenglieder größer gleich 0 sind. Als „Übersetzung" des Satzes über monotone Konvergenz erhält man also die folgende Aussage.

Satz 18.3 (Konvergenz positiver Reihen):

Seien alle $a_n \geq 0$. Dann ist die Reihe

$$\sum_{k=1}^{\infty} a_k$$

genau dann konvergent, wenn die Folge der Partialsummen beschränkt ist, d.h. wenn es eine Zahl $C > 0$ gibt, so dass

$$S_N = \sum_{k=1}^{N} a_k < C$$

ist für alle $N \in \mathbb{N}$.

Nicht jede Reihe besteht nur aus positiven Gliedern, daher definiert man *absolute Konvergenz.*

Definition (absolute Konvergenz):

Eine Reihe $\sum\limits_{k=1}^{\infty} a_k$ heißt **absolut konvergent**, wenn sogar $\sum\limits_{k=1}^{\infty} |a_k|$ konvergent ist.

Der folgende Satz sagt aus, dass absolute Konvergenz tatsächlich etwas stärkeres ist als die „normale" Konvergenz von Reihen.

Satz 18.4 (Absolute Konvergenz $\Rightarrow$ Konvergenz):

Wenn die Reihe $\sum\limits_{k=1}^{\infty} |a_k|$ konvergent ist, dann konvergiert auch $\sum\limits_{k=1}^{\infty} a_k$.

Die Begründung dieses Satzes beruht auf dem *Cauchy-Kriterium*, das wir in diesem Kurs nicht behandeln. Es besagt, dass eine unendliche Reihe genau dann konvergent ist, wenn man für jede noch so kleine Zahl $\varepsilon > 0$ einen Index $N \in \mathbb{N}$ finden kann, so dass für beliebige Zahlen $n \geq m \geq N$ die lange, aber endliche Summe $a_m + a_{m+1} + a_{m+1} + \cdots + a_{n-1} + a_n < \varepsilon$ ist.

Insbesondere folgt aus Satz 18.4, dass für jede konvergente Reihe $a_1 + a_2 + a_3 + \ldots$ mit positiven Gliedern auch $a_1 - a_2 + a_3 - a_4 + - \ldots$ konvergent ist.

Eine Variante des Sandwich-Kriteriums für Reihen ist das Majorantenkriterium. Allerdings ist der Beweis etwas komplizierter und kann nicht allein mit Hilfe des Sandwich-Kriteriums geführt werden. Auch hier wäre das oben angesprochene Cauchy-Kriterium das richtige Werkzeug.

Satz 18.5 (Majoranten-Kriterium):

Sei $\sum_{k=1}^{\infty} a_k$ eine beliebige Reihe mit $|a_k| \leq b_k$ für alle k und $\sum_{k=1}^{\infty} b_k$ eine konvergente Reihe.

Dann konvergiert auch $\sum_{k=1}^{\infty} a_k$ und die Reihe $\sum_{k=1}^{\infty} b_k$ heißt **Majorante** zu $\sum_{k=1}^{\infty} a_k$.

Anschaulich entspricht die Summe $\sum b_k$ genau dem Flächeninhalt von Rechtecken mit der Höhe b_k und der Breite 1.
Ist der gesamte Flächeninhalt $\sum b_k$ der größeren Rechtecke endlich, dann ist auch der Flächeninhalt $\sum |a_k|$ der kleineren Rechtecke endlich.

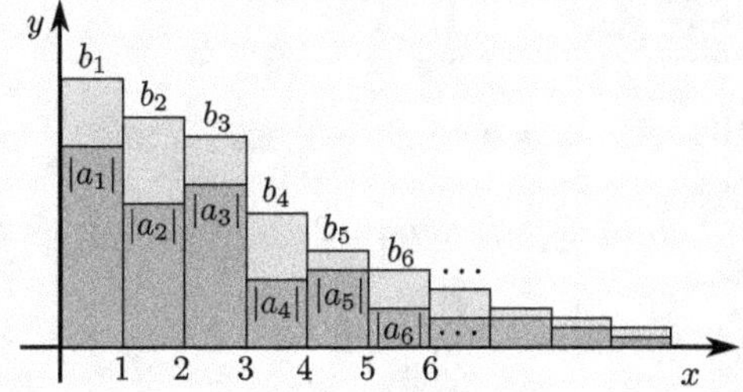

Etwas präziser kann man das mit Hilfe von Satz 18.3 formulieren: Die Partialsummen $S_n = \sum_{k=1}^{n} |a_k|$ bilden eine monoton wachsende Folge $(S_n)_{n\in\mathbb{N}}$, die aber wegen

$$S_n = \sum_{k=1}^{n} |a_k| \leq \sum_{k=1}^{n} b_k \leq \sum_{k=1}^{\infty} b_k$$

von oben beschränkt ist und daher konvergent sein muss. Diese Konvergenz bedeutet aber gerade, dass die Reihe $\sum_{k=1}^{\infty} a_k$ (absolut) konvergiert.

Beispiel :

Wir betrachten die unendliche Reihe $\sum_{k=1}^{\infty} \frac{1}{k^2} = 1 + \frac{1}{4} + \frac{1}{9} + \frac{1}{16} + \ldots$ und zeigen mit Hilfe des Majorantenkriteriums und eines Tricks, dass diese Reihe konvergiert.
Behauptung: Die Reihe $\sum_{k=1}^{\infty} \frac{2}{k(k+1)}$ ist eine konvergente Majorante, denn

- Für jedes $k \geq 1$ ist $k^2 \geq k \Rightarrow 2k^2 \geq k^2 + k = k(k+1) \Rightarrow \frac{1}{k^2} \leq \frac{2}{k(k+1)}$ und
- für die Partialsummen der Reihe $\sum_{k=1}^{\infty} \frac{1}{k(k+1)}$ gilt

$$\sum_{k=1}^{N} \frac{2}{k(k+1)} = \sum_{k=1}^{N} \left(\frac{2}{k} - \frac{2}{k+1}\right) = 2 - \frac{2}{2} + \frac{2}{2} - \frac{2}{3} + \frac{2}{3} - \frac{2}{4} + - \cdots + \frac{2}{N} - \frac{2}{N+1} = 2 - \frac{2}{N+1}$$

Damit streben die Partialsummen für $N \to \infty$ gegen 2 und die Reihe $\sum_{k=1}^{\infty} \frac{2}{k(k+1)}$ ist konvergent.

Der Wert dieser Reihe ist auch bekannt: Es ist $1 + \frac{1}{4} + \frac{1}{9} + \frac{1}{16} + \ldots = \frac{\pi^2}{6}$, aber das ist mit unseren aktuellen mathematischen Fähigkeiten nur sehr schwer zu zeigen.

Bemerkung: Auch wenn die Ungleichung $|a_k| \leq b_k$ aus dem Majorantenkriterium erst ab einem bestimmten Index N (aber dann für *alle* größeren Indizes $k \geq N$) gilt, reicht das schon aus.

Es gibt auch ein ganz analoges Kriterium, mit dem man die Divergenz einer Reihe nachweisen kann.

Satz 18.6 (Minoranten-Kriterium):

Falls $\sum_{k=1}^{\infty} b_k$ eine divergente Reihe ist und $a_k \geq b_k \geq 0$ für alle k gilt, dann divergiert auch $\sum_{k=1}^{\infty} a_k$. Die Reihe $\sum_{k=1}^{\infty} b_k$ heißt **Minorante** zu $\sum_{k=1}^{\infty} a_k$.

Beweis: Anschaulich ist die Summe $\sum_{k=1}^{\infty} a_k$ „größer" als die ohnehin schon divergente Summe $\sum_{k=1}^{\infty} b_k = \infty$. Die Folge der Partialsummen von $\sum_{k=1}^{\infty} b_k$ wächst monoton über alle Grenzen. Zu jedem $C > 0$ gibt es eine Zahl $N = N(C) \in \mathbb{N}$, so dass für alle $n \geq N(C)$ die Partialsumme $\sum_{k=1}^{n} b_k > C$ ist. Daraus folgt direkt, dass auch

$$\sum_{k=1}^{n} a_k \geq \sum_{k=1}^{n} b_k > C$$

ist. Also streben auch die Partialsummen von $\sum_{k=1}^{\infty} a_k$ gegen $+\infty$, die Reihe $\sum_{k=1}^{\infty} a_k$ ist daher divergent. □

Etwas spezieller als das Majorantenkriterium, aber rechnerisch leichter zu handhaben, weil man sich keine Majorante einfallen lassen muss, ist das

Satz 18.7 (Quotienten-Kriterium):

Die Reihe $\sum_{k=1}^{\infty} a_k$ ist absolut konvergent, falls der Grenzwert $q = \lim_{k\to\infty} \left|\frac{a_{k+1}}{a_k}\right|$ existiert und $q < 1$ ist.

Beweis: Wenn $q < 1$ ist, kann man ein $\tilde{q}$ mit $q < \tilde{q} < 1$ finden. Das geht immer, weil zwischen q und 1 noch etwas „Platz" ist. Die Bedingung $\left|\frac{a_{k+1}}{a_k}\right| \to q$ bedeutet dann, dass $\left|\frac{a_{k+1}}{a_k}\right|$ ab einem gewissen Index N_0 kleiner als $\tilde{q}$ ist.
Es existiert also ein Index N_0, so dass

$$\left|\frac{a_{k+1}}{a_k}\right| < \tilde{q} \qquad \text{für alle } k \geq N_0.$$

Da aber

$$|a_{N_0}| \geq \frac{1}{\tilde{q}}|a_{N_0+1}| \geq \frac{1}{\tilde{q}^2}|a_{N_0+2}| \geq \ldots \geq \frac{1}{\tilde{q}^k}|a_{N_0+k}|$$

folgt daraus

$$|a_{N_0+k}| \leq |a_{N_0}| \cdot \tilde{q}^k \qquad \text{für alle } k \geq 0\,.$$

Folglich gilt für die Reihe

$$\sum_{k=0}^{\infty} |a_k| = \sum_{k=0}^{N_0-1} |a_k| + \sum_{k=N_0}^{\infty} |a_k| \leq \sum_{k=0}^{N_0-1} |a_k| + \sum_{k=N_0}^{\infty} |a_{N_0}|\tilde{q}^{k-N_0}\,.$$

Mit $\ell = N_0 + k$ gilt daher

$$\sum_{k=0}^{\infty} |a_k| \leq \sum_{k=0}^{N_0-1} |a_k| + |a_{N_0}| \sum_{\ell=0}^{\infty} \tilde{q}^{\ell} = \sum_{k=0}^{N_0-1} |a_k| + |a_{N_0}| \frac{1}{1-\tilde{q}} < \infty\,.$$

Die Konvergenz dieser positiven Reihe folgt nun direkt aus Satz 18.3.

□

Bemerkung :

Das Quotientenkriterium ergibt sich aus dem Majorantenkriterium, weil man ab dem Index N_0 eine (konvergente) geometrische Reihe als Majorante verwenden kann.

Bemerkung: Für $\lim\limits_{k\to\infty} \left|\frac{a_{k+1}}{a_k}\right| = 1$ macht das Quotientenkriterium keine Aussage. Die Reihen

$$\sum_{k=1}^{\infty} k^{-\alpha} = 1^{-\alpha} + 2^{-\alpha} + 3^{-\alpha} + \ldots$$

mit verschiedenen Exponenten $\alpha > 0$ zeigen, dass in diesem Fall sowohl Konvergenz (beispielsweise für $\alpha = 2$) als auch Divergenz (beispielsweise für $\alpha = 1$) möglich ist.
Ebenso kann man auf der Basis des Quotientenkriteriums auch keine Aussage über das Konvergenzverhalten der Reihe $\sum\limits_{k=1}^{\infty} a_k$ treffen, falls der Grenzwert

$$\lim_{k\to\infty} \left|\frac{a_{k+1}}{a_k}\right|$$

überhaupt nicht existiert.

Unter den Reihen, die konvergent, aber nicht unbedingt absolut konvergent sind, nehmen die Reihen mit abwechselnden Vorzeichen die wichtigste Rolle ein.

Definition (alternierende Reihe):

Eine unendliche Reihe heißt **alternierend**, wenn ihre Glieder abwechselnd positiv und negativ sind, d.h. wenn die Reihe von der Form

$$\sum_{k=1}^{\infty} (-1)^k a_k \quad \text{oder} \quad \sum_{k=1}^{\infty} (-1)^{k+1} a_k$$

mit positiven a_k ist.

Hier gibt es ein Konvergenzkriterium, das in vielen Fällen leicht nachprüfbar ist.

Satz 18.8 (Leibniz-Kriterium):

Sei $(a_k)_{k\in\mathbb{N}}$ eine Folge positiver Zahlen, die monoton fallend gegen 0 konvergiert. Dann konvergiert die alternierende Reihe

$$\sum_{k=1}^{\infty} (-1)^{k+1} a_k = a_1 - a_2 + a_3 - a_4 + a_5 - a_6 + - \ldots .$$

Beispiel (Alternierende harmonische Reihe):

Obwohl die harmonische Reihe divergiert, hat die Summe

$$\sum_{k=1}^{\infty} \frac{(-1)^{k+1}}{k} = 1 - \frac{1}{2} + \frac{1}{3} - \frac{1}{4} + \frac{1}{5} - \frac{1}{6} + - \dots$$

den Grenzwert die Zahl ln(2).
Das hat Nikolaus Mercator (nicht zu verwechseln mit dem Duisburger Kartographen Gerhard Mercator und Erfinder der „Mercator-Projektion") schon 1668 entdeckt.

Beweis des Satzes: Wir betrachten die Partialsummen

$$S_n := \sum_{k=1}^{n} (-1)^{k+1} a_k.$$

Wenn wir uns nur die Partialsummen S_n mit ungeradem n anschauen, erhalten wir eine monoton fallende Folge, denn

$$S_{2n+1} = S_{2n-1} \underbrace{-a_{2n} + a_{2n+1}}_{\leq 0} \leq S_{2n-1}.$$

Für die Partialsummen mit geradem Index gilt ganz analog

$$S_{2n+2} = S_{2n} \underbrace{+a_{2n+1} - a_{2n+2}}_{\geq 0} \geq S_{2n}.$$

Hier erhalten wir also eine monoton wachsende Folge $S_2, S_4, S_6, \dots$.
Außerdem ist noch $S_{2n+1} = S_{2n} + a_{2n+1} \geq S_{2n}$. Graphisch sieht das so aus

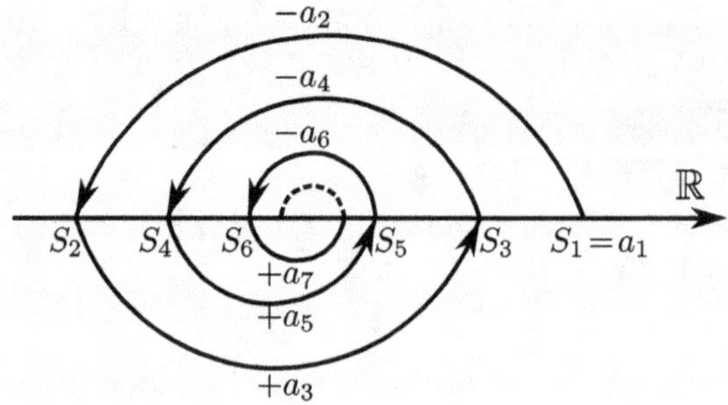

und schematisch durch Ungleichungen dargestellt so:

$$\begin{array}{ccccccccccccc} S_1 & \geq & S_3 & \geq & S_5 & \geq & \dots & \geq & S_{2n+1} & \geq & \dots & \geq & \overline{S} \\ |\vee & & |\vee & & |\vee & & & & |\vee & & & & \\ S_2 & \leq & S_4 & \leq & S_6 & \leq & \dots & \leq & S_{2n+2} & \leq & \dots & \leq & \underline{S} \end{array}$$

Also ist die Folge $S_1, S_3, S_5, \dots$ nicht nur monoton fallend, sondern auch nach unten beschränkt durch S_2. Nach dem Satz über monotone Konvergenz hat die Folge einen Grenzwert $\overline{S}$. Die monoton wachsende Folge $S_2, S_4, S_6, \dots$ wiederum ist nach oben beschränkt durch S_1. Daher hat auch diese Folge nach dem Satz über monotone Konvergenz einen Grenzwert $\underline{S}$. Weil bei Grenzwerten die Anordnung erhalten bleibt gilt indem man zum Limes $n \to \infty$ übergeht:

$$S_{2n} \leq S_{2n-1} \quad \Rightarrow \quad \underline{S} \leq \overline{S}$$

Es bleibt noch zu zeigen, dass sogar Gleichheit $\underline{S} = \overline{S}$ herrscht. Da für alle $n \in \mathbb{N}$ die Ungleichungen $\overline{S} \le S_{2n+1}$ und $S_{2n} \le \underline{S}$ gelten, ist

$$0 \le \overline{S} - \underline{S} \le S_{2n+1} - S_{2n} = (-1)^{2n+2} a_{2n+1}.$$

Weil vorausgesetzt war, dass die Reihenglieder $(a_n)_{n\in\mathbb{N}}$ eine Nullfolge bilden, konvergiert der letzte Term für $n \to \infty$ gegen 0. Daraus folgt mit Hilfe des Sandwich-Kriteriums $\overline{S} = \underline{S}$ und damit die Konvergenz der Folge *aller* Partialsummen. □

Bemerkung :

1. Es ist wichtig, dass die Folge der a_n *monoton* gegen 0 konvergiert. Aus $\lim\limits_{n\to\infty} a_n = 0$ kann im allgemeinen nicht auf die Konvergenz der Reihe $\sum(-1)^n a_n$ geschlossen werden.
2. Das Leibniz-Kriterium ist in besonderer Weise für Reihen geeignet, die konvergent, aber nicht absolut konvergent sind. Bei solchen Reihen kannen nämlich das Quotienkriterium prinzipiell nie erfolgreich angewandt werden.

Beispiel :

Eine weitere Reihe, auf die das Leibniz-Kriterium angewandt werden kann, ist die Reihe

$$\sum_{k=0}^{\infty} \frac{(-1)^k}{2k+1} = 1 - \frac{1}{3} + \frac{1}{5} - \frac{1}{7} + - \dots$$

Erstaunlicherweise kannte schon der indische Mathematiker Madhava(1340-1425) den Grenzwert $\frac{\pi}{4}$ dieser Reihe. Durch einige clevere Umformungen gelang es ihm damit, die Zahl π auf 13 Nachkommastellen genau zu berechnen.

Bemerkung: Achtung! Man darf Reihen, die konvergent, aber nicht absolut konvergent sind, nicht einfach umordnen. Auf diese Weise ändert man die „Balance“ zwischen den positiven und den negativen Termen und damit den Wert der Reihe. Beispielsweise ist

$$1 - \frac{1}{2} + \frac{1}{3} - \frac{1}{4} + \frac{1}{5} - \frac{1}{6} + \frac{1}{7} - \frac{1}{8} + - \dots = \ln(2),$$

$$\text{aber} \quad 1 - \frac{1}{2} - \frac{1}{4} + \frac{1}{3} - \frac{1}{6} - \frac{1}{8} + \frac{1}{5} - \frac{1}{10} - \frac{1}{12} + - - \dots = \frac{1}{2}\ln(2).$$

Nur bei absolut konvergenten Reihen darf man die Glieder beliebig umsortieren, ohne dass sich dabei der Wert der Reihe ändert.

18.3 Potenzreihen und elementare Funktionen

Eine der wichtigsten Rollen von Reihen in der angewandten Mathematik besteht darin, dass man mit ihrer Hilfe „Polynome unendlichen Grades“ definieren kann, wenn man nur hier und da vorsichtig genug vorgeht. Interessanterweise lassen sich auf diese Weise eine Fülle an Funktionen definieren, deren Eigenschaften mit denen von Polynomen nicht mehr viel gemeinsam haben, mit denen man aber in vielerlei Hinsicht so rechnen kann wie mit Polynomen.

Definition (Potenzreihen):

Reihen der Form $\sum_{k=0}^{\infty} a_k(x-x_0)^k$ mit beliebigen Koeffizienten $a_k \in \mathbb{R}$ heißen **Potenzreihen** in x mit Entwicklungspunkt $x_0 \in \mathbb{R}$.

Für jede Zahl x, die man einsetzt, erhält man auf diese Weise eine „normale" Reihe, so wie wir sie in den beiden vorigen Abschnitten untersucht haben. Da sich für jedes x eine andere Reihe ergibt, stellt sich als erstes die Frage, für welche x diese Reihe konvergent ist und für welche x nicht. Die Antwort darauf ist für alle Potenzreihen ziemlich ähnlich:

Satz 18.9 (Konvergenzradius):

Sei $\sum_{k=0}^{\infty} a_k(x-x_0)^k$ eine Potenzreihe mit Entwicklungspunkt x_0.
Dann gibt es eine Zahl $\varrho \in [0,\infty)\cup\{\infty\}$, so dass die Reihe für alle x mit $|x-x_0| < \varrho$ konvergiert und für alle x mit $|x-x_0| > \varrho$ divergiert. Diese Zahl nennt man den **Konvergenzradius** der Potenzreihe.

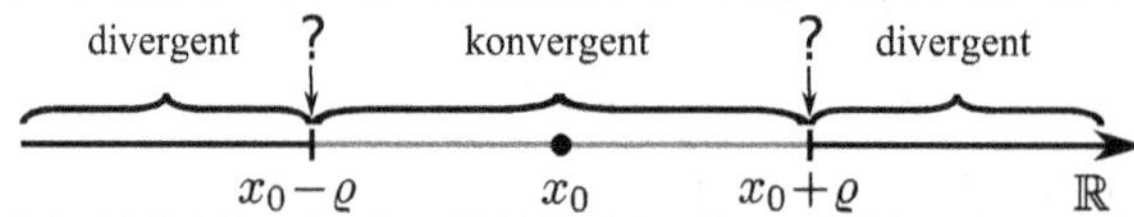

Falls der Konvergenzradius $\varrho = \infty$ ist, bedeutet das, dass die Potenzreihe für alle $x \in \mathbb{R}$ konvergiert.

Über die Punkte mit $|x-x_0| = \varrho$, also über $x_0 - \varrho$ und $x_0 + \varrho$ wird nichts ausgesagt. Wenn man die Konvergenz in diesen Punkten wissen möchte, dann muss man sie getrennt untersuchen.

Bemerkung :

Der Begriff Konvergenzradius bezieht sich auf Potenzreihen mit komplexen Koeffizienten, bei denen die Variable x als eine komplexe Zahl aufgefasst wird. In diesem Fall stellt sich nämlich heraus, dass die Reihe konvergiert, wenn x in einem Kreis mit Radius ϱ um den Entwicklungspunkt x_0 in der komplexen Ebene liegt. Von diesem Kreis „sieht" man in unserer reellen Betrachtungsweise nur das Intervall zwischen $x_0 - \varrho$ und $x_0 + \varrho$.

Man kann den Konvergenzradius in vielen Fällen auch mit Hilfe des Quotientenkriteriums bestimmen.

Satz 18.10 (Konvergenzradius und Quotientenkriterium):

Falls für eine Potenzreihe $\sum_{k=0}^{\infty} a_k(x-x_0)^k$ der Grenzwert

$$\varrho = \lim_{k\to\infty} \left| \frac{a_k}{a_{k+1}} \right|$$

existiert, dann ist ϱ der Konvergenzradius der Potenzreihe.

Bemerkung :

Man beachte, dass in $\varrho = \lim\limits_{k\to\infty} \frac{|a_k|}{|a_{k+1}|}$ der Bruch genau der Kehrwert des Bruches ist, der beim Quotientenkriterium vorkommt.

Beweis: Für eine feste Zahl x besagt das Quotientenkriterium, dass die Reihe $\sum\limits_{k=0}^{\infty} a_k(x-x_0)^k$ (absolut) konvergiert, wenn $\lim\limits_{k\to\infty} \left|\frac{a_{k+1}(x-x_0)^{k+1}}{a_k(x-x_0)^k}\right| < 1$ ist. Das ist äquivalent dazu, dass

$$\lim_{k\to\infty} \left|\frac{a_{k+1}}{a_k}\right| \cdot |x-x_0| < 1 \Leftrightarrow |x-x_0| < \frac{1}{\lim\limits_{k\to\infty} \left|\frac{a_{k+1}}{a_k}\right|} = \lim_{k\to\infty} \left|\frac{a_k}{a_{k+1}}\right|.$$

□

Beispiele:

1. Die geometrische Reihe $\sum\limits_{k=0}^{\infty} x^k$ kann man als eine Potenzreihe um den Entwicklungspunkt $x_0 = 0$ mit den Koeffizienten $a_k = 1$ auffassen. Der Konvergenzradius ist dann

$$\varrho = \lim_{k\to\infty} \frac{1}{1} = 1.$$

Insbesondere konvergiert die Potenzreihe für alle $x \in (-1, 1)$. Dass sie für $x = \pm 1$ nicht konvergiert, kann man sich direkt klarmachen, indem man die entsprechenden Reihen hinschreibt und auf Konvergenz untersucht.

2. Die Reihe $\sum\limits_{k=0}^{\infty} (-1)^{k+1} \frac{1}{k} x^k$ ist eine Potenzreihe mit Entwicklungspunkt $x_0 = 0$ und den Koeffizienten $a_k = (-1)^{k+1}\frac{1}{k}$. Mit Hilfe des vorhergehenden Satzen ergibt sich als Konvergenzradius

$$\varrho = \lim_{k\to\infty} \left|\frac{a_k}{a_{k+1}}\right| = \lim_{k\to\infty} \left|\frac{(-1)^{k+1}\frac{1}{k}}{(-1)^{k+2}\frac{1}{k+1}}\right| = \lim_{k\to\infty} \left|\frac{k+1}{k}\right| = 1.$$

Die Reihe ist also konvergent für $|x| < 1$. An den Rändern des Konvergenzintervalls haben wir einerseits Konvergenz bei $x = 1$ nach dem Leibnizkriterium, andererseits aber Divergenz bei $x = -1$ (harmonische Reihe).

3. Die Reihe

$$e^x = \sum_{k=0}^{\infty} \frac{x^k}{k!}$$

mit der wir im ersten Semester die Exponentialfunktion für beliebige Exponenten $x \in \mathbb{R}$ definiert hatten, ohne überhaupt zu verraten, was eine Reihe ist, ist eine Potenzreihe um den Entwicklungspunkt $x_0 = 0$ mit den Koeffizienten $a_k = \frac{1}{k!}$. Das Quotientenkriterium liefert für diese Reihe den Konvergenzradius

$$\varrho = \lim_{k\to\infty} \left|\frac{a_k}{a_{k+1}}\right| = \lim_{k\to\infty} \left|\frac{(k+1)!}{k!}\right| = \lim_{k\to\infty} (k+1) = \infty,$$

die Potenzreihe konvergiert daher für alle $x \in \mathbb{R}$.

Die Exponentialreihe ist auch geeignet, um Näherungswerte für e oder für e^x zu berechnen.

Bemerkung (Fehlerabschätzung):

Für $|x| \leq 1$ ist

$$\left| e^x - \sum_{k=0}^{n} \frac{x^k}{k!} \right| = \left| \sum_{k=n+1}^{\infty} \frac{x^k}{k!} \right| \leq \frac{|x|^{n+1}}{(n+1)!} \left(1 + \frac{|x|}{n+2} + \frac{|x|^2}{(n+2)(n+3)} + \ldots \right)$$

$$\leq \frac{|x|^{n+1}}{(n+1)!} \left(1 + \frac{1}{2} + \frac{1}{4} + \frac{1}{8} + \ldots \right) \leq \frac{2|x|^{n+1}}{(n+1)!}.$$

Wir können daher den Fehler abschätzen, den wir machen, wenn wir nur die ersten Terme der Reihe verwenden, zum Beispiel für $x = \frac{1}{2}$:

$$\left| \sqrt{e} - \left(1 + \frac{1}{2} + \frac{1}{2^2 \cdot 2!} + \frac{1}{2^3 \cdot 3!} + \frac{1}{2^4 \cdot 4!} + \frac{1}{2^5 \cdot 5!} \right) \right| < \frac{2}{2^6 \cdot 6!} = \frac{1}{32 \cdot 720} \approx 0,00004$$

Dort wo eine Potenzreihe konvergiert, stellt sie eine „schöne“, d.h. sehr glatte Funktion dar.

Satz 18.11 (Potenzreihen und Differenzierbarkeit):

Eine Funktion f, die durch eine Potenzreihe

$$f(x) = \sum_{k=0}^{\infty} a_k (x - x_0)^k$$

mit Konvergenzradius $\varrho > 0$ dargestellt wird, ist im Intervall $(x_0 - \varrho, x_0 + \varrho)$ unendlich oft differenzierbar. Die Ableitungen von f erhält man, indem man die Potenzreihe gliedweise differenziert:

$$f'(x) = \sum_{k=1}^{\infty} k a_k (x - x_0)^{k-1} = \sum_{k=0}^{\infty} (k+1) a_{k+1} (x - x_0)^k$$

und allgemein für die n-te Ableitung von f

$$f^{(n)}(x) = \sum_{k=n}^{\infty} k \cdot (k-1) \cdot \ldots \cdot (k-n+1) a_k (x - x_0)^{k-n} = \sum_{k=0}^{\infty} (k+1) \cdot (k+2) \cdot \ldots \cdot (k+n) a_{k+n} (x - x_0)^k$$

Bemerkung :

Die Identität $$\sum_{k=1}^{\infty} k a_k (x - x_0)^{k-1} = \sum_{k=0}^{\infty} (k+1) a_{k+1} (x - x_0)^k$$

kommt durch Verschieben der Indizes um eins zustande. Diese Technik ist wichtig, wenn man verschiedene Potenzreihen miteinander kombinieren oder vergleichen möchte. Etwas ausführlicher geht man dabei folgendermaßen vor: In $\sum\limits_{k=1}^{\infty} k a_k (x - x_0)^{k-1}$ ersetzt man $k - 1$ durch einen neuen Index ℓ, d.h. es ist $\ell = k - 1$ und entsprechend $k = \ell + 1$. Außerdem wird aus der Untergrenze $k = 1$ der Summe die neue Untergrenze $\ell = 1 - 1 = 0$, während die Obergrenze $k = \infty$ wegen $\ell = \infty - 1 = \infty$ unverändert bleibt. Dann nennt man den Laufindex wieder k statt ℓ.

Anregung zur weiteren Vertiefung :

Arbeiten Sie selbst die Details der Indexverschiebung

$$\sum_{k=n}^{\infty} k\cdot(k-1)\cdot\ldots\cdot(k-n+1)a_k(x-x_0)^{k-n} = \sum_{k=0}^{\infty}(k+1)\cdot(k+2)\cdot\ldots\cdot(k+n)a_{k+n}(x-x_0)^k$$

aus.

Insbesondere hat die gliedweise differenzierte Potenzreihe denselben Konvergenzradius wie die ursprüngliche Potenzreihe.

Beispiel :

Durch Differenzieren der geometrischen Reihe

$$g(x) = \frac{1}{1-x} = 1 + x + x^2 + x^3 + x^4 + \ldots = \sum_{k=0}^{\infty} x^k$$

erhält man

$$g'(x) = \frac{1}{(1-x)^2} = 1 + 2x + 3x^2 + 4x^3 + 5x^4 + \ldots = \sum_{k=0}^{\infty}(k+1)x^k,$$

also ist zum Beispiel für $x = \frac{1}{2}$

$$1 + \frac{2}{2} + \frac{3}{2^2} + \frac{4}{2^3} + \frac{5}{2^4} + \frac{6}{2^5} + \ldots = \frac{1}{(1-\frac{1}{2})^2} = 4.$$

Beispiel: Als weiteres Beispiel sollen noch die Potenzreihen der Funktionen $f(x) = (1+x)^\beta$ mit $\beta \neq 0$, die sogenannte **Binomialreihe**, hergeleitet werden.
Die Ableitung von f lautet $f'(x) = \beta(1+x)^{\beta-1}$, daher erfüllt f die Differentialgleichung

$$f'(x)(1+x) = \beta f(x).$$

Unter der Annahme, dass sich $f(x) = \sum_{k=0}^{\infty} a_k x^k$ als Potenzreihe um den Entwicklungspunkt $x_0 = 0$ darstellen lässt ergibt sich mit Hilfe der gliedweise differenzierten Reihe

$$\begin{aligned}
(x+1)\sum_{k=1}^{\infty} k a_k x^{k-1} &= \beta\sum_{k=0}^{\infty} a_k x^k\\
\Leftrightarrow \quad \sum_{k=1}^{\infty} k a_k x^k + \sum_{k=1}^{\infty} k a_k x^{k-1} &= \beta\sum_{k=0}^{\infty} a_k x^k\\
\Leftrightarrow \quad \sum_{k=1}^{\infty} k a_k x^k + \sum_{k=0}^{\infty} (k+1) a_{k+1} x^k &= \beta\sum_{k=0}^{\infty} a_k x^k
\end{aligned}$$

Vergleicht man nun die Koeffizienten so ergibt sich
für $k = 0$: $a_1 = \beta a_0$
für $k = 1$: $a_1 + 2a_2 = \beta a_1 \Rightarrow a_2 = \frac{1}{2}(\beta-1)a_1$
für $k = 2$: $2a_2 + 3a_3 = \beta a_2 \Rightarrow a_3 = \frac{1}{3}(\beta-2)a_2$
für $k = 3$: $3a_3 + 4a_4 = \beta a_3 \Rightarrow a_4 = \frac{1}{4}(\beta-3)a_3$ usw.

Da man a_0 wegen

$$f(0) = (1+0)^\beta = 1 = a_0 + a_1 \cdot 0 + a_2 \cdot 0^2 + \ldots = a_0$$

direkt bestimmen kann, erhält man als weitere Koeffizienten der Reihe nach

$$a_1 = \beta,\ a_2 = \frac{\beta(\beta-1)}{2},\ a_3 = \frac{\beta(\beta-1)(\beta-2)}{2\cdot 3},\ a_4 = \frac{\beta(\beta-1)(\beta-2)(\beta-3)}{2\cdot 3\cdot 4},\ldots$$

An dieser Stelle kann man erraten, dass das allgemeine Glied

$$a_k = \frac{\beta(\beta-1)(\beta-2)\ldots(\beta-k+1)}{k!} = \underbrace{\binom{\beta}{k}}_{\text{Binomialkoeffizient}}$$

lautet, ein Ausdruck den man auch als **(verallgemeinerten) Binomialkoeffizient** bezeichnet, weil er für $\beta \in \mathbb{N}$ genau mit den schon im ersten Semester definierten Binomialkoeffizienten übereinstimmt. Insgesamt erhält man also die Potenzreihendarstellung

$$f(x) = (1+x)^\beta = \sum_{k=0}^{\infty} \binom{\beta}{k} x^k .$$

Bemerkung :

Wir haben bei dem Koeffizientenvergleich benutzt, dass zwei Funktionen, die durch Potenzreihen dargestellt werden, genau dann gleich sind, wenn die Koeffizienten beider Reihen alle gleich sind. Für Polynome kann man das durch Einsetzen von genügend vielen verschiedenen x-Werten nachweisen, für Potenzreihen steckt dahinter ein mathematischer Satz.

Konkret ergibt sich beispielsweise für $\beta = \frac{1}{2}$ die Potenzreihe

$$(1+x)^{1/2} = \sqrt{1+x} = 1 + \frac{1}{2}x - \frac{1}{8}x^2 + \frac{1}{16}x^3 - \frac{5}{128}x^4 + - \ldots$$

von der man in vielen Fällen nur die ersten beiden Terme als Näherung für $\sqrt{1+x}$ für kleine $|x|$ benutzt.

Umgekehrt kann man Potenzreihen auch gliedweise integrieren, wenn man darauf achtet, die Integrationskonstante richtig zu wählen.

Satz 18.12 (Potenzreihen und Integration):

Sei

$$f(x) = \sum_{k=0}^{\infty} a_n (x-x_0)^k$$

eine Potenzreihe mit Konvergenzradius $\varrho > 0$. Dann hat die gliedweise integrierte Potenzreihe denselben Konvergenzradius und stellt im Intervall $(x_0 - \varrho, x_0 + \varrho)$ eine Stammfunktion F von f dar:

$$\sum_{k=1}^{\infty} \frac{a_n}{n+1}(x-x_0)^{n+1} = F(x)$$

Die Integrationskonstante ist dabei so zu wählen, dass $F(x_0) = 0$ ist.

Beispiel: Indem man die geometrische Reihe

$$\frac{1}{1-x} = 1 + x + x^2 + x^3 + x^4 + \ldots = \sum_{k=0}^{\infty} x^k$$

mit $-x^2$ statt x hinschreibt, erhält man für $g(x) = \frac{1}{1+x^2}$ die Identität

$$\begin{aligned} \frac{1}{1+x^2} = \frac{1}{1-(-x^2)} &= 1 + (-x^2) + (-x^2)^2 + (-x^2)^3 + \ldots \\ &= 1 - x^2 + x^4 - x^6 + - \ldots \\ &= \sum_{k=0}^{\infty} (-1)^k x^{2k}. \end{aligned}$$

Diese Reihe konvergiert für $x^2 < 1$, d.h. wie die geometrische Reihe für $-1 < x < 1$. Durch gliedweise Integration findet man

$$G(x) = \int_0^x \frac{1}{1+w^2}\,\mathrm{d}w = \arctan(x) = x - \frac{1}{3}x^3 + \frac{1}{5}x^5 - \frac{1}{7}x^7 + - \ldots = \sum_{k=0}^{\infty} (-1)^k \frac{1}{2k+1} x^{2k+1}.$$

Auch die integrierte Reihe konvergiert für $-1 < x < 1$. Sie konvergiert aber (im Gegensatz zu der Potenzreihe der Funktion g) nach dem Leibniz-Kriterium auch noch bei $x = 1$. Ein Satz von Abel besagt, dass in diesem Fall auch bei $x = 1$ noch die Funktion $G(x)$ durch die Reihe dargestellt wird. Insbesondere erhält man auf diese Weise die weiter oben schon erwähnte Identität

$$1 - \frac{1}{3} + \frac{1}{5} - \frac{1}{7} + - \ldots = \arctan(1) = \frac{\pi}{4}.$$

Man kann Potenzreihen auch miteinander multiplizieren. Der Einfachkeit halber beschränken wir uns nun auf Potenzreihen mit Entwicklungspunkt $x_0 = 0$ und überlegen zunächst, dass sich beim Ausmultiplizieren von $(a_0 + a_1 x + a_2 x^2 + \ldots)$ und $(b_0 + b_1 x + b_2 x^2 + \ldots)$ Terme mit x^k genau dann ergeben, wenn man a_0 mit $b_1 x^k$, $a_1 x$ mit $b_{k-1} x^{k-1}$ oder $a_2 x^2$ mit $b_{k-2} x^{k-2}$ multipliziert, etc. Dies führt dann zu der folgenden

Definition (Cauchy-Produkt von Potenzreihen):

Das **Cauchy-Produkt** zweier Potenzreihen $\sum\limits_{k=0}^{\infty} a_n x^n$ und $\sum\limits_{k=0}^{\infty} b_n x^n$ wird definiert als

$$\sum_{k=0}^{\infty} c_k x^k \quad \text{mit} \quad c_k = \sum_{j=0}^{k} a_j b_{k-j}.$$

Satz 18.13 (Produkt von Potenzreihen):

Seien $\sum\limits_{k=0}^{\infty} a_k (x - x_0)^k$ und $\sum\limits_{k=0}^{\infty} b_k (x - x_0)^k$ zwei Potenzreihen mit demselben Entwicklungspunkt und der Konvergenzradius beider Potenzreihen sei größer oder gleich ϱ. Dann konvergiert auch das Cauchy-Produkt $\sum\limits_{k=0}^{\infty} c_k (x - x_0)^k$im Intervall $(x_0 - \varrho, x_0 + \varrho)$ absolut und es ist

$$\sum_{k=0}^{\infty} c_k = \left(\sum_{k=0}^{\infty} a_k\right) \cdot \left(\sum_{k=0}^{\infty} b_k\right).$$

Zur Illustration rechnen wir nach, wie sich das Potenzgesetz für die Exponentialfunktion direkt aus der Multiplikation von Potenzreihen ergibt:

Beispiel (Funktionalgleichung der Exponentialfunktion):

Um das „Potenzgesetz" $e^{x+y} = e^x \cdot e^y$ mit dem Produktsatz für Reihen nachzurechnen, betrachten wir das Produkt

$$\exp(x) \cdot \exp(y) = \left(\sum_{j=0}^{\infty} \frac{x^j}{j!}\right) \cdot \left(\sum_{j=0}^{\infty} \frac{x^j}{j!}\right).$$

Nach der Definition des Cauchy-Produkts ist

$$\begin{aligned} \left(\sum_{j=0}^{\infty} \frac{x^j}{j!}\right) \cdot \left(\sum_{j=0}^{\infty} \frac{y^j}{j!}\right) &= \sum_{n=0}^{\infty} \left(\sum_{k=0}^{n} \frac{x^k}{k!} \cdot \frac{y^{n-k}}{(n-k)!}\right) \\ &= \sum_{n=0}^{\infty} \sum_{k=0}^{n} \left(\frac{1}{n!} \cdot \binom{n}{k} \cdot x^k \cdot y^{n-k}\right) \\ &= \sum_{n=0}^{\infty} \frac{1}{n!} \left(\sum_{k=0}^{n} \binom{n}{k} \cdot x^k \cdot y^{n-k}\right) \end{aligned}$$

Mit Hilfe des Binomischen Satzes fasst man $\sum_{k=0}^{n} \binom{n}{k} \cdot x^k \cdot y^{n-k} = (x+y)^n$ zusammen, also folgt

$$\sum_{n=0}^{\infty} \frac{1}{n!} \left(\sum_{k=0}^{n} \binom{n}{k} \cdot x^k \cdot y^{n-k}\right) = \sum_{n=0}^{\infty} \frac{1}{n!}(x+y)^n = e^{x+y}.$$

18.4 Taylorpolynome und Taylorreihen

Nachdem wir im vorigen Abschnitt in erster Linie von den Potenzreihen ausgegangen waren und dann überlegt hatten, welche Funktionen dadurch dargestellt werden, gehen wir jetzt den umgekehrten Weg und bestimmen zu einer vorgegebenen Funktion ein Polynom beliebig hohen Grades, das die Funktion in einem gewissen Sinne approximiert. Man betrachtet dazu wieder einen Entwicklungspunkt $x_0 \in \mathbb{R}$ und definiert dann:

Definition (Taylor-Polynom):

Sei f eine n-mal differenzierbare Funktion. Dann nennt man das Polynom

$$T_n(x; f, x_0) = \sum_{k=0}^{n} \frac{f^{(k)}(x_0)}{k!}(x - x_0)^k$$

das **Taylor-Polynom** n-ten Grades von f zum Entwicklungspunkt x_0.

Dass dieses Polynom in der Nähe von x_0 recht gut mit f übereinstimmt ist die Aussage des folgenden Satzes.

Satz 18.14 (Taylor-Polynom):

Die Funktion $f : [a,b] \to \mathbb{R}$ sei im Innern des Intervalls $[a,b]$ $(n+1)$-mal stetig differenzierbar und die ersten n Ableitungen seien stetig auf $[a,b]$. Weiter sei $x_0 \in (a,b)$ ein fest gewählter Entwicklungspunkt. Dann gibt es für jedes $x \in (a,b)$ eine Zwischenstelle $\xi \in (a,b)$, so dass

$$f(x) = \sum_{k=0}^{n} \frac{f^{(k)}(x_0)}{k!}(x-x_0)^k + \frac{f^{(n+1)}(\xi)}{(n+1)!}(x-x_0)^{n+1}.$$

Definition (Lagrange-Restglied):

Den Term

$$R_{n+1}(x) = \frac{f^{(n+1)}(\xi)}{(n+1)!}(x-x_0)^{n+1},$$

der den Unterschied zwischen $f(x)$ und dem Taylor-Polynom $T_n(x; f, x_0)$ misst, also den Fehler bei der Approximation von f durch T_n, nennt man **Lagrange-Restglied.** Da ξ zwischen a und b liegt, gilt für das Restglied die Abschätzung

$$|R_{n+1}(x)| \leq \frac{1}{(n+1)!} \max_{a \leq \xi \leq b} \left| f^{(n+1)}(\xi) \right| \cdot |x-x_0|^{n+1}.$$

Wenn man die $(n+1)$-te Ableitung auf dem Intervall $[a,b]$ abschätzen kann, hat man also einen Anhaltspunkt dafür, wie genau f durch das n-te Taylor-Polynom approximiert wird.

Beispiel: Für die Exponentialfunktion $f(x) = e^x$ lautet das Taylorpolynom 3.Grades zum Entwicklungspunkt $x_0 = 1$

$$T_3(x; \exp, 1) = e + \frac{e}{1!}(x-1) + \frac{e}{2!}(x-1)^2 + \frac{e}{3!}(x-1)^3$$

und für $\frac{1}{2} \leq x \leq \frac{3}{2}$ ist mit Hilfe der Restgliedabschätzung

$$|\, e^x - T_3(x; \exp, 1)| \leq \frac{1}{4!} \max_{\frac{1}{2} \leq \xi \leq \frac{3}{2}} \left| e^{\xi} \right| \cdot |x-1|^4 \leq \frac{1}{4!} \cdot e^{3/2} \cdot \frac{1}{2} \approx 0,0934\,.$$

Beweis des Satzes: Wir halten x fest und betrachten die Funktion

$$g(t) = f(x) - f(t) - f'(t)(x-t) - \frac{1}{2!}f''(t)(x-t)^2 - \ldots - \frac{1}{n!}f^{(n)}(t)(x-t)^n - \alpha\frac{(x-t)^{n+1}}{(n+1)!}$$

wobei α noch frei gewählt werden kann. Der „Trick“ besteht nun darin, α gerade so zu wählen, dass $g(x_0) = 0$ ist. Außerdem ist automatisch $g(x) = 0$, wie man durch Einsetzen von $t = x$ nachprüft. Die Funktion g ist im Intervall (a,b) einmal differenzierbar, da f als $(n+1)$-mal differenzierbar vorausgesetzt wurde und der letzte Term ein Polynom, also beliebig oft differenzierbar, ist. Die Ableitung von g ist

$$\begin{aligned} g'(t) &= -f'(t) + f'(t) - f''(t)(x-t) + \frac{1}{2!}f''(t)(2(x-t)) - \frac{1}{2!}f'''(t)(x-t)^2 - \ldots \\ &\quad -\frac{1}{n!}f^{(n)}(t)(n(x-t)^{n-1}) - \frac{1}{n!}f^{(n+1)}(t)(x-t)^n + \alpha\frac{(x-t)^n}{n!} \\ &= -\frac{1}{n!}f^{(n+1)}(t)(x-t)^n + \alpha\frac{(x-t)^n}{n!}\,. \end{aligned}$$

Nach dem Satz von Rolle existiert ein ξ zwischen x_0 und x mit der Eigenschaft $g'(\xi) = 0$, also

$$\frac{1}{n!} f^{(n+1)}(\xi)(x-\xi)^n = \alpha \frac{(x-\xi)^n}{n!}.$$

Löst man diese Gleichung nach α auf, erhält man $\alpha = f^{(n+1)}(\xi)$. Setzt man dies wiederum in die Definition von g ein und wertet den Ausdruck bei $t = x_0$ aus, ergibt sich aus der Gleichung $g(x_0) = 0$ dann

$$0 = f(x) - f(x_0) - f'(x_0)(x-x_0) - \frac{f''(x_0)}{2!}(x-x_0)^2 - \ldots - \frac{f^{(n)}(x_0)}{n!}(x-x_0)^n - \frac{f^{(n+1)}(\xi)}{(n+1)!}(x-x_0)^{n+1}$$

Dies ist genau die gewünschte Darstellung.

□

Beispiel (Die trigonometrischen Funktionen):

Das Taylorpolynom von $\sin(x)$ zum Entwicklungspunkt $x_0 = 0$ erhält man, indem man beachtet, dass die Ableitungen der Sinusfunktion sich mit der Periode 4 wiederholen:

$$(\sin(x))' = \cos(x), \ (\sin(x))'' = -\sin(x), \ (\sin(x))^{(3)} = -\cos(x), \ (\sin(x))^{(4)} = \sin(x), \quad \text{usw.}$$

Insbesondere haben daher die Ableitungen der Sinusfunktion an der Stelle $x_0 = 0$ die Werte $0, 1, 0, -1, 0, 1, 0, -1, 0, \ldots$. Da die geraden Ableitungen verschwinden, treten im Taylorpolynom nur ungerade Potenzen auf. Das Taylorpolynom der Sinusfunktion vom Grad $2n+1$ lautet daher

$$T_{2n+1}(x; \sin, 0) = x - \frac{x^3}{3!} + \frac{x^5}{5!} - + \cdots + (-1)^n \frac{x^{2n+1}}{(2n+1)!}$$

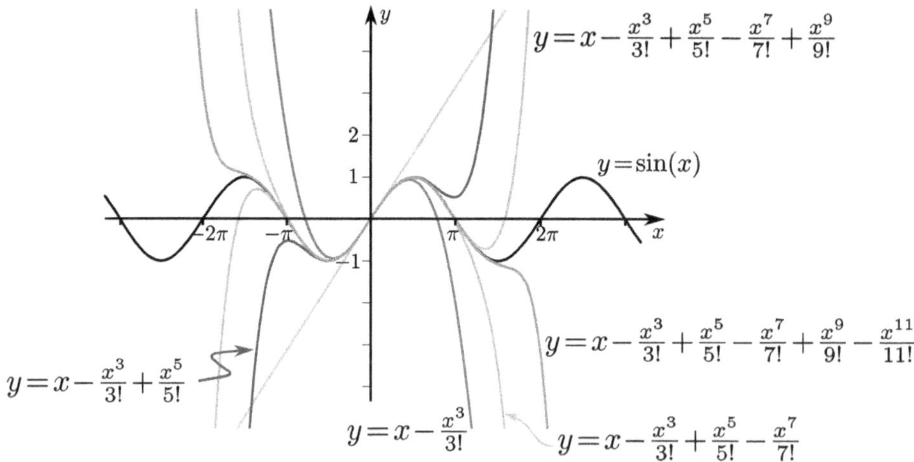

Analog kann man Taylorpolynome der Cosinusfunktion zum Entwicklungspunkt $x_0 = 0$ bestimmen und stellt fest, dass nur gerade Potenzen vorkommen. Genauer ergibt sich

$$T_{2n}(x; \cos, 0) = 1 - \frac{x^2}{2!} + \frac{x^4}{4!} - + \cdots + (-1)^n \frac{x^{2n}}{(2n)!}$$

Weil man diese Entwicklung bis zu einer beliebig hohen Potenz durchführen kann, erhält man im Grenzfall eine unendliche Reihe, die die Cosinus- bzw. Sinusfunktion darstellen.

Satz 18.15 (Potenzreihen von Sinus und Cosinus):

Cosinus und Sinus haben für alle $x \in \mathbb{R}$ die Potenzreihendarstellung

$$\sin(x) =, \sum_{n=0}^{\infty} \frac{(-1)^n}{(2n+1)!} x^{2n+1} \quad \text{und} \quad \cos(x) = \sum_{n=0}^{\infty} \frac{(-1)^n}{(2n)!} x^{2n}.$$

Die Tatsache, dass die Sinusfunktion eine ungerade Funktion ist, führt dazu, dass in der Potenzreihendarstellung nur ungerade Potenzen vorkommen. Entsprechend enthält die Potenzreihenentwicklung der (geraden) Cosinusfunktion nur gerade Potenzen.

Anregung zur weiteren Vertiefung :

Überlegen Sie sich, warum bei einer beliebigen geraden Funktion das Taylorpolynom zum Entwicklungspunkt $x_0 = 0$ *immer* nur aus geraden Potenzen besteht.

Bemerkung :

Die „Reihenentwicklungen" von Sinus und Cosinus haben große praktische Bedeutung,...

- denn zum einen kann man für praktische Rechnungen und solange $|x|$ einigermaßen klein ist, nichtlineare Terme wie $\sin(x)$ durch den oder die ersten Terme der Reihe ersetzen und
- zum anderen kann man das Grenzwertverhalten von Funktionen manchmal leichter verstehen, wenn man die Potenzreihen verwendet. Beispielsweise ist

$$\lim_{x\to 0} \frac{x\sin(x)}{\cos(x)-1} = \lim_{x\to 0} \frac{x(x - \frac{x^3}{3!} + \frac{x^5}{5!} - + \dots)}{1 - \frac{x^2}{2!} + \frac{x^4}{4!} - + \dots - 1} = \lim_{x\to 0} \frac{x^2 + \dots}{-\frac{x^2}{2!} + \dots} = -2$$

wobei mit „. . ." die „Terme höherer Ordnung" gemeint sind, die für $x \to 0$ wegfallen.

Beispiele:

1. Die Taylor-Polynome der Funktion $f(x) = e^x$ zum Entwicklungspunkt $x_0 = 0$ erhält man, indem man die Ableitung der Exponentialfunktion in $x_0 = 0$ berechnet. Da $(e^x)' = e^x$ sind auch alle höheren Ableitungen identisch und es ist $\frac{\mathrm{d}^n}{\mathrm{d}x^n} e^x(0) = 1$ für alle $n \in \mathbb{N}$. Das Taylor-Polynom n-ter Ordnung ist also

$$T_n(x) = \sum_{k=0}^{n} \frac{1}{k!} x^k$$

und stimmt mit den ersten $n+1$ Gliedern der Potenzreihe von e^x überein. Um den maximalen Fehler für x aus einem Intervall $[0, M]$ abzuschätzen benutzen wir das Lagrange-Restglied. Es ist demnach

$$|f(x) - T_n(x)| \le \frac{1}{(n+1)!} \max_{0\le\xi\le M} e^{\xi} x^{n+1}.$$

Da das Maximum bei $\xi = M$ angenommen wird, ist für $x \in [0, 1]$ der maximale Fehler also

$$|f(x) - T_n(x)| \le \frac{e}{(n+1)!}.$$

Man kann die Exponentialfunktion auch um $x_0 = 1$ (oder irgendeine andere Stelle) entwickeln, wenn man Funktionswerte in der Nähe von 1 approximieren möchte.

2. Wir wollen die Taylor-Polynome der Funktion $w : [-1, \infty) \to \mathbb{R}$ mit

$$w(x) = \sqrt{1+x} = (1+x)^{1/2}$$

im Entwicklungspunkt $x_0 = 0$ berechnen. Dazu benötigen wir die Ableitungen von w. Zunächst ist

$$\begin{aligned} w'(x) &= \frac{1}{2}(1+x)^{-1/2}, \\ w''(x) &= -\frac{1}{2} \cdot \frac{1}{2}(1+x)^{-3/2} \text{ und} \\ w'''(x) &= \frac{1}{2} \cdot \frac{1}{2} \cdot \frac{3}{2}(1+x)^{-5/2}. \end{aligned}$$

Man kann an dieser Stelle schon erraten, wie es weitergeht: Allgemein ist

$$w^{(k+1)}(x) = -\frac{2k-1}{2} \cdot \frac{w^{(k)}(x)}{1+x}$$

und wer das nicht glaubt, kann es auch beispielsweise mit vollständiger Induktion streng beweisen. Damit erhält man als Taylor-Polynome zur Funktion w im Entwicklungspunkt $x_0 = 0$

$$T_n(x) = 1 + \frac{1}{2}x - \frac{1 \cdot 1}{2 \cdot 4}x^2 + \frac{1 \cdot 1 \cdot 3}{2 \cdot 4 \cdot 6}x^3 - + \ldots + (-1)^{n-1}\frac{1 \cdot 1 \cdot 3 \cdot \ldots \cdot (2n-3)}{2 \cdot 4 \cdot \ldots \cdot (2n)}x^n .$$

Etwas kürzer lässt sich das darstellen als $T_n(x) = \sum_{k=0}^{n} \binom{1/2}{k} x^k$ mit Hilfe der schon in Abschnitt 18.3 erwähnten **verallgemeinerte Binomialkoeffizienten**, die durch

$$\binom{\beta}{0} = 1, \quad \binom{\beta}{k} = \frac{\beta \cdot (\beta-1) \cdot (\beta-2) \cdot \ldots \cdot (\beta-k+1)}{k!}$$

definiert sind.

3. Häufig benutzt man in Anwendungen nur die ersten nicht-konstanten Terme des Taylor-Polynoms und approximiert beispielsweise $\sqrt{1+x} \approx 1 + \frac{1}{2}x$ für kleine $|x|$. Der Satz von Taylor liefert hier eine Methode, um den Fehler abzuschätzen, den man mit dieser Näherung macht.
Es ist für $w(x) = \sqrt{1+x} = (1+x)^{1/2}$ mit Entwicklungspunkt $x_0 = 0$

$$|R_2(x)| \leq \frac{1}{2!} \max_{0 \leq \xi \leq x} |w''(\xi)| \cdot x^2 \leq \frac{1}{8}x^2,$$

da $|w''(\xi)| = \frac{1}{4}(1+\xi)^{-3/2}$ den Maximalwert bei $\xi = 0$ annimmt.

Auf ähnliche Weise kann man aus den ersten Gliedern des Taylorpolynoms zur Funktion $v(x) = (1+x)^{-1/2}$ um den Entwicklungspunkt $x_0 = 0$ die Approximation $\frac{1}{\sqrt{1+x}} \approx 1 - \frac{1}{2}x$ herleiten.

Beispiel (Seildehnung):

Ein Seil, dessen Länge im unbelasteten Zustand s_0 bekannt ist, wird von der Einzellast $\vec{F}$ gespannt. Wir nehmen dabei an, dass das Seil im gespannten Zustand völlig gerade ist und den Durchhang d hat.

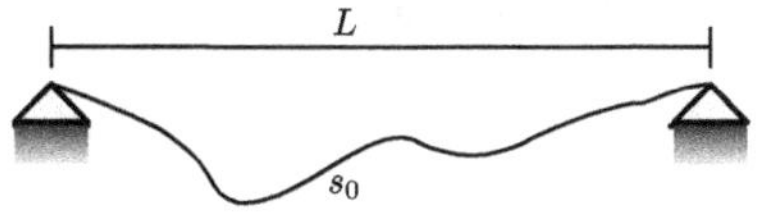

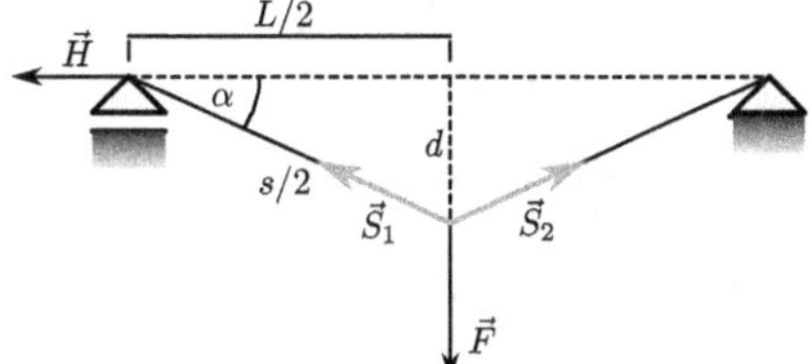

Nach dem Satz von Pythagoras ist die Länge im gespannten Zustand $\frac{s}{2} = \frac{L}{2}\sqrt{1 + \left(\frac{2d}{L}\right)^2}$. Aus dem Kräftegleichgewicht in der Mitte des Seils ergibt sich die Seilkraft $|\vec{S}_1| = |\vec{S}_2| = \frac{s}{4d}|\vec{F}|$. Nach dem Hookeschen Gesetz wird das Seil durch diese Kraft auf die Länge

$$s = s_0 + \frac{|\vec{S}_1|}{EA}s_0 = s_0 + \frac{s|\vec{F}|}{4d\,EA}s_0$$

gedehnt, wobei EA die Dehnsteifigkeit des Seils ist. Setzt man die beiden Ausdrücke, die man nun für s hergeleitet hat, gleich, erhält man

$$L\sqrt{1 + \left(\tfrac{2d}{L}\right)^2} = s_0\left(1 + \frac{s}{4d\,EA}|\vec{F}|\right) = s_0\left(1 + \frac{L\sqrt{1 + \left(\frac{2d}{L}\right)^2}}{4d\,EA}|\vec{F}|\right).$$

Daraus lässt sich nun ein Zusammenhang zwischen der Kraft $\vec{F}$ und dem Durchhang d angeben:

$$|\vec{F}| = \frac{4d\,EA\left(L\sqrt{1 + \left(\frac{2d}{L}\right)^2} - s_0\right)}{s_0 L\sqrt{1 + \left(\frac{2d}{L}\right)^2}} = \frac{4d\,EA}{s_0} - \frac{4d\,EA}{L\sqrt{1 + \left(\frac{2d}{L}\right)^2}}.$$

Solange $s_0 \approx L$ und damit $\frac{2d}{L}$ klein ist, kann man die Wurzel näherungsweise ersetzen durch

$$\left(1 + \left(\frac{2d}{L}\right)^2\right)^{-1/2} = 1 - \frac{1}{2}\left(\frac{2d}{L}\right)^2$$

und erhält einen polynomialen Zusammenhang zwischen $|\vec{F}|$ und d:

$$|\vec{F}| = \frac{4d\,EA}{s_0} - \frac{4d\,EA}{L} + \frac{8d^3\,EA}{L^2} == \frac{4d\,EA}{L}\left(\frac{L}{s_0} - 1 + \frac{2d^2}{L}\right).$$

Taylor-Entwicklungen berechnen

Um die Taylor-Entwicklung einer gegebenen Funktion f im Entwicklungspunkt x_0 zu bestimmen, kann man die Koeffizienten $c_n = \frac{f^{(n)}(x_0)}{n!}$ durch Ableiten bestimmen. Das kann recht mühsam sein, daher hilft manchmal ein anderes Vorgehen, wenn f aus Funktionen zusammengesetzt ist, deren Taylor-Entwicklung schon bekannt ist.

Beispiel: Die Taylorentwicklung von $f(x) = \dfrac{x}{e^{2x}}$ im Entwicklungspunkt $x_0 = 0$ können wir aus der Taylorentwicklung

$$e^x = 1 + x + \frac{x^2}{2!} + \frac{x^3}{3!} + \ldots$$

der Exponentialfunktion gewinnen. Indem man $-2x$ statt x einsetzt, erhält man

$$e^{-2x} = 1 + (-2x) + \frac{(-2x)^2}{2!} + \frac{(-2x)^3}{3!} + \ldots = 1 - 2x + \frac{2^2x^2}{2!} - \frac{2^3x^3}{3!} + - \ldots$$

und durch Multiplikation mit x schließlich

$$\frac{x}{e^{2x}} = xe^{-2x} = x\left(1 - 2x + \frac{2^2x^2}{2!} - \frac{2^3x^3}{3!} + - \ldots\right) = x - 2x^2 + \frac{2^2x^3}{2!} - \frac{2^3x^4}{3!} + - \ldots$$

Da die Exponentialreihe für alle x konvergiert, ist auch diese Darstellung für alle x konvergent.

Beispiel: Im ersten Semester wurde bereits erwähnt, dass es Funktionen gibt, deren Stammfunktion nicht in geschlossener Form mit Polynomen, Wurzeln, Exponentialfunktionen und trigonometrischen Funktione darstellbar ist. Dazu gehört beispielsweise die Funktion $g(x) = \cos(x^2)$. Wir können jedoch für g eine Taylorentwicklung angeben und daraus auch eine Taylorentwicklung der Stammfunktion G herleiten: Aus

$$\cos(x) = 1 - \frac{x^2}{2!} + \frac{x^4}{4!} - \frac{x^6}{6!} + - \ldots$$

ergibt sich, indem man x^2 statt x einsetzt

$$\cos(x^2) = 1 - \frac{x^4}{2!} + \frac{x^8}{4!} - \frac{x^{12}}{6!} + - \ldots$$

und durch gliedweise Integration zum Beispiel

$$\int_0^1 \cos(x^2)\,\mathrm{d}x = \left[x - \frac{x^5}{5 \cdot 2!} + \frac{x^9}{9 \cdot 4!} - \frac{x^{13}}{13 \cdot 6!} + - \ldots\right]_0^1 = 1 - \frac{1}{5 \cdot 2!} + \frac{1}{9 \cdot 4!} - \frac{1}{13 \cdot 6!} + - \ldots \approx 0{,}9045.$$

Bemerkung (Zum Schluss noch eine kleine Warnung):

Falls eine Funktion f beliebig oft differenzierbar ist, kann man statt der Taylor-Polynome die unendliche **Taylor-Reihe**

$$T(x) = \sum_{k=0}^{\infty} \frac{f^{(k)}(x_0)}{k!}(x - x_0)^k$$

betrachten. Leider stellt diese Potenzreihe *nicht* immer die Funktion f dar.
Einerseits kann der Konvergenzbereich der Reihe kleiner als der Definitionsbereich der Funktion f sein. Es kann aber sogar passieren, dass die Reihe für manche (oder alle) x konvergiert, jedoch nicht gegen $f(x)$. „Schöne" Funktionen, die unendlich oft differenzierbar sind und sich durch ihre Taylor-Reihe darstellen lassen, nennt man **(reell) analytisch**.

Für die Funktion $f(x) = (1+x)^\beta$ mit reellem $\beta \neq 0$ erhält man als Taylorreihe die oben berechnete Binomialreihen mit dem Konvergenzradius $\rho = 1$. Damit ist f analytisch auf dem Intervall $(-1, 1)$ und für $x \in (-1, 1)$ gilt

$$(1 + x)^\beta = \sum_{k=0}^{\infty} \binom{\beta}{k} x^k.$$

Nachdem Sie dieses Kapitel bearbeitet haben, sollten Sie ...

... wissen, was eine unendliche Reihe ist, und wie die Partialsummen einer Reihe definiert sind

... erklären können, was Konvergenz bei einer unendlichen Reihe bedeutet

... die geometrische Reihe als wichtigste „Vergleichs"-Reihe gut kennen und konkrete geometrische Reihen summieren können

... das Majorantenkriterium, das Quotientenkriterium und das Leibnizkriterium angeben und auf konkrete Reihen anwenden können

... wissen, was eine Potenzreihe ist, wo diese konvergiert und für konkrete Reihen den Konvergenzradius bestimmen können

... wissen, dass man Potenzreihen gliedweise differenzieren und integrieren darf

... das Cauchy-Produkt von zwei Potenzreihen bilden können

... wissen, was das Taylorpolynom einer reellen Funktion ist und wie man die Koeffizienten des Taylor-Polynoms berechnet

... die Differenz zwischen einer Funktion f und ihrem Taylor-Polynom mit Hilfe des Lagrange-Restglieds abschätzen können

... die Potenzreihen der Exponentialfunktion sowie der trigonometrischen Funktionen hinschreiben können

Aufgaben zu Kapitel 18

1. Bestimmen Sie die Werte der Reihen

$$\frac{4}{3}+\frac{8}{9}+\frac{16}{27}+\frac{32}{81}+\frac{64}{243}+\ldots$$

und

$$\frac{3}{2}+\frac{6}{5}+\frac{24}{25}+\frac{96}{125}+\ldots = \sum_{n=0}^{\infty}\frac{3\cdot 2^{2n-1}}{5^n}.$$

2. Geben Sie die Bildungsvorschrift der Reihen

$$1+\frac{1}{101}+\frac{1}{201}+\frac{1}{301}+\frac{1}{401}+\ldots \quad \text{und} \quad 1-\frac{1}{\sqrt{2}}+\frac{1}{\sqrt{3}}-\frac{1}{\sqrt{4}}+\frac{1}{\sqrt{5}}-+\ldots$$

an und entscheiden Sie jeweils, ob die Reihen konvergieren oder divergieren.

3. (a) Wie kann man mit Hilfe einer geometrischen Reihe zeigen, dass

$$0,999999\ldots = 0,\overline{9} = 1$$

ist?

(b) Wandeln Sie die periodischen Dezimalzahlen $2,1\overline{18}$ und $0,\overline{135}$ in Brüche um.

4. Untersuchen Sie die folgenden Reihen auf Konvergenz!

(a) $\sum\limits_{n=1}^{\infty}\frac{n+1}{e^n}$, (b) $\sum\limits_{n=1}^{\infty}\frac{1}{n\sqrt[n]{2}}$, (c) $\sum\limits_{k=1}^{\infty}\frac{(-1)^k}{(2k-1)!}$, (d) $\sum\limits_{n=1}^{\infty}\frac{n+\cos(n)}{n^3}$

5. Bruchrechnen, Teleskopsummen und Logarithmengesetze
Benutzen Sie Ihre Trickkiste und berechnen Sie den Grenzwert der Reihe

$$\sum_{k=2}^{\infty}\ln\left(1-\frac{1}{k^2}\right)$$

6. Geben Sie zwei Reihen an, deren Divergenz man mit Hilfe des Minorantenkriteriums durch Vergleich mit der harmonischen Reihe nachweisen kann.

Finden Sie auch eine Reihe, deren Konvergenz sich nicht mit dem Quotientenkriterium, jedoch mit dem Majorantenkriterium durch Vergleich mit $\sum\limits_{n=1}^{\infty}\frac{1}{n^2}$ zeigen lässt.

7. (a) Zeigen Sie mit dem Quotientenkriterium, dass die unendliche Reihe $\sum\limits_{k=1}^{\infty}kq^k$ für jedes q mit $|q|<1$ konvergiert.

(b) Für welche Zahlen $x\in\mathbb{R}$ konvergiert die Reihe $\sum\limits_{n=1}^{\infty}\frac{(x-1)^n}{n\cdot 3^n}$?

8. Bestimmen Sie den Konvergenzradius der folgenden Potenzreihen.

(a) $\sum\limits_{k=1}^{\infty}\frac{x^k}{k^2+k}$ (b) $\sum\limits_{m=1}^{\infty}\sqrt[m]{2}(x-6)^m$

(c) $\sum\limits_{n=1}^{\infty}\frac{x^n}{3^n+\sqrt{n}}$ (d) $\sum\limits_{k=1}^{\infty}\frac{k^2x^k}{2^k}$

9. Für welche $x \in \mathbb{R}$ konvergiert die Potenzreihe $\sum\limits_{n=1}^{\infty} \frac{1}{1+\frac{1}{n}}(x+2)^n$?

10. Bestimmen Sie ...
    (a) das Taylorpolynom 2.Grades von $f(x) = (4x+5)^{-1/2}$ zum Entwicklungspunkt $x_0 = 1$
    (b) das Taylorpolynom 4.Grades von $f(x) = \cos(\sin(x))$ zum Entwicklungspunkt $x_0 = 0$

    Geben Sie für das Taylorpolynom aus Teil (a) auch das Lagrange-Restglied an und bestimmen Sie daraus eine Abschätzung für den maximalen Fehler, wenn $x \in [0,2]$ liegt.

11. Ein *Schubkurbelgetriebe* dient dazu, eine Drehbewegung in eine Translationsbewegung umzuformen (oder umgekehrt).
    Wie groß ist der *Kreuzkopfabstand* x in Abhängigkeit des Winkels φ?
    Geben Sie eine Reihenentwicklung dieses Abstands in Potenzen von $\lambda = \frac{r}{L}$ an.

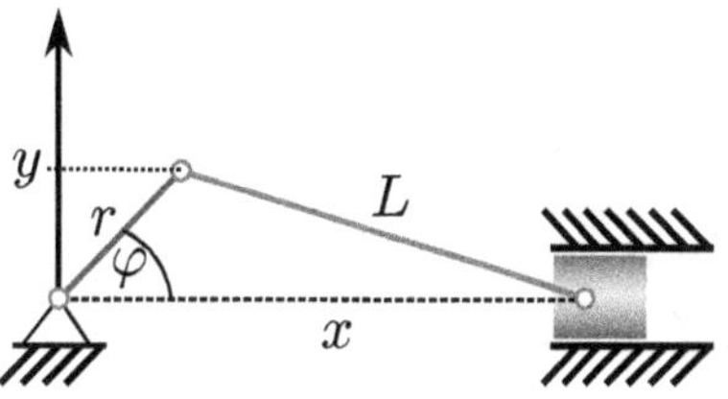

12. Berechnen Sie die Grenzwerte

    (a) $\lim\limits_{x\to 0} \frac{\sin^2(x) - x^2}{(\cos(x)-1)^2}$, (b) $\lim\limits_{x\to 0} \frac{e^x - 1 - x}{\sqrt{1-x^2}-1}$

    mit Hilfe der Reihenentwicklungen

$$\cos(x) = 1 - \frac{x^2}{2!} + \frac{x^4}{4!} - + \ldots, \ \sin(x) = x - \frac{x^3}{3!} + \frac{x^5}{5!} - + \ldots \text{ und } e^x = 1 + \frac{x}{1!} + \frac{x^2}{2!} + \frac{x^3}{3!} + \ldots$$

13. (a) Berechnen Sie das Cauchy-Produkt der Potenzreihe $\sum\limits_{k=0}^{\infty} x^k$ mit sich selbst.
    Welche Funktion wird durch dieses Cauchy-Produkt dargestellt?
    (b) Bestimmen Sie die Koeffizienten $a_0, a_1, a_2, \ldots$ der Potenzreihendarstellung für die Funktion $f(x) = \frac{e^x}{1-x}$ auf dem Intervall $(-1,1)$.
    (c) Berechnen Sie die ersten sechs Koeffizienten $b_0, \ldots, b_5$ der Potenzreihendarstellung

$$\tan(x) = \sum_{k=0}^{\infty} b_k x^k$$

    der Tangensfunktion.

    Hinweis: $\cos(x) \cdot \tan(x) = \sin(x)$

19 Mehrdimensionale Differentialrechnung

19.1 Funktionen von mehreren Veränderlichen

Viele Größen, die in Naturwissenschaften und Technik vorkommen, hängen nicht nur von *einer* Unbekannten ab, sondern ändern sich in Abhängigkeit von mehreren Variablen.
Solche Funktionen kommen in den verschiedensten Zusammenhängen vor:

- Die Temperaturverteilung in einem Raum wird beschrieben durch eine Funktion $T(x, y, z)$, die von den drei Ortsvariablen x, y und z abhängt.
- Bei Koordinatentransformationen stellt man die „neuen" Koordinaten als Funktion der „alten" Koordinaten dar (oder umgekehrt), zum Beispiel beim Übergang zu Polarkoordinaten

$$x = x(r, \varphi) = r\cos(\varphi), \quad y = y(r, \varphi) = r\sin(\varphi)$$

In diesem Kapitel verallgemeinern wir vieles, was wir im ersten Semester für Funktionen von einer Variable gelernt haben auf mehrdimensionale Funktionen, zum Beispiel die Begriffe Stetigkeit und Differenzierbarkeit, aber auch die Suche nach Maxima und Minima einer Funktion.
Zunächst soll es um Funktionen gehen, deren Werte reelle Zahlen sind, die aber von mehreren Variablen abhängen:

Definition (Funktion mehrerer Veränderlicher):

Sei $U \subseteq \mathbb{R}^n$. Eine Funktion $f\colon U \to \mathbb{R}$ mit $f(\vec{x}) = f(x_1, x_2, \ldots, x_n)$ heißt (skalare) **Funktion in n Variablen.**

Wie im Fall $n = 1$ definieren wir das Schaubild, bzw. den (Funktions-)Graphen von f als die Menge

$$G_f = \{(x_1, x_2, \ldots, x_n, f(x_1, x_2, \ldots, x_n));\ (x_1, x_2, \ldots, x_n) \in U\} \subset \mathbb{R}^{n+1}.$$

Beispiel :

Für $n = 2$ beschreibt der Funktionsgraph von f eine Fläche in $\mathbb{R}^3$, etwa im Fall $f(x, y) = x^2 + y^2$ ein Paraboloid $\{(x, y, z) \in \mathbb{R}^3;\ z = x^2 + y^2\}$.
Man könnte sich die Funktion f aber auch auf andere Weise veranschaulichen, beispielsweise durch Niveaulinien, d.h. indem man in der $x-y$-Ebene diejenigen Punkte markiert, in denen die Funktion f bestimmte feste Werte annimmt.

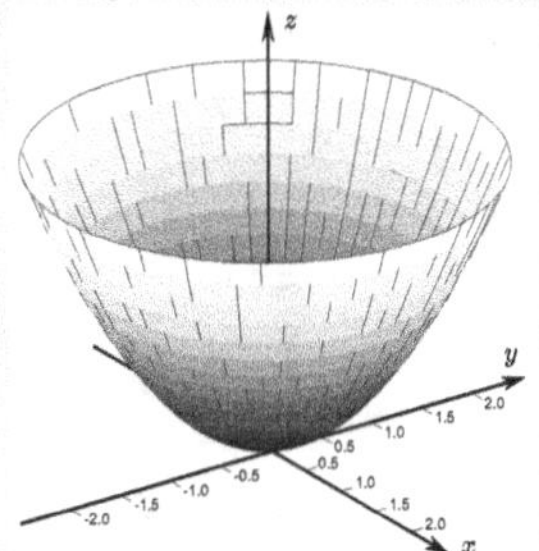

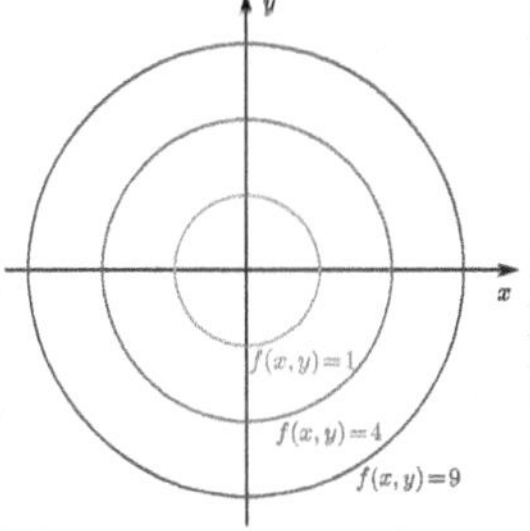

Für $n = 3$ gibt es dagegen keine offensichtliche anschauliche Darstellungsweise des Funktionsgraphen, da dieser eine Teilmenge von $\mathbb{R}^4$ ist.

Beispiele: Einige weitere Beispiele für Funktionen mehrerer Veränderlicher sind

$$\begin{aligned} f_1(x,y) &= 2x - xy + 2y \text{ auf } U = \mathbb{R}^2 \\ f_2(x,y,z) &= \cos(y+z) + \ln(x+y) \text{ auf } U = \{(x,y,z) \in \mathbb{R}^3;\ x+y>0\} \subset \mathbb{R}^3 \\ f_3(\vec{x}) &= |\vec{x}|^2 = x_1^2 + x_2^2 + \cdots + x_n^2 \text{ auf } U = \mathbb{R}^n \end{aligned}$$

Zusätzlich können die Größen, die durch eine Funktion beschrieben werden, selbst vektorwertig sein. Das hatten wir bereits bei der Darstellung von Kurven gesehen.
Ganz anschaulich wird die Bahnkurve eines Massenpunktes durch eine Funktion $(x(t), y(t), z(t))$ in Abhängigkeit von der Zeit t beschrieben. Weil die Position im Raum zu jedem Zeitpunkt durch drei Größen festgelegt wird, können wir die Bewegung als eine vektorwertige Funktion der Zeit auffassen.

Definition (vektorwertige Funktion mehrerer Veränderlicher):

Sei wieder $U \subseteq \mathbb{R}^n$. Eine Funktion $\vec{f}\colon U \to \mathbb{R}^m$ mit

$$\vec{f}(\vec{x}) = \vec{f}(x_1, x_2, \ldots, x_n) = \begin{pmatrix} f_1(x_1, x_2, \ldots, x_n) \\ f_2(x_1, x_2, \ldots, x_n) \\ \vdots \\ f_m(x_1, x_2, \ldots, x_n) \end{pmatrix}$$

heißt **vektorwertige Funktion** in n Variablen.

Beispiele:

1. Das Strömungsfeld eines Gases oder einer Flüssigkeit lässt sich beschreiben, indem man für jeden Punkt (x, y) oder (x, y, z) den Richtungsvektor $\vec{v}(x, y, t)$ bzw. $\vec{v}(x, y, z, t)$ angibt, der im allgemeinen vom Ort und von der Zeit t abhängt.

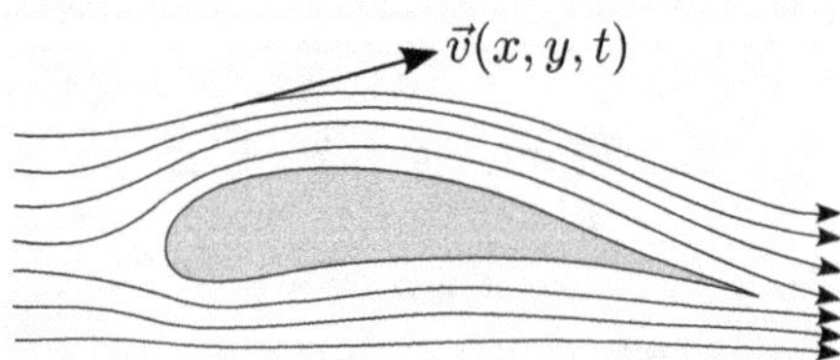

2. Die Funktion $\vec{f} : \mathbb{R}^2 \to \mathbb{R}^2$ mit

$$\vec{f}(x,y) = \begin{pmatrix} 2x - xy + 2y \\ x^2 - y^2 \end{pmatrix} \text{ auf } \mathbb{R}^2$$

ist eine Funktion der beiden Variablen x und y.

3. Die Transformation zwischen „normalen" kartesischen Koordinaten und Polarkoordinaten

$$\begin{pmatrix} x \\ y \end{pmatrix} = \vec{F}(r, \varphi) = \begin{pmatrix} r\cos(\varphi) \\ r\sin(\varphi) \end{pmatrix}$$

kann man als eine Funktion der beiden Variablen $(r, \varphi) \in (0, \infty) \times \mathbb{R}$ auffassen.

Beispiel (Festigkeitslehre):

Für die örtliche Dehnung eines unter axialer Spannung stehenden Werkstücks gilt der Zusammenhang

$$\varepsilon(\nu, E, \sigma_x) = \begin{pmatrix} \varepsilon_x \\ \varepsilon_y \end{pmatrix} = \begin{pmatrix} -\dfrac{\sigma_x}{E} \\ -\nu\dfrac{\sigma_x}{E} \end{pmatrix},$$

wobei σ_x die Normalspannung in x-Richtung, E der Elastizitätsmodul und ν die Querkontraktionszahl des Materials sind.

In vielen Anwendungen „verschleiert" man das Auftreten von vektorwertigen Funktionen, indem man die Komponenten einzeln angibt. Dennoch ist ein entscheidendes Merkmal solcher Funktionen, dass sich die Veränderung *einer* Eingangsgröße (im Beispiel oben die Spannung σ_x) gleichzeitig auf *mehrere* Ausgangsgrößen auswirkt.

Wenn man Begriffe wie Stetigkeit oder Differenzierbarkeit auf mehrdimensionale Funktionen anwenden möchte, dann muss man sich zunächst noch einmal klarmachen, wie man in höheren Dimensionen Abstände misst.

Definition (Abstand):

Der **euklidische Abstand** zwischen zwei Punkten $\vec{x}$ und $\vec{y} \in \mathbb{R}^n$ ist die Länge ihres Verbindungsvektors, also

$$|\vec{x} - \vec{y}| = \sqrt{\sum_{j=1}^{n} (x_j - y_j)^2} = \sqrt{(x_1 - y_1)^2 + (x_2 - y_2)^2 + \ldots + (x_n - y_n)^2}.$$

Definition (Kugel):

Zu einem festen Mittelpunkt $\vec{a} \in \mathbb{R}^n$ und einem Radius $r > 0$ heißt die Punktmenge

$$B_r(\vec{a}) = \{\vec{x} \in \mathbb{R}^n;\ |\vec{x} - \vec{a}| < r\}$$

die **Kugel** mit Radius r um $\vec{a}$ oder kurz die r-Kugel um $\vec{a}$. Diese „Kugel" ist also für $n = 1$ ein Intervall, für $n = 2$ eine Kreisscheibe und für $n = 3$ eine Vollkugel.

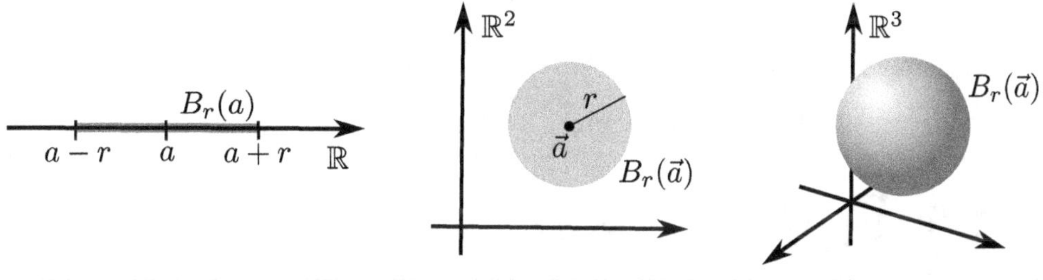

Ist M eine Menge im $\mathbb{R}^n$, dann unterscheidet man zwischen inneren Punkten von M und Randpunkten von M.

Definition (innerer Punkt, offene Menge):

Ein Punkt $\vec{a} \in \mathbb{R}^n$ heißt

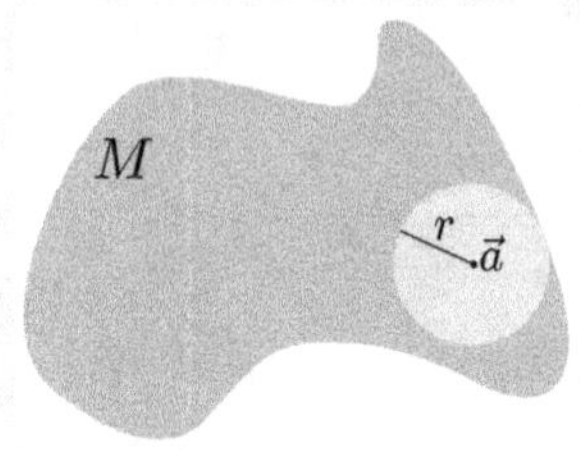

- **innerer Punkt** von M, wenn $B_r(\vec{a}) \subset M$ ist für ein $r > 0$,
- **äußerer Punkt** von M, wenn $\vec{a}$ ein innerer Punkt von $\mathbb{R}^n \setminus M$ ist und
- **Randpunkt** von M, wenn für jedes $r > 0$ gilt: $M \cap B_r(\vec{a}) \neq \emptyset$ und $B_r(\vec{a}) \cap (\mathbb{R}^n \setminus M) \neq \emptyset$.
- M heißt **offene Menge**, wenn jeder Punkt $\vec{a} \in M$ ein innerer Punkt von M ist.
- M heißt **abgeschlossen**, wenn alle Randpunkte von M in M enthalten sind.

Beispiel: Im Fall $n = 1$ ist $B_r(a) = (a-r, a+r)$ ein Intervall. Für Intervalle gilt: Offene Intervalle (a, b) sind offene Mengen. Abgeschlossene Intervalle $[a, b]$ sind abgeschlossene Mengen. In beiden Fällen sind a und b die (einzigen) Randpunkte.
Beispiel: Das „halboffene" Rechteck $M = (a, b] \times (c, d] \subseteq \mathbb{R}^2$ besteht aus inneren Punkte und Randpunkten.
Ein Punkt $(x, y) \in \mathbb{R}^2$ ist genau dann ein innerer Punkt, wenn $a < x < b$ und $c < y < d$ ist. Dies sieht man folgendermaßen: Die Kreisscheibe mit Mittelpunkt (x, y) und Radius $r > 0$ ist in M enthalten, wenn

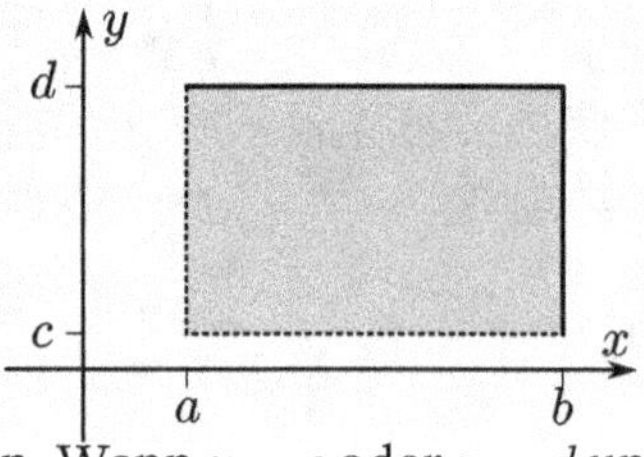

$$r < \min\{b - x, x - a, d - y, y - c\}$$

gilt.
Nicht alle Punkte von M sind innere Punkte, daher ist M nicht offen. Wenn $y = c$ oder $y = d$ und $a \leq x \leq b$ ist, dann ist (x, y) ein Randpunkt. Genauso ist (x, y) ein Randpunkt, wenn $x \in \{a, b\}$ und $c \leq y \leq d$ ist. Nicht alle Randpunkte von M gehören zu M, daher ist M nicht abgeschlossen.

Ohne Beweis hier noch einige Folgerungen aus der Definition offener und abgeschlossener Mengen.

Satz 19.1 (Eigenschaften von Punktmengen):

(a) Der Durchschnitt von endlich vielen offenen Mengen ist ebenfalls offen.

(b) Beliebige Vereinigungen offener Mengen sind offen.

(c) Wenn M abgeschlossen ist, dann ist $\mathbb{R}^n \setminus M$ offen und umgekehrt.

(d) Die Vereinigung von endlich vielen abgeschlossenen Mengen ist abgeschlossen.

(e) Die Menge ∂M der Randpunkte einer Menge M ist immer abgeschlossen.

Anregung zur weiteren Vertiefung :

Veranschaulichen Sie sich diese Eigenschaften, indem Sie Durchschnitte, Vereinigungen, etc. von Rechtecken im $\mathbb{R}^2$ betrachten.

Konvergenz

Wenn wir im mehrdimensionalen Raum differenzieren und später auch integrieren wollen, müssen wir Grenzwerte bilden können. Wir müssen also zum Beispiel wissen, was es heißt, wenn eine Folge von Punkten im $\mathbb{R}^n$ konvergiert. Eine Folge $\vec{x}_1, \vec{x}_2, \vec{x}_3, \ldots$ im $\mathbb{R}^n$ besteht aus lauter Punkten, von denen jeder im $\mathbb{R}^n$ liegt. Um diese Punkte mit ihren Komponenten aufzuschreiben, benötigen wir einen zweiten Index, also zum Beispiel

$$\vec{x}_k = (x_k^{(1)}, \ldots, x_k^{(n)}) \text{ oder } \vec{x}_k = \begin{pmatrix} x_k^{(1)} \\ \vdots \\ x_k^{(n)} \end{pmatrix},$$

je nachdem, ob man die Vektoren $\vec{x}_k$ als Zeilen- oder als Spaltenvektoren schreibt. Der untere Index ist jeweils der Folgenindex, der obere gibt die Komponente des Vektors an.
Die Definition von Konvergenz können wir praktisch unverändert aus dem Eindimensionalen auf Folgen von Vektoren übertragen, da es dabei nur um den Abstand der Folgenglieder zum Grenzwert geht.

Definition (Konvergenz im $\mathbb{R}^n$):

Eine Folge $(\vec{x}_k)_{k\in\mathbb{N}}$ von Punkten $\vec{x}_k \in \mathbb{R}^n$ **konvergiert** gegen den Grenzwert $\vec{a} \in \mathbb{R}^n$, falls

$$\lim_{k\to\infty} |\vec{x}_k - \vec{a}| = 0.$$

Die Schreibweise ist wie bei reellen Folgen $\vec{a} = \lim\limits_{k\to\infty} \vec{x}_k$.

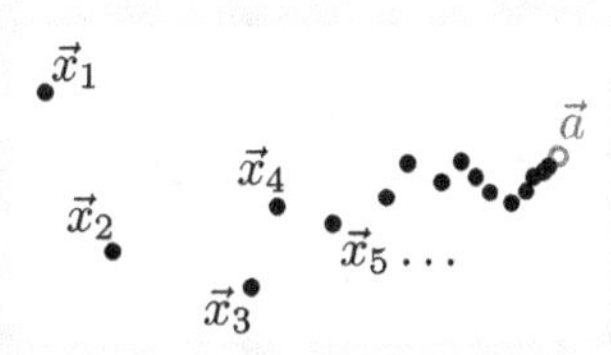

Man beachte, dass $(|\vec{x}_k - \vec{a}|)_{k\in\mathbb{N}}$ eine Folge reeller Zahlen ist, denn der Abstand von zwei Vektoren ist eine Zahl. Die Konvergenz von solchen Folgen kennen wir aber schon aus Kapitel 10.
Anschaulich bedeutet die Konvergenz der Folge $(\vec{x}_k)_{k\in\mathbb{N}}$ gegen $\vec{a}$, dass in jeder noch so kleinen Kugel um den Punkt $\vec{a}$ alle Folgenglieder ab einem bestimmten Index K liegen.
Etwas formaler: Wenn man eine beliebige Zahl $\varepsilon > 0$ vorgibt, dann kann man dazu einen Anfangsindex $K = K(\varepsilon)$ finden, so dass für $k = K+1, K+2, K+3, \ldots$ immer $|\vec{x}_k - \vec{a}| < \varepsilon$ ist.

Der folgende Satz besagt, dass man Konvergenz in der Regel nachprüfen kann, indem man die Komponenten getrennt betrachtet.

Satz 19.2 (Konvergenz = komponentenweise Konvergenz):

Eine Folge $(\vec{x}_k)_{k\in\mathbb{N}}$ von Punkten $\vec{x}_k = (x_k^{(1)}, \ldots, x_k^{(n)}) \in \mathbb{R}^n$ konvergiert genau dann gegen den Punkt $\vec{a} \in \mathbb{R}^n$, wenn alle Komponentenfolgen konvergieren, d.h. wenn für alle Komponenten $j = 1, 2, \ldots, n$ gilt:

$$\lim_{k\to\infty} x_k^{(j)} = a_j.$$

Begründung: Zum Beweis benutzen wir gleich zweimal das Sandwichkriterium für Zahlenfolgen. Für einen beliebigen Index $j \in \{1, 2, \ldots, n\}$ gilt die Abschätzung

$$0 \le |x_k^{(j)} - a_j| = \sqrt{(x_k^{(j)} - a_j)^2} = \sqrt{(x_k^{(1)} - a_1)^2 + (x_k^{(2)} - a_2)^2 + \ldots + (x_k^{(n)} - a_n)^2} = |x - a|$$

d.h. falls $|\vec{x}_k - \vec{a}|$ für $k \to \infty$ gegen 0 strebt, dann konvergiert auch $|x_k^{(j)} - a_j| \to 0$ nach dem Sandwich-Kriterium. Das bedeutet aber gerade, dass die j-te Kompontente $x_k^{(j)}$ für $k \to \infty$ gegen a_j konvergiert. Da der Index j beliebig war, konvergiert somit *jede* Komponente $x_k^{(j)}$ gegen a_j.

Andererseits ist

$$\begin{aligned}
&\left(|x_k^{(1)} - a_1| + \ldots + |x_k^{(1)} - a_n|\right)^2 \\
= \;& \underbrace{|x_k^{(1)} - a_1|^2 + \ldots + |x_k^{(n)} - a_n|^2}_{\text{rein quadratische Terme}} + \underbrace{2\sum_{i \neq j} |x_k^{(i)} - a_i| \cdot |x_k^{(j)} - a_j|}_{\text{gemischte Glieder}} \\
\geq \;& \left(x_k^{(1)} - a_1\right)^2 + \left(x_k^{(2)} - a_2\right)^2 + \ldots + \left(x_k^{(n)} - a_n\right)^2
\end{aligned}$$

indem man die gemischten Glieder einfach weglässt, und damit

$$0 \leq |\vec{x}_k - \vec{a}| = \sqrt{(x_k^{(1)} - a_1)^2 + (x_k^{(2)} - a_2)^2 + \ldots + (x_k^{(n)} - a_n)^2} \leq |x_k^{(1)} - a_1| + \ldots + |x_k^{(1)} - a_n|.$$

Wenn also alle Ausdrücke $|x_k^{(j)} - a_j|$ auf der rechten Seite für $k \to \infty$ gegen Null konvergieren, dann konvergiert auch $|\vec{x}_k - \vec{a}| \to 0$.

□

Wenn man Grenzwerte im $\mathbb{R}^n$ kennt, dann kann man sofort die Definition der Stetigkeit auch auf Funktionen von n Variablen übertragen.

Definition (Stetigkeit im $\mathbb{R}^n$):

Sei $U \subset \mathbb{R}^n$. Eine Funktion $f\colon U \to \mathbb{R}$ heißt **stetig in** $\vec{a}$, wenn für jede Folge $\vec{x}_1, \vec{x}_2, \ldots$, die gegen $\vec{a}$ konvergiert gilt:

$$\lim_{k \to \infty} f(\vec{x}_k) = f(\vec{a}).$$

Man schreibt auch $\lim\limits_{\vec{x} \to \vec{a}} f(\vec{x}) = f(\vec{a})$.
f heißt **stetig** auf U, wenn f in allen Punkten $\vec{a} \in U$ stetig ist.

Bemerkungen:

1. Anschaulich bedeutet Stetigkeit wieder, dass der Graph einer stetigen Funktion keine „Sprünge“ oder „Stufen“ hat.

2. Bei der Untersuchung einer Funktion auf Stetigkeit geht es zunächst wieder um dieselben Themen wie im Eindimensionalen (Wird ein Nenner Null? Kann ein Term unter der Wurzel negativ werden? etc.) Hinzu kommt, dass man sich dem Punkt $\vec{a}$ aus vielen verschiedenen Richtungen nähern kann und der Funktionswert aus jeder Richtung gegen denselben Wert $f(\vec{a})$ konvergieren muss.

3. Eine vektorwertige Funktion $\vec{f}: \mathbb{R}^n \to \mathbb{R}^m$ ist stetig im Punkt $\vec{a}$, wenn alle Komponenten von $\vec{f}$ in $\vec{a}$ stetig sind.

Im ersten Semester hatten wir gesehen, dass Funktionen, die auf einem abgeschlossenen Intervall $[a, b]$ stetig sind, dort sehr vorteilhafte Eigenschaften besitzen. Beispielsweise sind sie beschränkt, das heißt die Funktionswerte lagen in einem endlichen Intervall. Außerdem nimmt eine auf $[a, b]$ stetige Funktion ihr Maximum und ihr Minimum in (mindestens) einem Punkt an. Für die Nullstellensuche ausgesprochen nützlich war darüberhinaus der Zwischenwertsatz, der ebenfalls auf der Stetigkeit beruhte.

Für Funktionen mit mehreren Veränderlichen muss man das abgeschlossene Intervall $[a, b]$ durch den Begriff der *kompakten Menge* ersetzen, um ähnliche Eigenschaften stetiger Funktionen zu finden.

Definition (kompakt):

Eine Teilmenge $M \subset \mathbb{R}^n$ heißt **kompakt**, wenn sie beschränkt und abgeschlossen ist, d.h. wenn es

1. eine Zahl $C > 0$ gibt, so dass $|\vec{x}| \leq C$ ist für alle Punkte $\vec{x} \in M$ und
2. jeder Randpunkt von M zu M gehört.

Beispiele:

1. Die abgeschlossene Kreisscheibe $\{(x, y) \in \mathbb{R}^2;\ x^2+y^2 \leq r^2\}$ vom Radius r ist eine kompakte Menge im $\mathbb{R}^2$.
2. Die Oberfläche der Einheitskugel $\{x, y, z) \in \mathbb{R}^3;\ x^2 + y^2 + z^2 = 1\}$ ist eine kompakte Menge im $\mathbb{R}^3$.
3. Ein abgeschlossener n-dimensionaler Quader

$$\{(x_1, x_2, \ldots, x_n) \in \mathbb{R}^n;\ a_1 \leq x_1 \leq b_1,\ a_2 \leq x_2 \leq b_2, \ldots, a_n \leq x_n \leq b_n\}$$

ist eine kompakte Menge im $\mathbb{R}^n$.

Satz 19.3 (Stetige Funktionen auf kompakten Mengen):

Sei $K \subset \mathbb{R}^n$ eine kompakte Menge und $f : K \to \mathbb{R}$ eine stetige Funktion.
Dann nimmt die Funktion ihr Maximum und ihr Minimum auf K an. Es gibt also Punkte $\vec{x}_{min} \in K$ und $\vec{x}_{max} \in K$, so dass für alle $\vec{x} \in K$ die Ungleichung

$$f(\vec{x}_{min}) \leq f(\vec{x}) \leq f(\vec{x}_{max})$$

gilt. Insbesondere ist die Funktion f damit auf K beschränkt.

Bemerkung: Das Minimum und/oder das Maximum kann auch in mehreren Punkten angenommen werden.

Beispiel: Die Funktion $f(x, y) = x^2 + 2y^2$ nimmt auf der kompakten Menge

$$D = \{(x, y) \in \mathbb{R}^2;\ x^2 + y^2 \leq 1\},$$

einer Kreisscheibe, ihr Minimum im Punkt $(0, 0)$ und ein Maximum in den beiden Punkten $(0, -1)$ und $(0, 1)$ an. Wie man diese Punkte bestimmt, wird noch ausführlich Thema im kommenden Kapitel sein.

19.2 Partielle Ableitungen

Stellt man eine Funktion $f : U \to \mathbb{R}$ von einer Variablen als Schaubild dar, so ergibt sich eine Kurve mit den Punkten $(x, f(x)),\ x \in U$. Die Ableitung von f ist dann anschaulich die Steigung der Tangente an diese Kurve. Bei der graphischen Darstellung einer Funktion von zwei Variablen ist das Schaubild dagegen eine Fläche mit den Punkten $(x, y, f(x, y)$ wobei $(x, y) \in U$ liegt.

Die Frage „Welche Steigung hat diese Fläche an der Stelle $(x_0, y_0, f(x_0, y_0))$?“ ist zunächst einmal sinnlos, denn die Steigung hängt ab von der Richtung, in der man sich von (x_0, y_0) aus bewegt. Man kann aber Fragen wie „Wie ist die Steigung der Fläche in Richtung der x–Achse?“ ganz analog wie im Eindimensionalen beantworten. Dies führt auf die erste Definition einer „Ableitung“ von mehrdimensionalen Funktionen.

Definition (partielle Ableitung im $\mathbb{R}^2$):

Es sei f eine auf der offenen Menge $U \subseteq \mathbb{R}^2$ definierte Funktion und $(x_0, y_0) \in U$ ein Punkt. Die Funktion f heißt in diesem Punkt (x_0, y_0) **partiell differenzierbar** nach x, wenn die nur von einer Variable abhängige Funktion $x \mapsto f(x, y_0)$ mit festem y_0 im Punkt x_0 differenzierbar ist, d.h. wenn der Differenzenquotient

$$\lim_{h \to 0} \frac{f(x_0 + h, y_0) - f(x_0, y_0)}{h}$$

existiert. Der Grenzwert heißt **partielle Ableitung** von f nach x in (x_0, y_0).
Man schreibt meist $\frac{\partial f}{\partial x}(x_0, y_0)$ oder $f_x(x_0, y_0)$.

Praktisch gesehen tut man bei der Berechnung der partiellen Ableitung nach x so, als ob die andere Variable y ein Parameter ist, der sich nicht ändert, und der wie eine Konstante behandelt wird. Insbesondere kann man für partielle Ableitungen alle schon bekannten Ableitungsregeln (Produktregel, Kettenregel,...) weiter verwenden.
Anschaulich bedeutet der obige Grenzwert, dass

$$f(x_0 + h, y_0) \approx f(x_0, y_0) + \frac{\partial f}{\partial x}(x_0, y_0)h$$

ist, die partielle Ableitung nach x gibt also näherungsweise an, wie stark sich f ändert, wenn man vom Punkt (x_0, y_0) aus ein kleines Stück h in der x-Richtung geht.

Beispiel :

Für $f(x, y) = \cos(xy)e^{3x}$ ist

$$\frac{\partial f}{\partial x}(x_0, y_0) = -\sin(x_0 y_0) y_0 e^{3x_0} + 3\cos(x_0 y_0) e^{3x_0},$$

also beispielsweise $\frac{\partial f}{\partial x}(0, 0) = 3$. Damit ist $f(h, 0) \approx 1 + 3h$ für hinreichend kleine $h \in \mathbb{R}$.

Genauso wie man eine Funktion $f(x, y)$ partiell nach x differenzieren kann, kann man natürlich auch partiell nach y differenzieren. Um die partielle Ableitung nach y im Punkt (x_0, y_0) zu bestimmen, hält man x_0 fest und differenziert die Funktion $y \to f(x_0, y)$ im Punkt y_0, d.h. es geht um den Grenzwert

$$\frac{\partial f}{\partial y}(x_0, y_0) = \lim_{h \to 0} \frac{f(x_0, y_0 + h) - f(x_0, y_0)}{h}.$$

Etwas allgemeiner betrachten wir nun Funktionen $f : \mathbb{R}^n \to \mathbb{R}$, bei denen $f(x_1, x_2, \dots, x_n)$ von n Variablen abhängt. Die partielle Ableitung nach einer dieser Variablen x_k erhält man dann, indem man alle Variablen außer x_k als Konstanten betrachtet und die Funktion

$$x \mapsto f(x_1, \dots, x_{k-1}, x, x_{k+1}, \dots, x_n)$$

wie im Eindimensionalen differenziert:

Definition (partiell differenzierbar):

Sei $U \subset \mathbb{R}^n$ eine offene Menge und $f : U \to \mathbb{R}$ gegeben. Dann heißt f **partiell differenzierbar** im Punkt $\vec{a} = (a_1, a_2, \ldots, a_n) \in U$, falls

$$\frac{\partial f}{\partial x_k}(\vec{a}) = \lim_{h \to 0} \frac{f(\vec{a} + h \cdot \vec{e}_k) - f(\vec{a})}{h} = \lim_{h \to 0} \frac{f(a_1, \ldots, a_k + h, \ldots, a_n) - f(a_1, \ldots, a_k, \ldots, a_n)}{h}$$

und nennen $\frac{\partial f}{\partial x_k}$ die **partielle Ableitung** von f nach x_k.

Anschaulich bedeutet $\frac{\partial f}{\partial x_k}(a_1, a_2, \ldots, a_n) = m$, dass sich die Funktion f um etwa $m\Delta x_k$ ändert, wenn man die Variable x_k um einen kleinen Betrag Δx_k ändert und alle anderen Variablen festhält. Mit partiellen Ableitungen lässt sich also feststellen, wie sich f in Richtung der Koordinatenachsen ändert. Natürlich gibt es noch viele weitere Richtungen und daher werden wir im nächsten Abschnitt auch die Änderung von f in eine beliebige Richtung untersuchen.

Beispiele:

1. Das Volumen eines Vollzylinder mit Radius r und Höhe h beträgt $V(r, h) = \pi r^2 h$. Damit ist

$$\frac{\partial V}{\partial r}(r_0, h_0) = 2\pi r_0 h_0 \quad \text{und} \quad \frac{\partial V}{\partial h}(r_0, h_0) = \pi r_0^2.$$

Diese partiellen Ableitungen geben an, wie sich das Zylindervolumen bei einer kleinen Änderung von r bzw. h ändert. Vergrößert man beispielsweise den Radius um $\Delta r = 0,1$, so wächst das Volumen etwa um $2\pi r_0 h_0 \cdot \Delta r = 0,2 \cdot \pi r_0 h_0$. Die Änderung wirkt sich also umso stärker aus, je größer r_0 und h_0 sind.

2. Der Abstand $d(\vec{x}) = |\vec{x}| = \sqrt{x_1^2 + x_2^2 + \ldots + x_n^2}$ eines Punktes $\vec{x} \in \mathbb{R}^n$ vom Ursprung ist eine Funktion, deren partielle Ableitungen für alle $\vec{x} \neq \vec{0}$ existieren. Es ist dort

$$\frac{\partial d(x_1, \ldots, x_n)}{\partial x_k} = \frac{2x_k}{2\sqrt{x_1^2 + x_2^2 + \ldots + x_n^2}} = \frac{x_k}{|\vec{x}|}.$$

In $\vec{x} = \vec{0}$ ist d nach keiner Variable partiell differenzierbar, denn

$$\lim_{h \to 0} \frac{\sqrt{0 + \ldots + 0 + h^2 + 0 + \ldots 0} - \sqrt{0 + 0 + \ldots + 0}}{h} = \lim_{h \to 0} \frac{|h|}{h}$$

existiert nicht.

Beispiel (Fehlerfortpflanzung):

Mit partiellen Ableitungen kann man auch abschätzen, wie sich Messfehler beim Einsetzen in eine Formel auswirken. Misst man zum Beispiel die Temperatur T und Volumen V eines Gases, das sich nach dem idealen Gasgesetz $p(V, T) = \frac{R \cdot T}{V}$ verhält, wobei p den Druck angibt und R die sogenannte Gaskonstante ist, dann wirken sich Messfehler ΔT und ΔV auf den Wert von p in erster Näherung aus als

$$\Delta p_1 \approx \frac{\partial p}{\partial T} \cdot \Delta T = \frac{R}{V} \cdot \Delta T \text{ und } \Delta p_2 \approx \frac{\partial p}{\partial V} \cdot \Delta V = \frac{-R \cdot T}{V^2} \cdot \Delta V.$$

Nach dem Gaußschen Fehlerfortpflanzungsgesetz rechnet man mit dem schlimmsten Fall und schätzt den Fehler bei der Berechnung von p aus den fehlerbehafteten Größen T und V durch die Summe der Beträge beider Fehler ab.

19.3 Gradient und Richtungsableitung

Es erweist sich als nützlich, die partiellen Ableitungen einer Funktion in einem Vektor zusammenzufassen.

Definition (Gradient):

Sei $U \subset \mathbb{R}^n$ und $f : U \to \mathbb{R}$ eine Funktion, deren partielle Ableitungen im Punkt $\vec{a}$ alle existieren. Dann heißt der Vektor

$$\operatorname{grad} f(\vec{a}) = \begin{pmatrix} \frac{\partial f}{\partial x_1}(\vec{a}) \\ \vdots \\ \frac{\partial f}{\partial x_n}(\vec{a}) \end{pmatrix}$$

Gradient von f im Punkt $\vec{a}$. Eine andere Schreibweise dafür ist $\vec{\nabla} f(\vec{a})$ („Nabla").

Der Gradient einer Funktion wird meistens als Spaltenvektor, manchmal aber auch als Zeilenvektor aufgefasst. Man sollte sich darüber im Klaren sein, dass beide Möglichkeiten vorkommen können. Die Schreibweise als Zeilenvektor hat den Vorteil, dass sie zu den später definierten *Jacobi-Matrizen* für die Ableitung von Funktionen $f : \mathbb{R}^m \to \mathbb{R}^n$ passen.

Satz 19.4 (Gradient und steilster Anstieg):

Sei $U \subset \mathbb{R}^n$ und $f : U \to \mathbb{R}$ eine Funktion, die nach allen Variablen partiell differenzierbar ist. Dann zeigt der Gradient $\operatorname{grad} f(\vec{a})$ in die Richtung des stärksten Anstiegs von f im Punkt $\vec{a}$. Entsprechend zeigt $-\operatorname{grad} f(\vec{a})$ in die Richtung des stärksten Gefälles.

Der Gradient $\operatorname{grad} f(\vec{a})$ steht außerdem senkrecht auf den Niveaumengen von f, d.h. auf denjenigen Kurven oder Flächen, auf denen f einen konstanten Wert hat.

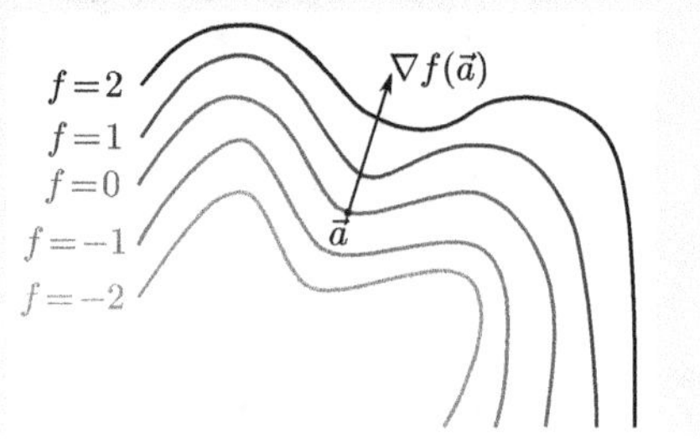

Beispiel (Wärmeleitung):

In einem Körper, in dem kein Temperaturgleichgewicht herrscht, strömt Wärme von wärmeren hin zu kühleren Bereichen. Diesen Wärmefluss kann man in jedem Punkt $\vec{x}$ durch einen Vektor $\vec{q}(\vec{x})$ darstellen. Dabei gilt:

- die Richtung des Wärmeflusses entspricht dem stärksten Gefälle der Temperatur $T(\vec{x})$ in $\vec{x}$, das heißt der Wärmefluss ist ein Vielfaches von $-\operatorname{grad} T(\vec{x})$. Das Minuszeichen entspricht der Tatsache, dass Wärme von Bereichen höherer zu Bereichen niedrigerer Temperatur fließt.
- die Stärke des Wärmeflusses ist proportional zum Temperaturgefälle. Die Proportionalitätskonstante, die vom Material und damit von $\vec{x}$ abhängig ist, bezeichnet man als *Wärmeleitfähigkeit* $\lambda(\vec{x})$.

Daraus ergibt sich das auf Fourier und Newton zurückgehende *Grundgesetz der Wärmeleitung*

$$\vec{q}(\vec{x}) = -\lambda(\vec{x}) \cdot \operatorname{grad} T(\vec{x}) .$$

Der Gradient wird im nächsten Kapitel noch eine wichtige Rolle spielen, wenn wir Maxima und Minima von Funktionen im Mehrdimensionalen suchen.

Richtungsableitungen

Während die partiellen Ableitung messen, wie sich eine Funktion ändert, wenn man in eine der Koordinatenrichtungen bewegt, kann man die Änderung einer Funktion auch untersuchen, wenn man von einem Punkt $\vec{a}$ aus in eine beliebige Richtung geht. Die Parameterdarstellung der Geraden mit dem Richtungsvektor $\vec{v}$, die durch den Punkt $\vec{a} \in \mathbb{R}^n$ geht, lautet

$$\vec{a} + h \cdot \vec{v} = (a_1 + h \cdot v_1, a_2 + h \cdot v_2, \ldots, a_n + h \cdot v_n), \qquad h \in \mathbb{R}\,.$$

Dabei entspricht $h = 0$ genau dem Punkt $\vec{a}$. Betrachtet man die Funktion f nun nur noch entlang dieser Geraden, erhält man wieder eine neue Funktion g, die nur von einer Variablen h abhängt, also

$$g(h) = f(a_1 + h \cdot v_1, a_2 + h \cdot v_2, \ldots, a_n + h \cdot v_n), \qquad h \in \mathbb{R}\,.$$

Die Ableitung $g'(0)$ dieser Funktion bezeichnet man als die Richtungsableitung von f in Richtung des Vektors $\vec{v}$, oder mit Hilfe von Differenzenquotienten formuliert:

Definition (Richtungsableitung):

Der Grenzwert

$$\partial_{\vec{v}} f(\vec{a}) = \lim_{h \to 0} \frac{f(\vec{a} + h \cdot \vec{v}) - f(\vec{a})}{h}$$

heißt für $\vec{v} \neq \vec{0}$ die **Richtungsableitung** von f im Punkt $\vec{a}$ in Richtung $\vec{v}$.

Bemerkung: In manchen Büchern wird die Richtungsableitung nur für Einheitsvektoren $\vec{v}$ der Länge 1 definiert, bzw. der Vektor $\vec{v}$ wird zusätzlich normiert. Dies kann sinnvoll sein, wenn man beispielsweise bestimmen will, in welche Richtung sich die Funktion f am stärksten ändert, wird hier aber in der Definition nicht verlangt.

Wählt man als $\vec{v} = \vec{e}_j$ einen Standardbasisvektor des $\mathbb{R}^n$, dann ist

$$\partial_{\vec{e}_j} f(\vec{a}) = \lim_{h \to 0} \frac{f(\vec{a} + h \cdot \vec{e}_j) - f(\vec{a})}{h} = \frac{\partial f}{\partial x_j}(\vec{a})\,.$$

Die Richtungsableitungen in Richtung der Koordinatenachsen sind also gerade die partiellen Ableitungen. Umgekehrt kann man auch beliebige Richtungsableitungen allein aus den partiellen Ableitungen bestimmen.

Satz 19.5:

Sei $f : U \to \mathbb{R}$ partiell differenzierbar mit stetigen partiellen Ableitungen. Dann gilt für die Richtungsableitung von f im Punkt $\vec{a}$ in Richtung des Vektors $\vec{v}$:

$$\partial_{\vec{v}} f(\vec{a}) = \vec{v} \cdot \operatorname{grad} f(\vec{a}) = \sum_{j=1}^{n} v_j \frac{\partial f}{\partial x_j}(\vec{a})$$

Man benötigt also nur alle partiellen Ableitungen bzw. den Gradienten von f, um daraus die Richtungsableitung von f in eine beliebige Richtung $\vec{v}$ zu berechnen.

Bemerkung :

Wir können nun auch nachträglich begründen, warum der Gradient in die Richtung des steilsten Anstiegs von f zeigt. Wenn $\vec{v}$ ein beliebiger Einheitsvektor ist, dann ist die Änderung von f in Richtung von $\vec{v}$ in erster Ordnung $\vec{v} \cdot \operatorname{grad} f(\vec{a})$ und diese Zahl ist maximal, wenn $\vec{v}$ und $\operatorname{grad} f(\vec{a})$ in dieselbe Richtung zeigen, denn

$$\vec{v} \cdot \operatorname{grad} f(\vec{a}) = |\vec{v}| \cdot |\operatorname{grad} f(\vec{a})| \cdot \cos(\alpha) = |\operatorname{grad} f(\vec{a})| \cdot \cos(\alpha),$$

wobei α der Winkel zwischen $\vec{v}$ und $\operatorname{grad} f(\vec{a})$ ist.

Beispiele:

1. Die partiellen Ableitungen der Funktion $f(x, y) = 3x^2 - x \cdot y$ im Punkt $\vec{a} = (2, 1)$ sind

$$\frac{\partial f}{\partial x}(x, y) = 6x - y \quad \Rightarrow \quad \frac{\partial f}{\partial x}(\vec{a}) = \frac{\partial f}{\partial x}(2, 1) = 11$$

$$\frac{\partial f}{\partial y}(x, y) = -x \quad \Rightarrow \quad \frac{\partial f}{\partial y}(\vec{a}) = \frac{\partial f}{\partial y}(2, 1) = -2$$

Die Richtungsableitung in Richtung des Vektors $\vec{v} = (1, 2)^T$ ist dann

$$v_1 \cdot \frac{\partial f}{\partial x}(2, 1) + v_2 \cdot \frac{\partial f}{\partial y}(2, 1) = 1 \cdot 11 + 2 \cdot (-2) = 7.$$

Damit ist $f(\vec{a} + h\vec{v}) \approx f(\vec{a}) + 7h$.

Zur Anschauung rechnen wir mit konkreten Zahlen: Für $h = 0.1$ erhält man die Funktionswerte $f(\vec{a}) = f(2, 1) = 3{\cdot}2^2 - 2{\cdot}1 = 10$ und $f(\vec{a} + 0.1{\cdot}\vec{v}) = f(2.1, 1.2) = 3{\cdot}2.1^2 - 2.1{\cdot}1.2 = 10.71$. Der Abstand der linearen Approximation $f(\vec{a}) + 7h = 10.7$ zum exakten Wert ist hier also wirklich klein.

2. Wir betrachten noch einmal den Abstand $d(x_1, x_2, \ldots, x_n) = |\vec{x}| = \sqrt{x_1^2 + x_2^2 + \cdots + x_n^2}$ eines Vektors vom Ursprung. Wir hatten oben schon die partiellen Ableitungen

$$\frac{\partial d(x_1, \ldots, x_n)}{\partial x_k}(\vec{a}) = \frac{a_k}{|\vec{a}|}$$

an der Stelle $\vec{a} = (a_1, a_2, \ldots, a_n)$ bestimmt. Die Richtungsableitung von d in radialer Richtung, also in Richtung $\frac{\vec{a}}{|\vec{a}|}$, ist damit

$$\sum_{k=1}^{n} \frac{a_k}{|\vec{a}|} \frac{\partial d}{\partial x_k}(\vec{a}) = \sum_{k=1}^{n} \frac{a_k}{|\vec{a}|} \frac{a_k}{|\vec{a}|} = \frac{\sum_{k=1}^{n} a_k^2}{|\vec{a}|^2} = 1.$$

Dieses Resultat kommt nicht überraschend, denn d misst ja den Abstand zum Ursprung, der um gerade so viel zunimmt, wie man sich in radialer Richtung vom Ursprung entfernt.

Beispiel (Tangentialebene):

Eine Tangentialebene ist eine Ebene, die sich dem Schaubild einer Funktion von zwei Variablen in der Nähe eines Punktes am besten anpasst.
Hat man eine Funktion einer Veränderlichen, z.B. $y = f(x) = e^x - 3x^2 + 2$, so kann man an jeden Punkt $(x_0, f(x_0))$ der Kurve eindeutig eine Tangente anlegen. Diese wird durch die Gleichung $y = f(x_0) + f'(x_0)(x - x_0)$ beschrieben. .
Bei einer Funktion von zwei Variablen gibt es durch jeden Punkt des Schaubilds unendlich viele Geraden, deren Steigung jeweils der Richtungsableitung der Funktion an dieser Stelle entsprechen. Diese Geraden spannen gemeinsam die **Tangentialebene** an diesem Punkt auf.

Wenn man sich an die Parameterdarstellung von Ebenen aus dem ersten Semester erinnert, dann benötigt man den Ortsvektor eines Punktes, der in der Ebene liegt, sowie zwei Richtungsvektoren. Als Punkt wählt man natürlich den Punkt $(x_0, y_0, f(x_0, y_0))$ auf dem Schaubild. Die beiden Richtungsvektoren erhält man, indem man das Schaubild jeweils mit einer Ebene parallel zu den Koordinatenebenen schneidet, d.h. mit $\{(x, y, z);\ y = y_0\}$ bzw. $\{(x, y, z);\ x = x_0\}$. Tangentialvektoren an das Schaubild, die in diesen Ebenen liegen sind dann

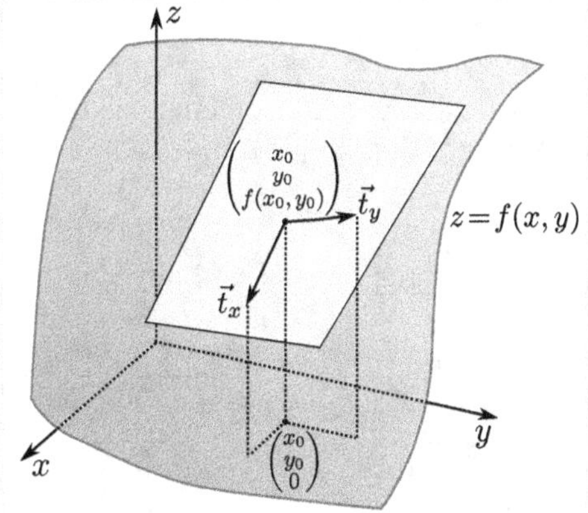

$$\vec{t}_x = \begin{pmatrix} 1 \\ 0 \\ \dfrac{\partial f}{\partial x}(x_0, y_0) \end{pmatrix} \quad \text{und} \quad \vec{t}_y = \begin{pmatrix} 0 \\ 1 \\ \dfrac{\partial f}{\partial y}(x_0, y_0) \end{pmatrix}.$$

Die Tangentialebene im Punkt $(x_0, y_0, f(x_0, y_0))$ hat dann die Darstellung

$$\vec{x} = \begin{pmatrix} x_0 \\ y_0 \\ f(x_0, y_0) \end{pmatrix} + s \cdot \begin{pmatrix} 1 \\ 0 \\ \dfrac{\partial f}{\partial x}(x_0, y_0) \end{pmatrix} + t \cdot \begin{pmatrix} 0 \\ 1 \\ \dfrac{\partial f}{\partial y}(x_0, y_0) \end{pmatrix}.$$

Möchte man die Ebene in Hesse-Normalform angeben, benötigt man dazu den Normalenvektor $\vec{n}$, der auf den beiden angegebenen Tangentialvektoren senkrecht steht. Den (auf die Länge 1 normierten) Normalenvektor erhält man mit Hilfe des Kreuzprodukts:

$$\vec{n} = \frac{\vec{t}_x \times \vec{t}_y}{|\vec{t}_x \times \vec{t}_y|} = \frac{1}{\sqrt{1 + \frac{\partial f}{\partial x}(x_0, y_0)^2 + \frac{\partial f}{\partial y}(x_0, y_0)^2}} \begin{pmatrix} -\dfrac{\partial f}{\partial x}(x_0, y_0) \\ -\dfrac{\partial f}{\partial y}(x_0, y_0) \\ 1 \end{pmatrix}.$$

Die Hessesche Normalform der Tangentialebene lautet dann

$$(\vec{x}, \vec{n}) = d \quad \text{mit} \quad d = \begin{pmatrix} x_0 \\ y_0 \\ f(x_0, y_0) \end{pmatrix} \cdot \vec{n}.$$

19.4 Totale Differenzierbarkeit

Die partiellen Ableitungen und auch die Richtungsableitungen sind zwar für viele Berechnungen sehr wichtig, mathematisch gesehen sind sie aber Begriffe, die schwächer als die Differenzierbarkeit im eindimensionalen Fall sind.
Kernpunkt der Differentialrechnung ist die Approximation von Funktionen durch einfachere, nämlich affin-lineare Funktionen. Wir betrachten nun vektorwertige Funktionen $\vec{f} : U \to \mathbb{R}^m$ mit $U \subset \mathbb{R}^n$, also

$$\vec{f}(\vec{x}) = \begin{pmatrix} f_1(\vec{x}) \\ f_2(\vec{x}) \\ \vdots \\ f_m(\vec{x}) \end{pmatrix} = \begin{pmatrix} f_1(x_1, x_2, \ldots, x_n) \\ f_2(x_1, x_2, \ldots, x_n) \\ \vdots \\ f_m(x_1, x_2, \ldots, x_n) \end{pmatrix}.$$

Differenzierbarkeit einer solchen vektorwertigen Funktion bedeutet, dass sich $\vec{f}$ in der Nähe eines Punktes $\vec{a}$ gut durch eine *affin-lineare* Funktion

$$L(\vec{x}) = \vec{f}(\vec{a}) + A(\vec{x} - \vec{a})$$

mit einer geeigneten $m \times n$–Matrix approximieren lässt. Dies ist die Motivation für die folgende Definition.

Definition (Differenzierbarkeit vektorwertiger Funktionen):

Sei $U \subset \mathbb{R}^n$ offen. Die Funktion $\vec{f} : U \to \mathbb{R}^m$ heißt **(total) differenzierbar** in $\vec{a} \in U$, wenn es eine $m \times n$–Matrix A gibt, so dass

$$\lim_{\vec{h} \to 0} \frac{|\vec{f}(\vec{a} + \vec{h}) - \vec{f}(\vec{a}) - A\vec{h}|}{|\vec{h}|} = 0.$$

Wir nennen A die **Ableitung** von $\vec{f}$ an der Stelle $\vec{a}$ und schreiben $D\vec{f}(\vec{a})$.
Die Matrix A heißt die **Jacobimatrix** von $\vec{f}$.
Andere Namen für $D\vec{f}$ sind **totales Differential** oder **Funktionalmatrix**. Oft schreibt man auch $\mathrm{d}\vec{f}$ statt $D\vec{f}$, zum Beispiel in der Thermodynamik.

Der Zähler $|\vec{f}(\vec{a}+\vec{h}) - \vec{f}(\vec{a}) - A\vec{h}|$ misst hier den „Abstand“ zwischen $\vec{f}(\vec{a}+\vec{h})$ und der affin-linearen Approximation $L(\vec{a} + \vec{h})$. Dieser Abstand soll für differenzierbare Funktionen schneller gegen 0 konvergieren als $|\vec{h}|$.
Es stellt sich heraus, dass die Jacobi-Matrix sich aus den partiellen Ableitungen der Komponentenfunktionen zusammensetzt.

Satz 19.6 (Jacobi-Matrix und partielle Ableitungen):

Ist die Funktion $\vec{f} : U \to \mathbb{R}^m$ mit $U \subset \mathbb{R}^n$ differenzierbar, dann sind die Zeilen der Jacobimatrix die Gradienten der Komponentenfunktionen von $\vec{f}$:

$$D\vec{f}(\vec{a}) = \begin{pmatrix} \frac{\partial f_1}{\partial x_1}(\vec{a}) & \frac{\partial f_1}{\partial x_2}(\vec{a}) & \ldots & \frac{\partial f_1}{\partial x_n}(\vec{a}) \\ \frac{\partial f_2}{\partial x_1}(\vec{a}) & \frac{\partial f_2}{\partial x_2}(\vec{a}) & \ldots & \frac{\partial f_2}{\partial x_n}(\vec{a}) \\ \vdots & \ddots & & \vdots \\ \frac{\partial f_m}{\partial x_1}(\vec{a}) & \frac{\partial f_m}{\partial x_2}(\vec{a}) & \ldots & \frac{\partial f_m}{\partial x_n}(\vec{a}) \end{pmatrix}$$

Beispiel: Für die Funktion $\vec{f}: \mathbb{R}^2 \to \mathbb{R}^2$ mit $\vec{f}(x,y) = \begin{pmatrix} x^2+y^2 \\ -xy \end{pmatrix}$ ist $D\vec{f}(x,y) = \begin{pmatrix} 2x & 2y \\ -y & -x \end{pmatrix}$.

Speziell für skalare (also nicht vektorwertige) Funktionen $f : \mathbb{R}^n \to \mathbb{R}$ ist die Jacobi-Matrix also nichts anderes als der als Zeilenvektor geschriebene Gradient.

Bemerkung (Interpretation):

Warum ist die Ableitung einer vektorwertigen Funktion $\vec{f}: \mathbb{R}^n \to \mathbb{R}^m$ eine $m \times n$-Matrix? Eine anschauliche Vorstellung bietet das folgende Bild: Die Zahl n der „Eingangsvariablen" beschreibt, von wievielen unabhängigen Größen die Funktion $\vec{f}$ abhängt. Entsprechend liefert m die Anzahl der „outputs" von $\vec{f}$. Nun ist es so, dass die Änderung jeder einzelnen Eingangsvariable auch eine Änderung in jeder der Komponentenfunktionen verursacht. Diese verschiedenen Auswirkungen werden genau durch die Jacobimatrix erfasst. Der Eintrag in der i-ten Zeile und j-ten Spalte gibt an, wie stark und in welche Richtung sich f_i ändert, wenn man an der Variablen x_j ein wenig „wackelt".

Beispiel (Deformation eines runden Stabes):

Das Volumen eines zylinderförmigen Stabes mit Radius r und Höhe h ist $V = \pi r^2 h$. Unter dem Einfluss von Druck- oder Zugspannungen ändern sich Radius, Höhe und damit auch das Volumen. Dies wird durch die Schreibweise

$$\mathrm{d}V = 2\pi r h \,\mathrm{d}r + \pi r^2 \,\mathrm{d}h\,.$$

ausgedrückt. Diese besagt, dass eine Änderung von r zu $r + \Delta r$ und h zu $h + \Delta h$ in erster Näherung das Volumen um $2\pi r h \Delta r + r^2 \Delta h$ ändert. Die exakte Änderung ist

$$\Delta V = \pi(r+\Delta r)^2(h+\Delta h) - \pi r^2 h = 2\pi r h \Delta r + \pi r^2 \Delta h + 2\pi r \Delta r \Delta h + \pi(h+\Delta h)(\Delta r)^2,$$

aber solange Δr und Δh klein sind, kann man quadratische und kubische Terme wie $\Delta r \cdot \Delta h$ oder $\Delta h(\Delta r)^2$ vernachlässigen. Die relative Volumenänderung ist dann in erster Näherung

$$\frac{\mathrm{d}V}{V} = 2\frac{\mathrm{d}r}{r} + \frac{\mathrm{d}h}{h}$$

In der Theorie druck- oder zugbelasteter Stäbe heißt $\varepsilon = \frac{\mathrm{d}h}{h}$ die *Dehnung* und ist nach dem Hookeschen Gesetz der Quotient $\varepsilon = \frac{\sigma}{E}$ aus Spannung σ und und Elastizitätsmodul E. Das Verhältnis $\frac{\mathrm{d}r/r}{\mathrm{d}h/h}$ von Querdilatation zu Längsdilatation heißt *Querzahl* oder *Poisson-Zahl.*

Schon die Namensgebung sagt aus, dass „totale" Differenzierbarkeit etwas stärkeres sein sollte als die „partielle" (wörtlich übersetzt: „teilweise") Differenzierbarkeit.

Den Zusammenhang zwischen totaler und partieller Differenzierbarkeit mathematisch ganz präzise zu formulieren, ist nicht ganz leicht, aber in der Praxis genügen fast immer die folgenden beiden Regeln:

Satz 19.7 (Partielle und totale Differenzierbarkeit):

1. Wenn eine Funktion $\vec{f} : \mathbb{R}^n \to \mathbb{R}^m$ total differenzierbar ist, dann ist sie auch partiell differenzierbar und auch die Richtungsableitungen existieren alle.
2. Wenn eine Funktion $\vec{f} : \mathbb{R}^n \to \mathbb{R}^m$ partiell differenzierbar ist und zusätzlich alle partiellen Ableitungen stetige Funktionen sind, dann ist die Funktion selbst total differenzierbar und die Ableitung ist die Jacobi-Matrix der partiellen Ableitungen.

Eine Funktion ist also sicher differenzierbar, wenn man alle partiellen Ableitungen ausrechnen und sich von ihrer Stetigkeit überzeugen kann.
Aufpassen muss man in der „Grauzone", die von den obigen beiden Aussagen nicht abgedeckt wird: Wenn $\vec{f}$ zwar partiell differenzierbar ist, die partiellen Ableitungen aber nicht stetig sind, dann muss $\vec{f}$ nicht differenzierbar sein. Dieser Fall tritt aber sehr, sehr selten ein, und im Notfall muss man die entsprechende Funktion von Hand auf Differenzierbarkeit prüfen.
Beispiel: Die Funktion $\vec{g} : \mathbb{R}^3 \to \mathbb{R}^2$ mit

$$\vec{g}(x_1, x_2, x_3) = \begin{pmatrix} x_1^3 x_2^2 - x_2 x_3^2 \\ \sin(x_1 + x_2 x_3) \end{pmatrix}$$

ist partiell differenzierbar mit den partiellen Ableitungen

$$\frac{\partial g_1}{\partial x_1}(\vec{x}) = 3x_1^2 x_2^2, \qquad \frac{\partial g_1}{\partial x_2}(\vec{x}) = 2x_1^3 x_2 - x_3^2, \qquad \frac{\partial g_1}{\partial x_2}(\vec{x}) = -2x_2 x_3,$$

$$\frac{\partial g_2}{\partial x_1}(\vec{x}) = \cos(x_1 + x_2 x_3), \quad \frac{\partial g_2}{\partial x_2}(\vec{x}) = \cos(x_1 + x_2 x_3) \cdot x_3, \quad \frac{\partial g_2}{\partial x_2}(\vec{x}) = \cos(x_1 + x_2 x_3) \cdot x_2 \,.$$

Da alle diese Ableitungen bekanntermaßen stetige Funktionen sind, ist $\vec{g}$ total differenzierbar und die Jacobimatrix von $\vec{g}$ ist

$$D\vec{g}(x_1, x_2, x_3) = \begin{pmatrix} 3x_1^2 x_2^2 & 2x_1^3 x_2 - x_3^2 & -2x_2 x_3 \\ \cos(x_1 + x_2 x_3) & \cos(x_1 + x_2 x_3) \cdot x_3 & \cos(x_1 + x_2 x_3) \cdot x_2 \end{pmatrix}.$$

Speziell an der Stelle $x_1 = x_2 = 1, x_3 = -1$ ist dann

$$D\vec{g}(1, 1, 1) = \begin{pmatrix} 3 & 1 & -2 \\ 1 & -1 & 1 \end{pmatrix}.$$

19.5 Ableitungsregeln

Rechenregeln für Ableitungen kennen wir schon aus der eindimensionalen Differentialrechnung. Sie haben zweierlei Bedeutung: Zum einen besagen sie, dass auch Summen, Vielfache, Produkte oder Verkettungen von differenzierbaren Funktionen wieder differenzierbar sind. Damit muss man die Differenzierbarkeit von neuen Funktion nicht jedes Mal mühsam mit Hilfe der ursprünglichen Definition nachweisen. Außerdem liefern die Ableitungsregeln gleich eine Berechnungsmethode für die Ableitungen der zusammengesetzten Funktionen.
Praktischerweise gibt es auch im Mehrdimensionalen ähnliche Sätze.

Satz 19.8 (Linearität):

Summen oder Vielfache von differenzierbaren Funktionen $\vec{f}, \vec{g}\colon \mathbb{R}^n \to \mathbb{R}^m$ sind wie im Eindimensionalen ebenfalls differenzierbare Funktionen und es ist

$$D(\vec{f}+\vec{g})(\vec{x}) = D\vec{f}(\vec{x}) + D\vec{g}(\vec{x}) \quad \text{und} \quad D(\lambda\vec{f})(\vec{x}) = \lambda D\vec{f}(\vec{x}).$$

Hier stehen also die Summe oder das skalare Vielfache von (Jacobi-)Matrizen.
Ein exaktes Gegenstück zur Produktregel gibt es für Funktionen von mehreren Variablen nicht. Es gibt verschiedene Fälle, wie ein Produkt solcher Funktionen sinnvoll definiert sein kann.

1. Wenn beide Abbildungen reellwertig ist, d.h. $f : \mathbb{R}^n \to \mathbb{R}$ und $g : \mathbb{R}^n \to \mathbb{R}$, dann ist das Produkt $(f \cdot g)(\vec{x}) = f(\vec{x}) \cdot g(\vec{x})$ differenzierbar mit

$$D(f\cdot g)(\vec{x}) = Df(\vec{x})\cdot g(\vec{x}) + f(\vec{x})\cdot Dg(\vec{x})\,.$$

2. Wenn eine der beiden Abbildungen reellwertig ist, d.h. $f : \mathbb{R}^n \to \mathbb{R}$ und $\vec{g} : \mathbb{R}^n \to \mathbb{R}^m$, dann ist das Produkt $(f \cdot \vec{g})(\vec{x}) = f(\vec{x}) \cdot \vec{g}(\vec{x})$ eine vektorwertige Funktion. Für die partiellen Ableitungen gilt dann

$$\frac{\partial(f\cdot\vec{g})_i}{\partial x_j}(\vec{x}) = \frac{\partial(f\cdot g_i)}{\partial x_j}(\vec{x}) = \frac{\partial f}{\partial x_j}(\vec{x})\cdot g_i(\vec{x}) + f(\vec{x})\cdot\frac{\partial g_i}{\partial x_j}(\vec{x})$$

und als Jacobimatrix erhält man daraus

$$D(f\cdot\vec{g})(\vec{x}) = \vec{g}(\vec{x})\,Df(\vec{x}) + f(\vec{x})D\vec{g}(\vec{x})\,.$$

Man beachte, dass sich dieses Ergebnis auch ergibt, wenn man formal die Produktregel auf die Funktion $\vec{g}\cdot f$ anwendet, während dieselbe formale Rechung für $f\cdot\vec{g}$ versagt, weil (zumindest für $m \neq n$) der Ausdruck $Df\cdot\vec{g}$ gar nicht definiert ist.

3. Falls $\vec{f}, \vec{g} : \mathbb{R}^n \to \mathbb{R}^m$ beides vektorwertige Funktionen sind, und man ihr Skalarprodukt betrachtet, ist $(\vec{f}\cdot\vec{g})(\vec{x}) = \vec{f}(\vec{x})\cdot\vec{g}(\vec{x}) = \sum\limits_{k=1}^{m} f_k(\vec{x})g_k(\vec{x})$ reellwertig. Für die partiellen Ableitungen gilt dann

$$\frac{\partial(\vec{f}\cdot\vec{g})}{\partial x_j}(\vec{x}) = \sum_{k=1}^{m}\frac{\partial f_k}{\partial x_j}(\vec{x})\cdot g_k(\vec{x}) + f_k(\vec{x})\cdot\frac{\partial g_k}{\partial x_j}(\vec{x})\,.$$

Schreibt man das Skalarprodukt $\vec{f}\cdot\vec{g}$ als Matrizenprodukt $\vec{f}^T\vec{g}$, dann erkennt man, dass die Ableitung sich genau wie bei der Produktregel im Eindimensionalen berechnen lässt:

$$D\left(\vec{f}^T\vec{g}\right)(\vec{x}) \;=\; D\vec{f}^T(\vec{x})\,\vec{g}(\vec{x}) \;+\; \vec{f}^T(\vec{x})\,D\vec{g}(\vec{x})\,.$$

Die Kettenregel hat dagegen ein mehrdimensionales Analogon. Hier muss man bei der Verkettung zunächst darauf achten, dass die Dimensionen der beteiligten Räume zusammenpassen. Die Kettenregel selbst kann man sich dann sehr leicht merken, denn sie hat exakt dieselbe Form wie im Eindimensionalen. Der einzige Unterschied besteht darin, dass die beteiligten Ableitungen nun Jacobimatrizen sind und dass statt der normalen Multiplikation die Matrixmultiplikation verwendet wird.

Satz 19.9 (Kettenregel):

Sei $U \subseteq \mathbb{R}^n$, $\vec{f} : U \to \mathbb{R}^m$ differenzierbar in $\vec{a}$ und $\vec{g} : \mathbb{R}^m \to \mathbb{R}^p$ differenzierbar in $\vec{f}(\vec{a})$. Dann ist $\vec{g} \circ \vec{f}$ differenzierbar in $\vec{a}$ mit

$$D(\vec{g} \circ \vec{f})(\vec{a}) = \underbrace{\underbrace{D\vec{g}(\vec{f}(\vec{a}))}_{p \times m\text{-Matrix}} \cdot \underbrace{D\vec{f}(\vec{a})}_{m \times n\text{-Matrix}}}_{p \times n\text{-Matrix}} .$$

Beispiele:

1. Seien $\vec{f} : \mathbb{R}^2 \to \mathbb{R}^2$ und $\vec{g} : \mathbb{R}^2 \to \mathbb{R}^3$ gegeben durch

$$\vec{f}(x,y) = \begin{pmatrix} xy \\ x^2 + y^2 \end{pmatrix} \quad \text{und} \quad \vec{g}(u,v) = \begin{pmatrix} u+v \\ \sin(u) \\ \ln(1+uv) \end{pmatrix}.$$

Dann ist überall, wo $1 + uv > 0$ ist

$$D\vec{f}(x,y) = \begin{pmatrix} y & x \\ 2x & 2y \end{pmatrix} \quad \text{und} \quad D\vec{g}(u,v) = \begin{pmatrix} 1 & 1 \\ \cos(u) & 0 \\ \dfrac{v}{1+uv} & \dfrac{u}{1+uv} \end{pmatrix}.$$

Damit ist für

$$\vec{h}(x,y) = \vec{g}(\vec{f}(x,y)) = \begin{pmatrix} xy + x^2 + y^2 \\ \sin(xy) \\ \ln(1 + xy(x^2+y^2)) \end{pmatrix}$$

die Ableitung, bzw. Jacobimatrix

$$\begin{aligned} D\vec{h}(x,y) = D\vec{g}(xy, x^2+y^2)D\vec{f}(x,y) &= \begin{pmatrix} 1 & 1 \\ \cos(xy) & 0 \\ \dfrac{x^2+y^2}{1+xy(x^2+y^2)} & \dfrac{xy}{1+xy(x^2+y^2)} \end{pmatrix} \begin{pmatrix} y & x \\ 2x & 2y \end{pmatrix} \\ &= \begin{pmatrix} y + 2x & x + 2y \\ y\cos(xy) & x\cos(xy) \\ \dfrac{3x^2y + y^3}{1+xy(x^2+y^2)} & \dfrac{x^3 + 3xy^2}{1+xy(x^2+y^2)} \end{pmatrix} \end{aligned}$$

2. Seien $\vec{r} : [0,1] \to \mathbb{R}^3$ und $T : \mathbb{R}^3 \to \mathbb{R}$ differenzierbare Funktionen. Wir können uns zum Beispiel vorstellen, dass $\vec{r}(t)$ die Bahnkurve eines Messflugzeugs ist und $T(\vec{x})$ die (hier als zeitlich konstant vorausgesetzte) Temperatur am Ort $\vec{x}$. Die Verkettung $\theta(t) := T(\vec{r}(t))$ gibt dann den zeitlichen Temperaturverlauf während des Fluges wieder. Nach der Kettenregel ist die zeitliche Änderung der Temperatur während des Flugs dann

$$\theta'(t) = \underbrace{DT(\vec{r}(t))}_{\text{Zeilenvektor}} \underbrace{\vec{r}\,'(t)}_{\text{Spaltenvektor}} = \vec{\nabla}T(\vec{r}(t)) \cdot \vec{r}\,'(t).$$

Beispiel (Energieerhaltung beim Pendel):

Das mathematische Pendel wird durch die Differentialgleichung zweiter Ordnung

$$x''(t) + \sin(x(t)) = 0$$

beschrieben. Als System von Differentialgleichungen erster Ordnung geschrieben, lautet sie

$$\begin{aligned} x'(t) &= y(t) \\ y'(t) &= -\sin(x(t)) \end{aligned}$$

Um zu verifizieren, dass die Funktion $H(x,y) = \frac{1}{2}y^2 - \cos(x)$ eine *Erhaltungsgröße* ist, d.h. um nachzuprüfen, dass sich die Funktion H entlang von Lösungskurven der Differentialgleichung nicht ändert, kann man die Funktion $h(t) = H(x(t), y(t))$ differenzieren: Die Funktion $h : \mathbb{R} \to \mathbb{R}$ ist dabei die Verkettung der Funktion $\vec{\gamma}(t) = \begin{pmatrix} x(t) \\ y(t) \end{pmatrix}$ mit der Funktion $H : \mathbb{R}^2 \to \mathbb{R}$. Nach der Kettenregel ist dann

$$\begin{aligned} h'(t) &= \frac{\mathrm{d}}{\mathrm{d}t} H(x(t), y(t)) = \frac{\partial H}{\partial x}(x(t), y(t)) x'(t) + \frac{\partial H}{\partial y}(x(t), y(t)) y'(t) \\ &= \sin(x(t)) y(t) + y(t)(-\sin(x(t))) = 0 \end{aligned}$$

Damit ist gezeigt, dass $h(t)$ konstant ist. Die folgende Abbildung zeigt die Niveaumengen von H. Die Pfeile deuten an, wie die Lösungen der Differentialgleichung verlaufen.

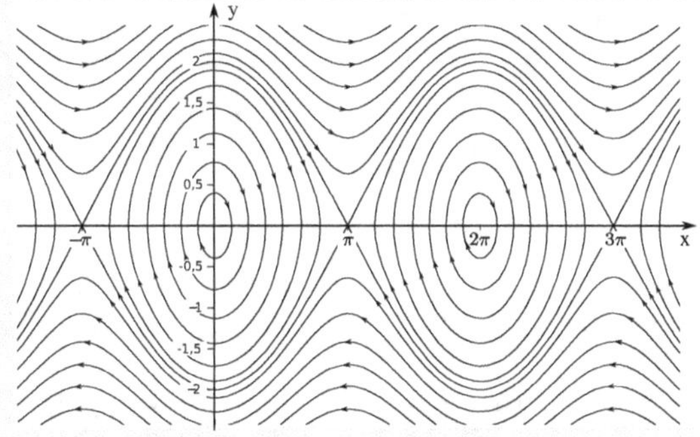

Eine weitere wichtige Anwendung findet die Kettenregel bei Koordinatenwechseln. Zum Beispiel wird beim Übergang von kartesischen Koordinaten zu Polarkoordinaten

$$x = r\cos(\varphi), \quad y = r\sin(\varphi)$$

oft die Umrechnung

$$\frac{\partial f}{\partial r} = \frac{\partial f}{\partial x}\cos(\varphi) + \frac{\partial f}{\partial y}\sin(\varphi), \qquad \frac{\partial f}{\partial \varphi} = -\frac{\partial f}{\partial x} r\sin(\varphi) + \frac{\partial f}{\partial y} r\cos(\varphi)$$

benutzt. Das sieht erst einmal einfacher aus als die oben angegebene Formulierung der Kettenregel, aber man muss sich klarmachen, was hier genau gemeint ist.

Ein Mathematiker stellt sich zunächst die Frage, von welchen Variablen die Funktion f eigentlich abhängt. Sie wird hier nach x oder y, dann aber auch nach r und φ differenziert, obwohl es ja eigentlich eine Funktion von nur zwei Variablen sein sollte. Ein Naturwissenschaftler oder Ingenieur stellt sich dagegen unter f eine physikalische Messgröße vor, die vom Ort (x, y) abhängt, zum Beispiel die Temperatur. In diesem Fall ist $f = f(x, y)$ eine Funktion der beiden Variablen x und y. Man kann jeden Punkt der Ebene aber auch in Polarkoordinaten (r, φ) angeben. Dann ist für den Physiker oder Ingenieur eben $f = f(r, \varphi)$ eine Funktion von r und φ. Aus $f(x, y) = x^2 + y^2$ wird dann $f(r, \varphi) = r^2$. Weil die physikalische Größe nicht davon abhängt, in welchen Koordinaten man sie betrachtet, benutzt der Physiker oder Ingenieur denselben Buchstaben f.

Mit der Sichtweise des Mathematikers ist das etwas anders. Als Funktion sieht f für ihn in beiden Fällen unterschiedlich aus, in kartesischen Koordinaten ist $f(1, 2) = 1^2 + 2^2 = 5$, in Polarkoordinaten ist jedoch $f(1, 2) = 1^1 = 1$. Um diese Unklarheit zu beheben, müsste man verschiedene Symbole für die beiden Darstellungen benutzen, also zum Beispiel $\hat{f}$ für die Funktion in Polarkoordinaten schreiben. Dann wären

$$x = x(r, \varphi) = r\cos(\varphi) \text{ und } y = y(r, \varphi) = r\sin(\varphi)$$

Funktionen von r und φ und die Funktion $\hat{f}$ (alias „f in Polarkoordinaten") wird dann *definiert* als

$$\hat{f}(r, \varphi) = f(x(r, \varphi), y(r, \varphi)) = f(r\cos(\varphi), r\sin(\varphi)).$$

Die Kettenregel liefert dann

$$\begin{aligned} \frac{\partial \hat{f}}{\partial r} &= \frac{\partial f}{\partial x}\frac{\partial x}{\partial r} + \frac{\partial f}{\partial y}\frac{\partial y}{\partial r} = \frac{\partial f}{\partial x}\cos(\varphi) + \frac{\partial f}{\partial y}\sin(\varphi) \\ \frac{\partial \hat{f}}{\partial \varphi} &= \frac{\partial f}{\partial x}\frac{\partial x}{\partial \varphi} + \frac{\partial f}{\partial y}\frac{\partial y}{\partial \varphi} = -\frac{\partial f}{\partial x}r\sin(\varphi) + \frac{\partial f}{\partial y}r\cos(\varphi)\,. \end{aligned}$$

Im konkreten Fall $f(x, y) = x^2 + y^2$ erhält man daraus

$$\begin{aligned} \frac{\partial \hat{f}}{\partial r} &= \frac{\partial f}{\partial x}\cos(\varphi) + \frac{\partial f}{\partial y}\sin(\varphi) = 2x\cos(\varphi) + 2y\sin(\varphi) = 2r\cos^2(\varphi) + 2r\sin^2(\varphi) = 2r \\ \frac{\partial \hat{f}}{\partial \varphi} &= -\frac{\partial f}{\partial x}r\sin(\varphi) + \frac{\partial f}{\partial y}r\cos(\varphi) = -2xr\sin(\varphi) + 2yr\cos(\varphi) \\ &= -2r^2\cos(\varphi)\sin(\varphi) + 2r^2\sin(\varphi)\cos(\varphi) = 0 \end{aligned}$$

in Übereinstimmung mit den partiellen Ableitungen von $\hat{f}(r, \varphi) = r^2$.

Der Mathematiker achtet also weniger darauf, dass in beiden Koordinaten dieselbe physikalische Größe beschrieben wird, sondern betont, dass die mathematischen Modelle dafür in Abhängigkeit von den verwendeten Koordinaten ganz verschieden aussehen können. Weil aber Mathematiker auch nicht mehr als nötig schreiben, ist es aber so, dass in der Realität dann doch oft $f(r, \varphi)$ statt $\hat{f}(r, \varphi)$ geschrieben wird.
Allgemeiner findet man die Kettenregel auch oft in der folgenden Form

$$\frac{\partial f}{\partial x_j} = \sum_{i=1}^{n} \frac{\partial f}{\partial y_i}\frac{\partial y_i}{\partial x_j},$$

wenn man die partiellen Ableitungen einer Funktion f zwischen den Koordinaten $x_1, \ldots, x_n$ und $y_1, \ldots, y_n$ mit $y_1 = y_1(x_1, \ldots, x_n), \ldots, y_n = y_n(x_1, \ldots, x_n)$ umrechnet. Auch hier ist eigentlich

$$\frac{\partial \hat{f}}{\partial x_j} = \sum_{i=1}^{n} \frac{\partial f}{\partial y_i}\frac{\partial y_i}{\partial x_j}$$

für die Funktion $\hat{f}(x_1, \ldots, x_n) = f(y_1(x_1, \ldots, x_n), \ldots, y_n(x_1, \ldots, x_n))$ gemeint.

Beispiel (Funktionen in Kugelkoordinaten):

Kugelkoordinaten im $\mathbb{R}^3$ sind definiert durch

$$\begin{aligned} x &= r\cos(\varphi)\sin(\theta) \\ y &= r\sin(\varphi)\sin(\theta) \\ z &= r\cos(\theta) \end{aligned}$$

Sei $H : \mathbb{R}^3 \to \mathbb{R}^m$ eine beliebige differenzierbare Funktion. Um dieselbe Funktion in Kugelkoordinaten auszudrücken, definieren wir

$$\hat{H}(r,\varphi,\theta) = H(x(r,\varphi,\theta), y(r,\varphi,\theta), z(r,\varphi,\theta))$$

Insbesondere ist dann

$$\begin{aligned} \frac{\partial \hat{H}}{\partial r} &= \frac{\partial H}{\partial x}\frac{\partial x}{\partial r} + \frac{\partial H}{\partial y}\frac{\partial y}{\partial r} + \frac{\partial H}{\partial z}\frac{\partial z}{\partial r} \\ &= \frac{\partial H}{\partial x}\cos(\varphi)\sin(\theta) + \frac{\partial H}{\partial y}\sin(\varphi)\sin(\theta) + \frac{\partial H}{\partial y}\cos(\theta) \\ \frac{\partial \hat{H}}{\partial \varphi} &= \frac{\partial H}{\partial x}\frac{\partial x}{\partial \varphi} + \frac{\partial H}{\partial y}\frac{\partial y}{\partial \varphi} + \frac{\partial H}{\partial z}\frac{\partial z}{\partial \varphi} \\ &= -\frac{\partial H}{\partial x} r\sin(\varphi)\sin(\theta) - \frac{\partial H}{\partial y} r\sin(\varphi)\sin(\theta) \\ \frac{\partial \hat{H}}{\partial \theta} &= \frac{\partial H}{\partial x}\frac{\partial x}{\partial \theta} + \frac{\partial H}{\partial y}\frac{\partial y}{\partial \theta} + \frac{\partial H}{\partial z}\frac{\partial z}{\partial \theta} \\ &= \frac{\partial H}{\partial x} r\cos(\varphi)\cos(\theta) + \frac{\partial H}{\partial y} r\sin(\varphi)\cos(\theta) - \frac{\partial H}{\partial y} r\sin(\theta)\,. \end{aligned}$$

Auch hier wird man wie bei den Polarkoordinaten in vielen Anwendungen keine Unterscheidung zwischen $\hat{H}$ und H finden, das heißt, statt $\hat{H}(r,\varphi,\theta)$ wird die Schreibweise $H(r,\varphi,\theta)$ für „H in Kugelkoordinaten" benutzt.

Als weitere Anwendung der Kettenregel zeigen wir einen Satz für (eindimensionale) Integrale, deren Ober- und Untergrenzen und Integrand von einer Variablen t abhängen.

Satz 19.10 (Leibniz-Regel):

Seien $a, b : \mathbb{R} \to \mathbb{R}$ differenzierbare Funktionen und $f : \mathbb{R}^2 \to \mathbb{R}$ eine stetige Funktion. Wir nehmen an, dass die partielle Ableitung $\frac{\partial f}{\partial y}(x,y)$ ebenfalls eine stetige Funktion ist. Dann ist die Funktion $F : \mathbb{R} \to \mathbb{R}$ mit

$$F(y) := \int_{a(y)}^{b(y)} f(x,y)\,\mathrm{d}x$$

differenzierbar und hat die Ableitung

$$F'(y) = f(b(y),y)\cdot b'(y) - f(a(y),y)\cdot a'(y) + \int_{a(y)}^{b(y)} \frac{\partial f}{\partial y}(x,y)\,\mathrm{d}x\,.$$

Beweisidee: Wir definieren uns eine Hilfsfunktion $\Phi : \mathbb{R} \times \mathbb{R} \times \mathbb{R} \to \mathbb{R}$ durch

$$\Phi(a,b,c) := \int_a^b f(x,c)\,\mathrm{d}x\,.$$

Diese Funktion ist stetig differenzierbar mit den partiellen Ableitungen

$$\begin{aligned}\frac{\partial \Phi}{\partial a}(a,b,c) &= -f(a,c),\\ \frac{\partial \Phi}{\partial b}(a,b,c) &= f(b,c),\\ \frac{\partial \Phi}{\partial c}(a,b,c) &= \int_a^b \frac{\partial f}{\partial y}(x,c)\,\mathrm{d}x\,.\end{aligned}$$

Dabei folgen die ersten beiden Zeilen aus dem Hauptsatz der Differential- und Integralrechnung und die Stetigkeit der partiellen Ableitungen folgt unmittelbar aus der Stetigkeit von f.
Für die partielle Ableitung nach c möchte man die Ableitung nach c mit der Integration bezüglich x vertauschen. Das darf man natürlich nicht einfach so, sondern dahinter steckt eine nicht ganz einfache mathematische Argumentation, die wir an dieser Stelle aber nicht ausführen.
Nun können wir die Kettenregel anwenden auf $F(t) = \Phi(a(t), b(t), t)$.
Damit ist F differenzierbar und

$$F'(t) = \frac{\partial \Phi}{\partial a}(a(t),b(t),t)a'(t) + \frac{\partial \Phi}{\partial b}(a(t),b(t),t)b'(t) + \frac{\partial \Phi}{\partial c}(a(t),b(t),t)\,.$$

□

Beispiel (Schwingungsgleichung):

Die Ableitung der Funktion

$$G(t) = \frac{1}{k}\int_0^t f(x)\sin(k(t-x))\,\mathrm{d}x$$

erhält man mit der Leibniz-Regel als

$$G'(t) = \frac{1}{k} f(t)\underbrace{\sin(k(t-t))}_{=0} + \frac{1}{k}\int_0^t f(x)k\cos(k(t-x))\,\mathrm{d}x = \int_0^t f(x)\cos(k(t-x))\,\mathrm{d}x\,.$$

Wendet man die Regel ein zweites Mal an, erhält man

$$G''(t) = f(t)\underbrace{\cos(k(t-t))}_{=1} - \int_0^t f(x)k\sin(k(t-x))\,\mathrm{d}x = f(t) - k^2G(t)\,.$$

Das zeigt, dass $G(t)$ eine Lösung der *Schwingungsgleichung*

$$G''(t) + k^2G(t) = f(t)$$

für eine beliebige stetige Anregungsfunktion $f(t)$ darstellt. Für die meisten Anregungsfunktionen dürfte diese Integraldarstellung der einzige mathematische Weg sein, mit dem man überhaupt eine exakte Lösung dieser Differentialgleichung angeben kann.

Beispiel (Reynoldsscher Transportsatz, eindimensional):

In der Kontinuumsmechanik betrachtet man Größen, die sowohl vom Ort $\vec{x}$ als auch von der Zeit t abhängen, zum Beispiel die Dichte $\varrho(t, \vec{x})$ einer strömenden Flüssigkeit. Dann gilt für ein „Kontrollvolumen" $V(t) = [a(t), b(t)]$

$$\frac{\mathrm{d}}{\mathrm{d}t} \int\limits_{V(t)} \varrho(x,t)\,\mathrm{d}x = \int\limits_{V(t)} \frac{\partial \varrho(x,t)}{\partial t}\,\mathrm{d}x + \varrho(b(t),t)\,\dot{b}(t) - \varrho(a(t),t)\,\dot{a}(t)\,.$$

Diesen Ausdruck kann man im Fall der Dichte $\varrho(t,x)$ folgendermaßen interpretieren: Das Integral auf der linken Seite gibt die Veränderung der Gesamtmasse im Kontrollvolumen an. Diese Gesamtänderung wird auf der rechten Seite aufgeteilt in drei Beiträge: Die Änderung der Dichte innerhalb des Volumens, der Zufluss, bzw. Abfluss durch die Obergrenze $b(t)$ sowie den Zufluss oder Abfluss durch die Untergrenze $a(t)$.

Nachdem Sie dieses Kapitel bearbeitet haben, sollten Sie ...

... wissen, wie man sich Funktionen $f(x, y)$ die von zwei Variablen abhängen, veranschaulichen kann

... die Konvergenz von Folgen im $\mathbb{R}^n$ untersuchen können

... wissen, was eine kompakte Menge im $\mathbb{R}^n$ ist und dass eine stetige Funktion auf kompakten Mengen ihr Maximum und Minimum annimmt

... wissen, wie man partielle Ableitungen einer Funktion berechnet und was sie geometrisch bedeuten

... die Tangentialebene einer Funktion von zwei Variablen in einem beliebigen Punkt des Schaubilds bestimmen können

... den Gradienten einer Funktion berechnen können und seine Eigenschaften kennen

... wissen, was eine Richtungsableitung ist und wie sie mit dem Gradienten zusammenhängt

... wissen, wie man mit Hilfe der partiellen Ableitungen überprüfen kann, ob eine vektorwertige Funktion (total) differenzierbar ist

... die Ableitungsregeln für vektorwertige Funktionen mehrerer Veränderlicher beherrschen, insbesondere die mehrdimensionale Kettenregel

Aufgaben zu Kapitel 19

1. Der Flächeninhalt eines Dreiecks mit den Seitenlängen a, b und c beträgt nach der Heronschen Formel $A = \sqrt{s(s-a)(s-b)(s-c)}$, wobei $s = \frac{1}{2}(a+b+c)$ den halben Umfang des Dreiecks bezeichnet.
Stellen Sie die Dreiecksfläche eines Dreiecks mit Umfang 8 als Funktion der beiden Seitenlängen a und b dar. Was ist der maximale Definitionsbereich und wie verhält sich am Rand des Definitionbereichs?

2. Skizzieren Sie die folgenden Teilmengen von $\mathbb{R}^2$. Dabei seien $\vec{a} = (1,0)^T$ und $\vec{b} = (2,1)^T$.

$$\begin{aligned}
A &= \{\vec{x} \in \mathbb{R}^2;\ |\vec{x} - \vec{a}| < 2\} \\
B &= \{\vec{x} \in \mathbb{R}^2;\ |\vec{x} - \vec{b}| \leq |\vec{x}|\} \\
C &= \{\vec{x} \in \mathbb{R}^2;\ 1 \leq |\vec{x} - \vec{b}| < 2\} \\
D &= \{\vec{x} \in \mathbb{R}^2;\ \vec{x} = \lambda\vec{a} + (1-\lambda)\vec{b}, 0 \leq \lambda \leq 1\}
\end{aligned}$$

Entscheiden Sie auch anschaulich durch Betrachten der Randpunkte, welche der Mengen offen, abgeschlossen bzw. weder offen noch abgeschlossen sind.

3. Zeigen Sie, dass die Funktion

$$f(x,y) = \begin{cases} \dfrac{\sin(x)\sin(y)}{x^2+y^2} & \text{für } (x,y) \neq (0,0) \\ 0 & \text{für } (x,y) = (0,0) \end{cases}$$

nicht stetig in $(x_0, y_0) = (0,0)$ ist.

4. Wir betrachten die Funktion $f : \mathbb{R}^3 \to \mathbb{R}$ mit

$$f(x_1, x_2, x_3) = \frac{x_1}{|x|}.$$

   (a) Berechnen Sie die partiellen Ableitungen $\dfrac{\partial f}{\partial x_1}$ und $\dfrac{\partial f}{\partial x_2}$.

   (b) Wie lautet $\dfrac{\partial f}{\partial x_3}$? Können Sie diese partielle Ableitung ohne weitere Rechnung hinschreiben?

5. Wir betrachten die Funktion $f : \mathbb{R}^3 \to \mathbb{R}$ mit

$$f(x_1, x_2, x_3) = g(|x|)$$

für eine differenzierbare Funktion $g : [0, \infty) \to \mathbb{R}$.

   (a) Berechnen Sie die partiellen Ableitungen $\dfrac{\partial f}{\partial x_j}$ für $j = 1, 2, 3$.

   (b) Wo sind (in Abhängigkeit von g) die Punkte $\vec{x} \in \mathbb{R}^3$ mit $\operatorname{grad} f(\vec{x}) = \vec{0}$?

6. Gegeben sei die Funktion

$$f(x,y) = \begin{cases} \dfrac{2xy}{x^2+y^2} & \text{für } (x,y) \neq (0,0) \\ 0 & \text{für } (x,y) = (0,0) \end{cases}$$

Untersuchen Sie, ob f stetig, partiell differenzierbar bzw. total differenzierbar ist.

7. Bestimmen Sie die Richtungsableitung von
   (a) $f(x, y) = xy^3 - x^2y$ im Punkt $(x_0, y_0) = (1, 2)$ in Richtung von $\vec{v} = (-2, 3)^T$.
   (b) $g(x, y, z) = \sin(x)y^2z + x^2yz^3$ im Punkt $(1, 2, -3)$ in Richtung von $\vec{u} = (2, 4, -1)^T$.

8. Die Menge $E = \{(x, y, z);\ f(x, y, z) = \frac{x^2}{16} + \frac{y^2}{9} + \frac{z^2}{4} - 1 = 0\}$ stellt ein *Ellipsoid* dar.
   (a) Stellen Sie die „obere Hälfte" $E_+ = \{(x, y, z) \in E;\ z > 0\}$ von E in der Form $z = g(x, y)$ für eine geeignete Funktion g dar und bestimmen Sie die Tangentialebene an E_+ im Punkt $(x_0, y_0, g(x_0, y_0))$.
   (b) Bestimmen Sie den Gradienten von f im Punkt $(x_0, y_0, g(x_0, y_0))$ und zeigen Sie, dass dieser Gradient orthogonal zur Tangentialebene im Punkt $(x_0, y_0, g(x_0, y_0))$ ist.

9. Bestimmen Sie die Tangentialebene an das Schaubild der Funktion f im Punkt (x_0, y_0, z_0) für
   (a) $f(x, y) = ye^{3x} - x^2y, \quad (x_0, y_0, z_0) = (0, 2, 2)$
   (b) $f(x, y) = \cos(x)e^{-y^2} + xy, \quad (x_0, y_0, z_0) = (\pi, 0, -1)$

   Wie sieht jeweils der Normalenvektor an die Tangentialebene im Punkt (x_0, y_0, z_0) aus?

10. Gegeben seien die Funktionen $f(x, y) = (e^{xy}, 2x - y)$, $g(x, y) = xy$ und $h = g \circ f$.
    (a) Berechnen Sie die Jacobimatrizen von f und g.
    (b) Berechnen Sie die Jacobimatrix von h einmal direkt und einmal mit Hilfe der Kettenregel.

11. Gegeben sei die Funktion $w : \mathbb{R}^2 \to \mathbb{R}$ mit $w(x, y) = \sqrt{|x\,y|}$.
    (a) In welchen Punkten (x_0, y_0) ist w partiell nach x bzw. partiell nach y differenzierbar?
    (b) Bestimmen Sie die partiellen Ableitungen und die Ableitung in Richtung $(1, 1)$ im Punkt $(x_0, y_0) = (0, 0)$.
    (c) Warum kann w im Nullpunkt nicht total differenzierbar sein?

12. Gegeben sei eine $n \times n$-Matrix A. Berechnen Sie den Gradienten der Funktion $f : \mathbb{R}^n \to \mathbb{R}$ mit
    $$f(\vec{x}) = f(x_1, x_2, \ldots, x_n) = \vec{x}^T A\vec{x}.$$

20 Anwendungen der Differentialrechnung

20.1 Höhere Ableitungen und Taylor-Polynome

In Kapitel 17 hatten wir die Taylor-Formel kennengelernt, mit deren Hilfe man eine Funktion $f\colon \mathbb{R} \to \mathbb{R}$ in der Nähe eines Punktes x_0 durch ein Polynom approximieren kann:

$$f(x_0 + h) = \sum_{k=0}^{n} \frac{f^{(k)}(x_0)}{k!} \cdot h^k + \underbrace{R_n(x_0)}_{\text{Restglied}}$$

Ziel ist es nun, eine analoge Entwicklung für Funktionen $f : \mathbb{R}^n \to \mathbb{R}$ herzuleiten.

Definition (höhere Ableitungen):

Sei $U \subseteq \mathbb{R}^n$ offen. Eine Funktion $f : U \to \mathbb{R}^m$ heißt **stetig differenzierbar**, falls f differenzierbar ist und alle partiellen Ableitungen $\frac{\partial f}{\partial x_j}$ stetig sind.

Die Funktion f heißt **zweimal partiell differenzierbar**, wenn die partiellen Ableitungen $\frac{\partial f}{\partial x_j}$ wieder partiell differenzierbare Funktionen sind.
Verschiedene Schreibweisen sind gebräuchlich:

$$\frac{\partial}{\partial x_k}\left(\frac{\partial f}{\partial x_j}\right) = \frac{\partial^2 f}{\partial x_k\, \partial x_j} \quad \text{oder alternativ} \quad \frac{\partial f}{\partial x_1} = D_1 f, \quad \frac{\partial^2 f}{\partial x_k\, \partial x_j} = D_k D_j f$$

f heißt k-mal stetig differenzierbar wenn die k-ten partiellen Ableitungen $\frac{\partial^k}{\partial x_{j_k} \dots \partial x_{j_2} \partial x_{j_1}} f$ alle existieren und stetig sind für $j_1, j_2, j_3, \dots, j_k \in \{1, 2, \dots, n\}$.

Beispiel: Für $f(x,y) = \sin(x^2 + y^4)$ ist $\frac{\partial f}{\partial x} = 2x\cos(x^2 + y^4)$ und $\frac{\partial f}{\partial y} = 4y^3\cos(x^2 + y^4)$, also ergeben sich die partiellen zweiten Ableitungen

$$\frac{\partial^2 f}{\partial x^2} = 2\cos(x^2 + y^4) - 4x^2\sin(x^2 + y^4), \qquad \frac{\partial^2 f}{\partial y^2} = 12y^2\cos(x^2 + y^4) - 16y^6\sin(x^2 + y^4),$$

$$\frac{\partial^2 f}{\partial y \partial x} = -8xy^3\sin(x^2 + y^4), \qquad \frac{\partial^2 f}{\partial x \partial y} = -8xy^3\sin(x^2 + y^4)\,.$$

Dass die gemischten Ableitungen trotz des unterschiedlicher Rechenwegs übereinstimmen ist kein Zufall, wie der folgende Satz zeigt.

Satz 20.1 (Satz von Schwarz):

Sei $U \subseteq \mathbb{R}^n$ offen und $f : U \to \mathbb{R}^n$ stetig differenzierbar. Wenn die gemischte partielle Ableitung $\dfrac{\partial^2 f}{\partial x_k\,\partial x_j}$ in U existiert und in $\vec{a}$ stetig ist, dann ist $\dfrac{\partial f}{\partial x_k}$ in $\vec{a}$ nach x_j partiell differenzierbar und

$$\frac{\partial^2 f}{\partial x_j\,\partial x_k}(\vec{a}) = \frac{\partial^2 f}{\partial x_k\,\partial x_j}(\vec{a})$$

d.h. es kommt nicht auf die Reihenfolge beim Differenzieren an.

Beweis: Da im folgenden alle Komponenten von f außer der j-ten und k-ten konstant gehalten werden, können wir diese übrigen Komponenten von vornherein weglassen und eine Funktion $f(x, y)$ betrachten, die nur von zwei Variablen abhängt. Für diese Funktion wollen wir dann zeigen, dass an jeder Stelle (x_0, y_0) die gemischten Ableitungen gleich sind:

$$\frac{\partial^2 f}{\partial x\,\partial y}(x_0, y_0) = \frac{\partial^2 f}{\partial y\,\partial x}(x_0, y_0).$$

Man betrachtet dafür eine feste Stelle (x_0, y_0) und definiert für kleine Zahlen h und k eine Hilfsfunktion

$$R(h, k) = f(x_0 + h, y_0 + k) - f(x_0 + h, y_0) - (f(x_0, y_0 + k) - f(x_0, y_0)).$$

Sie kombiniert die Funktionswerte an vier Stellen, die auf den Ecken eines Rechtecks liegen.

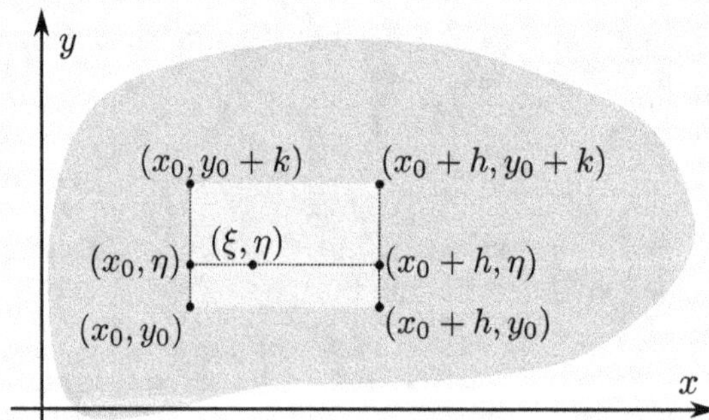

Diese Funktion R lässt sich wiederum schreiben als $R(h, k) = F(y_0 + k) - F(y_0)$ mit

$$F(y) = f(x_0 + h, y) - f(x_0, y),$$

wobei jetzt auch h festgehalten wird. Nach dem (eindimensionalen) Mittelwertsatz angewandt auf die Funktion F, die nur noch von y abhängt, weil x_0 und h festgehalten werden, ergibt sich

$$R(h, k) = F(y_0 + k) - F(y_0) = kF'(\eta) = k \cdot \left(\frac{\partial f}{\partial y}(x_0 + h, \eta) - \frac{\partial f}{\partial y}(x_0, \eta)\right)$$

mit η zwischen y_0 und $y_0 + k$. Fasst man diesen Ausdruck nun für konstantes η als eine Funktion der ersten Variablen auf, dann kann man erneut den Mittelwertsatz anwenden:

$$\frac{\partial f}{\partial y}(x_0 + h, \eta) - \frac{\partial f}{\partial y}(x_0, \eta) = h\frac{\partial}{\partial x}\frac{\partial f}{\partial y}(\xi, \eta) \Rightarrow R(h, k) = k \cdot h \cdot \frac{\partial^2 f}{\partial x \partial y}(\xi, \eta)$$

diesmal mit einer Zwischenstelle ξ zwischen x_0 und $x_0 + h$. Es gilt also

$$\frac{\partial^2 f}{\partial x \partial y}(\xi, \eta) = \frac{R(h, k)}{h \cdot k} = \frac{1}{k}\frac{f(x_0 + h, y_0 + k) - f(x_0 + h, y_0) - (f(x_0, y_0 + k) - f(x_0, y_0))}{h}$$

Im Limes $(h,k) \to (0,0)$ schrumpft das oben skizzierte Rechteck auf den Punkt (x_0, y_0) zusammen, das heißt, auch die „Zwischenstellen“ (ξ, η) nähern sich immer mehr dem Punkt (x_0, y_0). Somit ist

$$\begin{aligned}
\frac{\partial^2 f}{\partial x \partial y}(x_0, y_0) &= \lim_{k\to 0}\lim_{h\to 0} \frac{\partial^2 f}{\partial x \partial y}(\xi, \eta) \\
&= \lim_{k\to 0} \frac{1}{k}\left(\lim_{h\to 0} \frac{f(x_0+h, y_0+k) - f(x_0, y_0+k)}{h} - \lim_{h\to 0} \frac{f(x_0+h, y_0) - f(x_0, y_0)}{h}\right) \\
&= \lim_{k\to 0} \frac{1}{k}\left(\frac{\partial f}{\partial x}(x_0, y_0+k) - \frac{\partial f}{\partial x}(x_0, y_0)\right) = \frac{\partial^2 f}{\partial y \partial x}(x_0, y_0)\,.
\end{aligned}$$

□

Eine analoge Aussage gilt auch für höhere Ableitungen, d.h. wenn eine Funktion k-mal partiell differenzierbar ist und alle diese partiellen Ableitungen stetige Funktionen sind, dann kommt es nur darauf an, nach welchen Variablen man die Funktion differenziert, aber nicht, in welcher Reihenfolge man diese Ableitungen durchführt.

Satz 20.2 (Satz von Schwarz für höhere Ableitungen):

Sei $U \subseteq \mathbb{R}^n$ offen und $f : U \to \mathbb{R}^n$ $k-$mal differenzierbar und die $k-$ten partiellen Ableitungen seien alle stetige Funktionen.

Dann hängt die $k-$te partielle Ableitung $\dfrac{\partial^k f}{\partial x_k \ldots \partial x_2\, \partial x_1}$ nicht von der Reihenfolge der Differentiation ab.

Für $k-$mal stetig differenzierbare Funktionen dürfen partielle Ableitungen bis zur Ordnung k in beliebiger Reihenfolge berechnet werden.

Es gibt verschiedene Arten, die Taylorformel auf Funktionen mehrerer Variablen zu erweitern. Wir lernen hier eine Variante kennen, die äußerlich so eng wie möglich an die eindimensionale Taylorformel angelehnt ist. Das funktioniert durch zwei „Kniffe“:

- man beschränkt sich auf Funktionen $f : \mathbb{R}^n \to \mathbb{R}$. Für Funktionen $f : \mathbb{R}^n \to \mathbb{R}^m$ muss man gegebenenfalls für jede Komponente einzeln ein Taylorpolynom ermitteln.
- durch geschickte Definition von *Multiindizes* konstruiert man sich Größen, die in der mehrdimensionalen Taylorformel genau den entsprechenden Ausdrücken der eindimensionalen Taylorformel entsprechen.

Definition (Multiindex):

Ein n-Tupel $\alpha = (\alpha_1, \alpha_2, \ldots, \alpha_n) \in \mathbb{N}_0^n$ heißt **Multiindex**. Wir definieren für Multiindizes

$$\begin{aligned}
|\alpha| &= \alpha_1 + \alpha_2 + \cdots + \alpha_n = \sum_{j=1}^n \alpha_j, \\
\alpha! &= (\alpha_1!) \cdot (\alpha_2!) \cdot \ldots \cdot (\alpha_n!) = \prod_{j=1}^n \alpha_j! \\
\vec{h}^\alpha &= h_1^{\alpha_1} \cdot h_2^{\alpha_2} \cdot \ldots \cdot h_n^{\alpha_n} = \prod_{j=1}^n h_j^{\alpha_j} \\
D^\alpha f(\vec{x}) &= \frac{(\partial^{|\alpha|} f)}{\partial x_1^{\alpha_1} \ldots \partial x_n^{\alpha_n}}(\vec{x})
\end{aligned}$$

Beispiele:

1. Für den Multiindex $\alpha = (1,2)$ und eine dreimal differenzierbare Funktion $f : \mathbb{R}^2 \to \mathbb{R}$ ist

$$|\alpha| = 1 + 2 = 3, \quad \alpha! = 1! \cdot 2! = 2, \quad \vec{h}^\alpha = h_1 h_2^2 \text{ und}$$

$$D^\alpha f(\vec{x}) = \frac{(\partial^3 f)}{\partial x_1 \partial x_2^2}(\vec{x}).$$

   Man sieht, dass die Einträge 1 und 2 von α bedeuten, dass die Funktion f für $D^\alpha f$ einmal nach der ersten Variablen und zweimal nach der zweiten Variablen abgeleitet werden muss.

2. Für den Multiindex $\beta = (1,0,1)$ und eine zweimal differenzierbare Funktion $g : \mathbb{R}^3 \to \mathbb{R}$ ist

$$|\beta| = 1 + 0 + 1 = 2, \quad \beta! = 1! \cdot 0! \cdot 1! = 1, \quad \vec{h}^\beta = h_1 h_3 \text{ und}$$

$$D^\beta g(x_1, x_2, x_3) = \frac{\partial^2 g}{\partial x_1 \partial x_3}(x_1, x_2, x_3).$$

Mit dieser Schreibweise kann man nun die mehrdimensionale Taylorformel elegant formulieren:

Satz 20.3 (Mehrdimensionale Taylorformel):

Sei $U \subset \mathbb{R}^n$ offen, $f \in C^{k+1}(U), \vec{x}_0 \in U$ und $\vec{h} \in \mathbb{R}^n$ so, dass die Verbindungsstrecke von $\vec{x}_0$ und $\vec{x} = \vec{x}_0 + \vec{h}$ vollständig in U liegt.
Dann ist

$$f(\vec{x}) = \underbrace{\sum_{|\alpha| \le k} \frac{(D^\alpha f)(\vec{x}_0)}{\alpha!} \cdot \vec{h}^\alpha}_{\text{Taylorpolynom } k-\text{ten Grades}} + R_{k+1}(\vec{x}_0, \vec{h})$$

mit dem Restglied

$$R_{k+1}(\vec{x}_0, \vec{h}) = \sum_{|\alpha| = k+1} \frac{D^\alpha f(\vec{x}_0 + \vartheta \vec{h})}{\alpha!} \cdot \vec{h}^\alpha$$

wobei $\vec{x}_0 + \vartheta \vec{h}$ mit einem unbekannten $\vartheta \in (0,1)$ auf der Verbindungsstrecke von $\vec{x}_0$ und $\vec{x}$ liegt.

Speziell für $k = 2$ mit $\vec{x} = \begin{pmatrix} x \\ y \end{pmatrix}$ und $\vec{h} = \begin{pmatrix} h_1 \\ h_2 \end{pmatrix}$ erhält man als Taylorpolynom 2. Ordnung in zwei Variablen

$$f(\vec{x}) = \underbrace{f(\vec{x}_0)}_{\alpha=(0,0)} + \underbrace{\frac{\partial f}{\partial x}(\vec{x}_0)\, h_1}_{\alpha=(1,0)} + \underbrace{\frac{\partial f}{\partial y}(\vec{x}_0)\, h_2}_{\alpha=(0,1)} + \underbrace{\frac{1}{2}\frac{\partial^2 f}{\partial x^2}(\vec{x}_0)\, h_1^2}_{\alpha=(2,0)} + \underbrace{\frac{1}{2}\frac{\partial^2 f}{\partial y^2}(\vec{x}_0)\, h_2^2}_{\alpha=(0,2)} + \underbrace{\frac{\partial^2 f}{\partial x \partial y}(\vec{x}_0)\, h_1 h_2}_{\alpha=(1,1)} + \underbrace{R_3(\vec{x}_0, \vec{h})}_{\text{Restglied}}$$

Beispiel :

Gesucht ist das Taylorpolynom 2.Grades zum Entwicklungspunkt $(x_0, y_0) = (0,0)$ für die Funktion

$$f(x,y) = \frac{1}{\cos(x) + \sin(y)}.$$

k=0: $f(x_0, y_0) = f(0,0) = 1$

k=1: $\frac{\partial f}{\partial x} = \frac{\sin(x)}{(\cos(x) + \sin(y))^2} \quad \Rightarrow \quad \frac{\partial f}{\partial x}(0,0) = 0$

$$\frac{\partial f}{\partial y} = \frac{-\cos(y)}{(\cos(x) + \sin(y))^2} \quad \Rightarrow \quad \frac{\partial f}{\partial y}(0,0) = -1$$

k=2: $\frac{\partial^2 f}{\partial x^2} = \frac{1 + \sin^2(x) + \cos(x)\sin(y)}{(\cos(x) + \sin(y))^3} \quad \Rightarrow \quad \frac{\partial^2 f}{\partial x^2}(0,0) = 1$

$$\frac{\partial^2 f}{\partial y \partial x} = \frac{2\sin(x)\cos(y)}{(\cos(x) + \sin(y))^3} \quad \Rightarrow \quad \frac{\partial^2 f}{\partial y \partial x}(0,0) = \frac{\partial^2 f}{\partial x \partial y}(0,0) = 0$$

$$\frac{\partial^2 f}{\partial y^2} = \frac{1 + \cos^2(x) + \cos(x)\sin(y)}{(\cos(x) + \sin(y))^3} \quad \Rightarrow \quad \frac{\partial^2 f}{\partial y^2}(0,0) = 2$$

Mit $x_0 = y_0 = 0$ ist $x - x_0 = x$, $y - y_0 = y$ und man erhält das Taylor-Polynom 2. Grades

$$\begin{aligned} T_2(x,y;f,0) &= \underbrace{0}_{k=0} + \underbrace{\frac{1}{1!} \cdot 0 \cdot x + \frac{1}{1!} \cdot (-1) \cdot y}_{k=1} + \underbrace{\left(\frac{1}{2!} 1 \cdot x^2 + \frac{1}{1!\,1!} 0 \cdot xy + \frac{1}{2!} 2 \cdot y^2\right)}_{k=2} \\ &= -y + \frac{x^2}{2} + y^2. \end{aligned}$$

Eine analoge Rechnung für Funktionen von n Variablen führt auf das folgende wichtige Resultat:

Taylorpolynome 1. und 2. Grades
Die besonders häufig benutzten Taylor-Polynome einer Funktion $f : \mathbb{R}^n \to \mathbb{R}$ vom Grad 1 und 2 lauten

$$T_1(\vec{x}; f, \vec{a}) = f(\vec{a}) + \operatorname{grad} f(\vec{a}) \cdot (\vec{x} - \vec{a})$$

$$T_2(\vec{x}; f, \vec{a}) = f(\vec{a}) + \operatorname{grad} f(\vec{a}) \cdot (\vec{x} - \vec{a}) + \frac{1}{2}(\vec{x} - \vec{a})^T \begin{pmatrix} \frac{\partial^2 f}{\partial x_1^2}(\vec{a}) & \cdots & \frac{\partial^2 f}{\partial x_n \partial x_1}(\vec{a}) \\ \vdots & \ddots & \vdots \\ \frac{\partial^2 f}{\partial x_1 \partial x_n}(\vec{a}) & \cdots & \frac{\partial^2 f}{\partial x_n^2}(\vec{a}) \end{pmatrix} (\vec{x} - \vec{a})$$

Für Funktionen von zwei Variablen stellt der Graph von T_1 gerade die Tangentialebene an den Graphen von f im Punkt $\vec{a}$ dar. Entsprechend ist der Graph von T_2 eine *Fläche 2. Ordnung*, die sich dem Graphen von f in der Nähe von $\vec{a}$ besonders gut anpasst.

20.2 Extrema mehrdimensionaler Funktionen

Funktionen, die von mehreren Variablen abhängen und Werte in $\mathbb{R}$ annehmen, können wie eindimensionale Funktionen an manchen Stellen einen Maximalwert annehmen. Mathematisch ist es zunächst leichter, nur nach *lokalen* Maxima und Minima zu suchen, also nach Stellen, an denen der Funktionswert größer (oder kleiner) ist als alle Funktionswerte „in der Nähe“ und anschließend zu überlegen, ob es sich um *globale* Extrema handelt.

Definition (lokale/globale Extrema):

Sei $U \subseteq \mathbb{R}^n$ und $f : U \to \mathbb{R}$ eine Abbildung. Ein Punkt $\vec{x}_0 \in U$ heißt **lokales Maximum** von f, falls es eine (kleine) Zahl $\varepsilon > 0$ gibt, so dass

$$f(\vec{x}) \leq f(\vec{x}_0) \quad \text{für alle Punkte } \vec{x} \text{ mit } |\vec{x} - \vec{x}_0| < \varepsilon,$$

d.h. für alle $\vec{x}$, die in der Nähe von $\vec{x}_0$ liegen ist der Funktionswert kleiner oder gleich $f(\vec{x}_0)$. Der Punkt $\vec{x}_0 \in U$ heißt **globales Maximum** von f, falls $f(\vec{x}) \leq f(\vec{x}_0)$ für alle $\vec{x} \in U$.

Analog heißt $\vec{x}_0$ **lokales Minimum** von f, falls es eine Zahl $\varepsilon > 0$ gibt, so dass

$$|\vec{x} - \vec{x}_0| < \varepsilon \Rightarrow f(\vec{x}) \geq f(\vec{x}_0)$$

und **globales Minimum** von f, falls $f(\vec{x}) \geq f(\vec{x}_0)$ für alle $\vec{x} \in U$.

Bemerkung: Gilt echte Ungleichheit, also „$<$“ bzw. „$>$“ für alle $\vec{x}$ mit $0 < |\vec{x} - \vec{x}_0| < \varepsilon$, dann nennt man $\vec{x}_0$ ein striktes isoliertes lokales Maximum bzw. Minimum.

Beispiele:

1. Die Funktion $F : \mathbb{R}^2 \to \mathbb{R}$ mit $F(x, y) = 4x^2 + y^4$ nimmt offenbar keine negativen Werte an. Das bedeutet, dass $(x_0, y_0) = (0, 0)$ ein globales Minimum dieser Funktion ist.

2. Die Funktion $G : \mathbb{R}^2 \to \mathbb{R}$ mit $G(x, y) = x^2 - x^4 + 3y^2 = x^2(1 - x^2) + 3y^2$ ist nicht negativ, solange x im Intervall $(-1, 1)$ liegt. Sie nimmt aber durchaus negative Werte an, zum Beispiel für $(x, y) = (2, 0)$ oder $(x, y) = (1, 4)$. Darum hat G im Punkt $(0, 0)$ zwar ein lokales, aber kein globales Minimum.

Bevor wir überlegen, wie man solche Maxima und Minima von Funktionen $f : \mathbb{R}^n \to \mathbb{R}$ mehrerer Veränderlicher findet, wollen wir uns die Ergebnisse für den eindimensionalen Fall $n = 1$ aus der Schule bzw. aus dem ersten Semester in Erinnerung rufen, notwendige und hinreichende Kriterien für lokale Maxima und Minima formulieren und diese mit dem Wissen über Taylorpolynome aus Kapitel 18 neu betrachten.

Für eine zweimal stetig differenzierbare Funktion $f : \mathbb{R} \to \mathbb{R}$ gilt:

- falls $f'(x_0) = 0$ und $f''(x_0) < 0$ ist, dann besitzt f in x_0 ein lokales Maximum
- falls $f'(x_0) = 0$ und $f''(x_0) > 0$ ist, dann besitzt f in x_0 ein lokales Minimum
- falls f in x_0 ein lokales Extremum hat, dann ist $f'(x_0) = 0$
- falls f in x_0 ein lokales Maximum hat, dann ist $f'(x_0) = 0$ und $f''(x_0) \leq 0$
- falls f in x_0 ein lokales Minimum hat, dann ist $f'(x_0) = 0$ und $f''(x_0) \geq 0$

Man beachte den feinen Unterschied, dass in den ersten beiden Aussagen echte Ungleichheit verlangt wird, während in den letzten beiden Aussagen nur „$\leq$“ und „$\geq$“ steht.
Die Funktionen $f(x) = x^4$ und $g(x) = -x^4$ mit einem Minimum bzw. Maximum in $x_0 = 0$ zeigen, dass man in den letzten beiden Ungleichungen tatsächlich nicht „$<$“ bzw. „$>$“ schreiben darf.

Diese Kriterien hatten wir im vorigen Semester damit begründet, dass die Steigung einer Funktion in einem Maximum bzw. Minimum das Vorzeichen wechseln muss. Mit dem Taylor-Polynom können wir jetzt eine alternative Begründung geben, die sich für die Verallgemeinerung auf Funktionen von mehreren Veränderlichen eignet. Wir betrachten dazu das Taylor-Polynom 0. Grades von f mit dem zugehörigen Lagrange-Restglied

$$f(x) = f(x_0) + f'(\xi)(x - x_0)$$

wobei ξ eine unbekannte Zwischenstelle irgendwo zwischen x und x_0 ist, über die man im allgemeinen nichts näheres weiß.
Angenommen es wäre $f'(x_0) > 0$, dann könnte man eine kleine Zahl $\varepsilon > 0$ finden, so dass auch für alle x zwischen $x_0 - \varepsilon$ und $x_0 + \varepsilon$ noch $f'(x) > 0$ wäre, denn wenn man x nur wenig ändert, dann ändert sich wegen der Stetigkeit der Ableitung auch $f'(x)$ nur wenig.
Wählt man nun zum Beispiel $x = x_0 + \frac{\varepsilon}{2}$ ein kleines Stück rechts von x_0, dann ist

$$f(x) = f(x_0) + f'(\xi_1)(x - x_0)$$

mit $\xi_1 \in \left[x_0, x_0 + \frac{\varepsilon}{2}\right]$. Da damit auch $f'(\xi_1) > 0$ ist, wäre

$$f(x) = f(x_0) + \underbrace{f'(\xi_1)}_{>0}\frac{\varepsilon}{2} > f(x_0)$$

und f hätte in x_0 kein Maximum.
Wählt man andererseits $x = x_0 - \frac{\varepsilon}{2}$ links von x_0, dann ist

$$f(x) = f(x_0) + \underbrace{f'(\xi_2)}_{>0}\underbrace{(x - x_0)}_{=-\frac{\varepsilon}{2}} < f(x_0)$$

wobei diesmal $\xi_2 \in \left[x_0 - \frac{\varepsilon}{2}, x_0\right]$ liegt. Also kann f auch kein Minimum im Punkt x_0 haben. Genauso kann man zeigen, dass f im Fall $f'(x_0) < 0$ weder ein Maximum noch ein Minimum in x_0 haben kann.
Damit bleibt als einzige Möglichkeit noch $f'(x_0) = 0$, wenn x_0 ein Extremum von f ist.
Um zu sehen, warum in einem lokalen Maximum x_0 von f notwendig $f''(x_0) \leq 0$ sein muss, betrachtet man das Taylor-Polynom 1. Grades von f zum Entwicklungspunkt x_0:

$$f(x) = f(x_0) + f'(x_0)(x - x_0) + \frac{1}{2}f''(\xi)(x - x_0)^2$$

wobei auch hier wieder ξ eine unbekannte Zwischenstelle zwischen x_0 und x ist. Wie wir eben gesehen haben, muss auf jeden Fall $f'(x_0) = 0$ sein. Somit ist

$$f(x) = f(x_0) + \frac{1}{2}\underbrace{f''(\xi)}_{\approx f''(x_0)}\underbrace{(x - x_0)^2}_{>0}$$

Wenn f in x_0 ein Maximum besitzt, dann ist $f(x) - f(x_0) \leq 0$ und es folgt zunächst $f''(\xi) \leq 0$ und wegen $f''(\xi) \approx f''(x_0)$ (das ist die Stetigkeit von f'') muss auch $f''(x_0) \leq 0$ sein.

Diese Argumentation lässt sich auf den mehrdimensionalen Fall $n \geq 2$ übertragen, indem wir die mehrdimensionale Taylor-Entwicklung von f verwenden. Bevor wir uns damit beschäftigen, wie man Maxima und Minima mit Hilfe von partiellen Ableitungen unterscheiden kann, benötigen wir zunächst eine Methode, die uns die möglichen Kandidaten für lokale Extremstellen liefert. Im eindimensionalen Fall ist die Tangente an eine differenzierbare Funktion in einem Maximum oder Minimum immer horizontal. Falls f von zwei Variablen abhängt, dann ist die Tangentialebene an das Schaubild in einem lokalen Maximum oder Minimum eine horizontale Ebene.

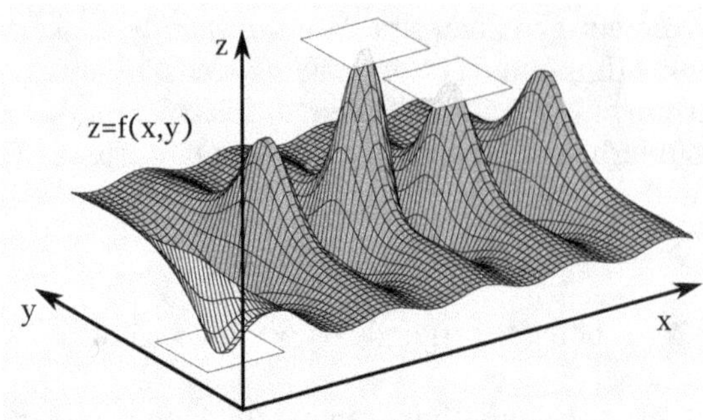

Im allgemeinen Fall kann man diese anschauliche Eigenschaft dadurch charakterisieren, dass alle partiellen Ableitungen von f (und damit auch alle Richtungsableitungen) in einem lokalen Extremum verschwinden müssen. Es gibt in einem lokalen Maximum oder Minimum also keine Richtung, in der die Funktion f linear zu- oder abnimmt.

Satz 20.4 (Notwendige Bedingung für Extrema):

Sei $U \subset \mathbb{R}^n$ offen und $f : U \to \mathbb{R}$ differenzierbar. Falls f im Punkt $\vec{a}$ ein Extremum hat, dann ist $\operatorname{grad} f(\vec{a}) = \vec{0}$.

Beweis des Satzes: Um zu zeigen, dass $\operatorname{grad} f(\vec{a}) = \vec{0}$ eine notwendige Bedingung für eine Extremum an der Stelle $\vec{a}$ ist, zeigen wir, dass $\operatorname{grad} f(\vec{a}) \neq 0$ an einem lokalen Maximum oder Minimum unmöglich ist. Wenn $\operatorname{grad} f(\vec{a}) \neq 0$ ist, dann gibt es mindestens einen Index $i \in \{1, 2, \ldots, n\}$ mit $\frac{\partial f}{\partial x_i}(\vec{a}) \neq 0$. Wir gehen von dem Fall $\frac{\partial f}{\partial x_i}(\vec{a}) > 0$ aus. Weil die partielle Ableitung eine stetige Funktion ist, die sich nur wenig ändert, wenn man das Argument ein wenig ändert, gibt es eine kleine Zahl $\varepsilon > 0$, so dass $\frac{\partial f}{\partial x_i}(\vec{x}) > 0$ auch noch für alle $\vec{x}$ mit $|\vec{x} - \vec{a}| < \varepsilon$ gilt. Wir wählen nun ganz speziell

$$\vec{x}_+ = \vec{a} + \begin{pmatrix} 0 \\ \vdots \\ \varepsilon \\ \vdots \\ 0 \end{pmatrix} \quad \text{und} \quad \vec{x}_- = \vec{a} - \begin{pmatrix} 0 \\ \vdots \\ \varepsilon \\ \vdots \\ 0 \end{pmatrix},$$

wobei jeweils der einzige von Null verschiedene Eintrag ε in der i-ten Komponente steht.
Das Taylor-Polynom 0. Grades von f zum Entwicklungspunkt $\vec{a}$ mit dem Lagrange-Restglied ist von der Form

$$f(\vec{x}) = f(\vec{a}) + \operatorname{grad} f(\vec{\xi})(\vec{x} - \vec{a})$$

wobei $\vec{\xi}$ auf der Verbindungslinie von $\vec{a}$ und $\vec{x}$ liegt.
Man erhält also speziell für $\vec{x} = \vec{x}_+$ eine Zwischenstelle $\vec{\xi}_+$ zwischen $\vec{a}$ und $\vec{x}_+$ mit

$$f(\vec{x}_+) - f(\vec{a}) = \operatorname{grad} f(\vec{\xi}_+)^T(\vec{x}_+ - \vec{a}) = \frac{\partial f}{\partial x_i}(\vec{\xi}_+)\varepsilon > 0$$

und speziell für $\vec{x} = \vec{x}_-$ eine Zwischenstelle $\vec{\xi}_-$ zwischen $\vec{a}$ und $\vec{x}_-$ mit

$$f(\vec{x}_-) - f(\vec{a}) = \operatorname{grad} f(\vec{\xi}_-)^T(\vec{x}_- - \vec{a}) = -\frac{\partial f}{\partial x_i}(\vec{\xi}_-)\varepsilon < 0.$$

Da $\frac{\partial f}{\partial x_i}(\xi_+)$ und $\frac{\partial f}{\partial x_i}(\xi_-) > 0$ positiv sind, kann $\vec{a}$ keine Extremalstelle sein, denn von den beiden Funktionswerten $f(\vec{x}_+)$ und $f(\vec{x}_-)$ ist einer größer als $f(\vec{a})$, der andere dagegen kleiner als $f(\vec{a})$.

Dasselbe Ergebnis erhält man auch, wenn man den Fall $\frac{\partial f}{\partial x_i}(\vec{a}) < 0$ betrachtet. Es bleibt als einzige Möglichkeit daher $\operatorname{grad} f(\vec{a}) = \vec{0}$. □

Diese „Kandidaten für lokale Extrema" bekommen auch eine eigene Bezeichnung.

Definition (Kritischer Punkt):

Sei $U \subset \mathbb{R}^n$ offen und $f : U \to \mathbb{R}$ differenzierbar. Ein Punkt $\vec{a}$ mit $\operatorname{grad} f(\vec{a}) = \vec{0}$ heißt **kritischer Punkt.**

Nicht alle Punkte $\vec{x}_0$, bei denen $\operatorname{grad} f(\vec{x}_0) = \vec{0}$ ist, sind jedoch lokale Maxima oder Minima:

Definition (Sattelpunkt):

Sei $U \subset \mathbb{R}^n$ und $f : U \to \mathbb{R}$ stetig differenzierbar. Ein Punkt $\vec{x}_0$ im Inneren von U heißt **Sattelpunkt** von f, falls $\operatorname{grad} f(\vec{x}_0) = \vec{0}$ ist und falls es für jedes $\varepsilon > 0$ Punkte $\vec{a}$ und $\vec{b}$ mit $|\vec{x}_0 - \vec{a}| < \varepsilon$ bzw. $|\vec{x}_0 - \vec{b}| < \varepsilon$ gibt, so dass

$$f(\vec{a}) > f(\vec{x}_0) \text{ und } f(\vec{b}) < f(\vec{x}_0).$$

Beispiel (Sattelpunkt):

Für die Funktion $f : \mathbb{R}^2 \mapsto \mathbb{R}$ mit $f(\vec{x}) = x_1^2 - x_2^2$ ist

$$\operatorname{grad} f(\vec{x}) = \begin{pmatrix} 2x_1 \\ -2x_2 \end{pmatrix}.$$

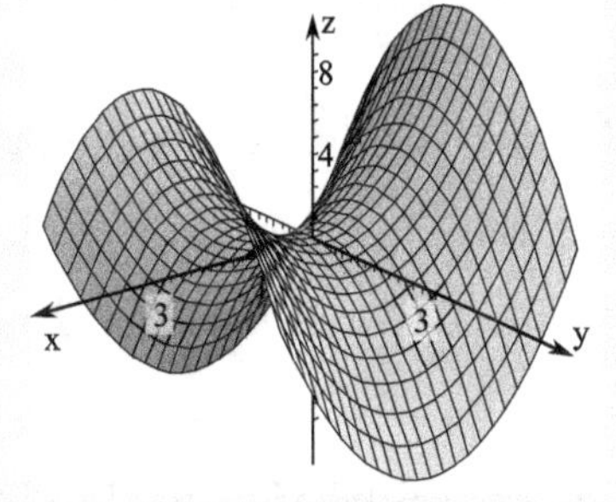

Es ist $\operatorname{grad} f(0,0) = \vec{0}$, aber dort ist kein lokales Extremum von f, denn es ist $f(\varepsilon, 0) = \varepsilon^2 > f(0,0) > f(0,\varepsilon) = -\varepsilon^2$ für jede noch so kleine Zahl $\varepsilon > 0$.

Wie im Eindimensionalen helfen die zweiten (partiellen) Ableitungen, um lokale Maxima oder Minima zuverlässig zu identifizieren. Damit wir diese *hinreichenden* Bedingungen für ein Maximum oder Minimum formulieren können, benötigen wir noch ein paar Begriffe.

Definition (Hesse-Matrix):

Sei $U \subset \mathbb{R}^n$ offen und $f : U \to \mathbb{R}$ eine zweimal differenzierbare Funktion. Dann heißt die symmetrische Matrix

$$H_f(\vec{x}) = \begin{pmatrix} \frac{\partial^2 f}{\partial^2 x_1}(x) & \cdots & \frac{\partial^2 f}{\partial x_n \partial x_1}(x) \\ \vdots & \ddots & \vdots \\ \frac{\partial^2 f}{\partial x_1 \partial x_n}(x) & \cdots & \frac{\partial^2 f}{\partial^2 x_n}(x) \end{pmatrix}$$

Hesse-Matrix von f an der Stelle $\vec{x}$.

Ob in x_0 ein lokales Minimum oder ein Maximum vorliegt, entscheidet sich im Eindimensionalen am Vorzeichen der zweiten Ableitung. Bei der Verallgemeinerung dieser Aussage benötigen wir die folgenden Begriffe:

Definition (Definitheit):

Eine symmetrische Matrix A heißt

positiv definit, falls $A\vec{x}\cdot\vec{x} = (A\vec{x},\vec{x}) > 0$ für alle $\vec{x} \in \mathbb{R}^n \setminus \{0\}$
negativ definit, falls $A\vec{x}\cdot\vec{x} = (A\vec{x},\vec{x}) < 0$ für alle $\vec{x} \in \mathbb{R}^n \setminus \{0\}$

A heißt **indefinit**, falls das Skalarprodukt $(A\vec{x},\vec{x})$ sowohl positive als auch negative Werte annimmt.

Bemerkung :

Eine andere häufig gebrauchte Schreibweise für $A\vec{x}\cdot\vec{x}$, die etwas „symmetrischer" aussieht, lautet $\vec{x}^TA\vec{x}$, wobei $\vec{x}$ ein Spaltenvektor und der transponierte Vektor $\vec{x}^T$ entsprechend ein Zeilenvektor ist.

Satz 20.5 (Hinreichende Bedingung für lokale Extrema):

Sei $U \subset \mathbb{R}^n$ offen und $f : U \to \mathbb{R}$ eine zweimal differenzierbare Funktion. Weiter sei $\vec{a} \in U$ ein kritischer Punkt von f, das heißt, es sei $\operatorname{grad} f(\vec{a}) = 0$. Dann gilt:

(i) falls $H_f(\vec{a})$ negativ definit ist, dann ist $\vec{a}$ ein lokales Maximum.

(ii) falls $H_f(\vec{a})$ positiv definit ist, dann ist $\vec{a}$ ein lokales Minimum.

(iii) falls $H_f(\vec{a})$ indefinit ist, dann ist $\vec{a}$ ein Sattelpunkt und damit weder ein Maximum noch ein Minimum.

Dahinter steckt folgende Überlegung: Das Taylor-Polynom 1. Grades von f zum Entwicklungspunkt $\vec{a}$ mit dem Lagrange-Restglied ist von der Form

$$f(\vec{x}) = f(\vec{a}) + \operatorname{grad} f(\vec{a})\cdot(\vec{x}-\vec{a}) + \frac{1}{2}(\vec{x}-\vec{a})^T H_f(\vec{\xi})(\vec{x}-\vec{a})$$

wobei H_f die Hessematrix von f ist und $\vec{\xi}$ eine „Zwischenstelle" auf der Verbindungslinie von $\vec{a}$ und $\vec{x}$. Da $\operatorname{grad} f(\vec{a}) = \vec{0}$ ist, gilt

$$f(\vec{x}) = f(\vec{a}) + \frac{1}{2}(\vec{x}-\vec{a})^T H_f(\vec{\xi})(\vec{x}-\vec{a}) = f(\vec{a}) + \frac{1}{2}\left(H_f(\vec{\xi})(\vec{x}-\vec{a}),(\vec{x}-\vec{a})\right)$$

Die Stetigkeit der zweiten partiellen Ableitungen führt dazu, dass $H_f(\vec{\xi})$ ebenfalls positiv definit ist, wenn $H_f(\vec{a})$ positiv definit ist. Insbesondere ist in diesem Fall

$$\left(H_f(\vec{\xi})(\vec{x}-\vec{a}),(\vec{x}-\vec{a})\right) \geq 0$$

und damit $f(\vec{x}) \leq f(\vec{a})$ zumindest für Vektoren $\vec{x}$, die nahe genug bei $\vec{a}$ liegen. Also liegt in $\vec{a}$ ein lokales Maximum vor.
Dieselbe Argumentation funktioniert auch mit negativer Definitheit bzw. Indefinitheit.

Eine Schwierigkeit besteht in der Praxis darin, dass es mühsam ist, die Definitheit der Hessematrix nachzuprüfen, da man in der Bedingung *alle* Vektoren $x \in \mathbb{R}^n$ einsetzen müsste. Ein Kriterium, das sich leichter überprüfen lässt, benutzt die Eigenwerte der Hessematrix.

Satz 20.6 (Definitheitskriterium):

Sei A eine symmetrische $n \times n-$Matrix mit den Eigenwerten $\lambda_1, \ldots, \lambda_n$. Dann gilt:

(i) A ist genau dann positiv definit, wenn alle Eigenwerte von A positiv sind.

(ii) A ist genau dann negativ definit, wenn alle Eigenwerte von A negativ sind.

(iii) A ist genau dann indefinit, wenn A sowohl positive als auch negative Eigenwerte besitzt.

Begründung: Wir wissen aus Kapitel 7, dass symmetrische Matrizen nur reelle Eigenwerte besitzen und dass symmetrische Matrizen immer diagonalisierbar sind. Zu jeder symmetrischen $n \times n-$Matrix A gibt es also eine orthogonale Matrix S, so dass $S^T AS = D$ ist. Dabei sind die Diagonaleinträge von $D = \text{diag}(\lambda_1, \ldots, \lambda_n)$ gerade die Eigenwerte $\lambda_1, \ldots, \lambda_n$ von A. Die Spalten der Matrix S bilden eine Orthnormalbasis aus Eigenvektoren von A. Damit ist

$$(A\vec{x}) \cdot \vec{x} = (SDS^T\vec{x}) \cdot \vec{x} = (SDS^T\vec{x})^T\vec{x} = \vec{x}^T SDS^T\vec{x} = (S^T\vec{x})^T D(S^T\vec{x})$$

Wenn man die Komponenten des Vektors $\vec{v} = S^T\vec{x}$ mit $v_1, v_2, \ldots, v_n$ bezeichnet, ist daher

$$(A\vec{x}) \cdot \vec{x} = (S^T\vec{x})^T D(S^T\vec{x}) = \vec{v}^T D\vec{v} = \lambda_1 v_1^2 + \lambda_2 v_2^2 + \ldots + \lambda_n v_n^2.$$

Falls alle Eigenwerte $\lambda_1, \ldots, \lambda_n$ positiv sind, dann ist $\lambda_1 v_1^2 + \lambda_2 v_2^2 + \ldots + \lambda_n v_n^2$ auch positiv, sobald auch nur ein Eintrag des Vektors $\vec{v}$ von Null verschieden ist. Umgekehrt müssen die Vorfaktoren $\lambda_1, \ldots, \lambda_n$ auch *alle* positiv sein, damit dieser Ausdruck für alle Vektoren $\vec{v} \neq \vec{0}$ positiv wird.
Wäre umgekehrt auch nur einer der Eigenwerte λ_j *nicht* positiv, dann könnte man als $\vec{v}$ den entsprechenden Einheitsvektor $\vec{e}_j$ einsetzen und erhielte $\vec{e}_j{}^T D\vec{e}_j = \lambda_j \leq 0$. Damit wäre die Matrix A nicht positiv definit.
Eine ähnliche Argumentation lässt sich auch für negative Definitheit und Indefinitheit durchführen.

□

Wir fassen die letzten Sätze noch einmal zu einem praktischen Kriterium zusammen:

Zusammenfassung
Sei $U \subset \mathbb{R}^n$ offen und $f : U \to \mathbb{R}$ zweimal stetig differenzierbar mit Hesse-Matrix H_f. Dann gilt:

(i) Ist grad $f(\vec{a}) = \vec{0}$ und sind alle Eigenwerte von $H_f(\vec{a})$ negativ, dann hat f in $\vec{a}$ ein lokales Maximum.

(ii) Ist grad $f(\vec{a}) = \vec{0}$ und sind alle Eigenwerte von $H_f(\vec{a})$ positiv, dann hat f in $\vec{a}$ ein lokales Minimum.

(iii) Falls grad $f(\vec{a}) = \vec{0}$ und $H_f(\vec{a})$ positive und negative Eigenwerte besitzt, dann ist $\vec{a}$ ein Sattelpunkt.

Der Spezialfall $n = 2$

Bei 2×2-Matrizen, d.h. für $A = \begin{pmatrix} a_{11} & a_{12} \\ a_{12} & a_{22} \end{pmatrix}$ kann man auf die Berechnung der Eigenwerte λ_1 und λ_2 verzichten. Es ist

$$\lambda_1 \cdot \lambda_2 = \det(A) = a_{11}a_{22} - a_{12}^2 \quad \text{und} \quad \lambda_1 + \lambda_2 = \text{Spur}\,(A) = a_{11} + a_{22}.$$

Da die Eigenwerte reell sind, kann man nun zum Beispiel schließen, dass beide Eigenwerte das selbe Vorzeichen haben müssen, wenn $\det(A) > 0$ ist. Mit Hilfe der Spur lässt sich unterscheiden, ob beide Eigenwerte positiv oder beide Eigenwerte negativ sind. Es gilt daher:

(i) A ist positiv definit genau dann, wenn $\det A > 0$ und $\text{Spur}\,(A) > 0$.

(ii) A ist negativ definit genau dann, wenn $\det A > 0$ und $\text{Spur}\,(A) < 0$.

(iii) A ist indefinit genau dann, wenn $\det A < 0$.

Dies funktioniert so allerdings wirklich nur für 2×2-Matrizen.

Beispiele:

1. Gesucht sind die lokalen Extrema der Funktion

$$g(x, y) = \frac{1}{y} - \frac{1}{x} - 4x + y,$$

wobei $x, y \neq 0$ vorausgesetzt wird. Kandidaten für Extrema sind die Stellen, an denen

$$\frac{\partial g}{\partial x} = \frac{1}{x^2} - 4 = 0 \Leftrightarrow x = \pm\frac{1}{2} \quad \text{und} \quad \frac{\partial g}{\partial y} = -\frac{1}{y^2} + 1 = 0 \Leftrightarrow y = \pm 1$$

ist. Wir haben also vier mögliche lokale Extrema: $(-\frac{1}{2}, -1)$, $(-\frac{1}{2}, 1)$, $(\frac{1}{2}, -1)$ und $(\frac{1}{2}, 1)$. An allen vier Stellen müssen wir nun die Hessematrix

$$H_g(x, y) = \begin{pmatrix} -\dfrac{2}{x^3} & 0 \\ 0 & \dfrac{2}{y^3} \end{pmatrix}$$

auf positive bzw. negative Definitheit untersuchen. Da es sich um eine Diagonalmatrix handelt, sind die beiden Eigenwerte $\lambda_1 = -\frac{2}{x^3}$ und $\lambda_2 = \frac{2}{y^3}$. Damit erhält man folgendes Resultat:

- in $(-\frac{1}{2}, 1)$ ist $\lambda_1 > 0$ und $\lambda_2 > 0$, also liegt ein lokales Minimum von g vor
- in $(\frac{1}{2}, -1)$ ist $\lambda_1 < 0$ und $\lambda_2 < 0$, also liegt ein lokales Maximum vor
- in $(\frac{1}{2}, 1)$ und in $(-\frac{1}{2}, -1)$ haben die Eigenwerte unterschiedliche Vorzeichen, also liegen dort Sattelpunkte vor.

2. Will man die lokalen Extrema von $f(x, y) = (x^2 + 2y^2) \cdot e^{-x^2-y^2}$ bestimmen, so erhält man als Kriterium für mögliche Extrema zunächst das (nichtlineare!) Gleichungssystem

$$\begin{aligned} \frac{\partial f}{\partial x} &= 2x(1 - x^2 - 2y^2) \cdot e^{-x^2-y^2} = 0 \quad \Leftrightarrow \quad 2x(1 - x^2 - 2y^2) = 0 \quad \text{und} \\ \frac{\partial f}{\partial y} &= 2y(2 - x^2 - 2y^2) \cdot e^{-x^2-y^2} = 0 \quad \Leftrightarrow \quad 2y(2 - x^2 - 2y^2) = 0. \end{aligned}$$

Die erste Gleichung ist für $x = 0$ erfüllt. Damit vereinfacht sich die zweite Gleichung zu $4y(1-y^2) = 0$ mit den Lösungen $y_1 = 0$, $y_2 = -1$ und $y_3 = +1$.
Die erste Gleichung ist auch dann erfüllt, wenn $1 - x^2 - 2y^2 = 0$ ist.
In diesem Fall ist $2 - x^2 - 2y^2 = 1 + (1 - x^2 - 2y^2) = 1 \neq 0$ und die zweite Gleichung kann nur dann erfüllt sein, wenn $y = 0$ ist. Damit ergibt sich wiederum aus $1 - x^2 - 2y^2 = 0$ die Bedingung $1 - x^2 = 0$ mit den Lösungen $x = \pm 1$.
Insgesamt hat man auf diese Weise fünf kritische Punkte gefunden: $(0,0)$, $(0,\pm 1)$ und $(\pm 1, 0)$.

Die Hessematrix lautet

$$H_f(x,y) = e^{-x^2-y^2} \begin{pmatrix} (8x^2-4)y^2 + 4x^4 - 10x^2 + 2 & 4xy(x^2+y^2-3) \\ 4xy(x^2+y^2-3) & 8y^4 + (4x^2-20)y^2 - 2x^2 + 4 \end{pmatrix}$$

und durch Einsetzen der vier möglichen lokalen Extremstellen erhät man als Resultat:

- in $(0,0)$ ist $\lambda_1 = 2 > 0$ und $\lambda_2 = 4 > 0$, also liegt ein lokales Minimum von f vor
- in $(0,\pm 1)$ ist $\lambda_1 = -\frac{2}{e} < 0$ und $\lambda_2 = -\frac{8}{e} < 0$, also liegen dort lokale Maxima vor
- in $(1,0)$ und in $(-1,0)$ haben die Eigenwerte $\lambda_1 = -\frac{4}{e} < 0$ und $\lambda_2 = \frac{2}{e} > 0$ unterschiedliche Vorzeichen, dort liegen also Sattelpunkte vor.

Globale Extrema

Um herauszufinden, ob die lokalen Extrema von f auch globale Extrema sind, muss man im allgemeinen die Funktionswerte in den lokalen Extrema mit den Funktionswerten am Rand des Definitionsbereichs und dem Verhalten für $|\vec{x}| \to \infty$ vergleichen. Dies kann im Mehrdimensionalen unter Umständen schwierig sein, weil $\vec{x}$ in verschiedenen Richtungen betrachtet werden muss oder weil die Abhängigkeit der Funktion f von mehreren Variablen recht kompliziert sein kann. Es gibt dafür auch keine schematische Vorgehensweise.

Die folgenden drei Beispiele zeigen drei typische Situationen, in denen man mit verhältnismäßig wenig Aufwand entscheiden kann, ob ein globales Maximum oder Minimum vorliegt.

Beispiele:

1. Für die Funktion $f : \mathbb{R}^2 \to \mathbb{R}$ mit $f(x,y) = x^4 + y^2$ ist wegen $\frac{\partial f}{\partial x}(x,y) = 4x^3$ und $\frac{\partial f}{\partial y}(x,y) = 2y$ der Punkt $(0,0)$ mit $f(0,0) = 0$ das einzige mögliche lokale Extremum. Andererseits ist aber $f(x,y) > 0$ für alle $(x,y) \neq (0,0)$. Daher ist in $(0,0)$ sogar ein globales Minimum.
Hier lässt sich also das globale Minimum finden, ohne das die Funktion f für $|(x,y)| \to \infty$ untersucht werden muss. Entscheidend für dieses Argument ist, dass die Funktion f sich in eine Summe aus nicht-negativen Termen zerlegen lässt.

2. Umgekehrt kann es vorkommen, dass $f(\vec{x}) \to +\infty$ für $|\vec{x}| \to \infty$, d.h. die Funktionswerte von f streben in allen Richtungen gegen unendlich. Dies ist zum Beispiel bei der Funktion $f(x,y) = x^4 - x^2 + y^6 - y^2$ der Fall, weil $|\vec{x}| \to \infty$ bedeutet, dass mindestens eine der beiden Variablen x und y betragsmäßig gegen ∞ strebt. Falls beispielsweise $|x|$ gegen $+\infty$ strebt, dann konvergiert auch $x^4 - x^2$ uneigentlich gegen $+\infty$ und da $y^6 - y^2 = y^2(y^4 - 1) > -1$ ist, gilt auch $f(x,y) \to \infty$.
Wenn die Bedingung $f(\vec{x}) \to +\infty$ für $|\vec{x}| \to \infty$ erfüllt ist, dann ist das lokale Minimum mit dem kleinsten Funktionswert immer ein globales Minimum. Man kann hier sogar auf die Berechnung der Hesse-Matrix verzichten, wenn man sich klarmacht, dass der kritische Punkt mit dem kleinsten Funktionswert ein globales Minimum sein muss.
Analog hat die Funktion $f : \mathbb{R}^n \to \mathbb{R}$ ein globales Maximum im kritischen Punkt mit dem größten Funktionswert, wenn $f(\vec{x}) \to -\infty$ strebt für $|\vec{x}| \to \infty$.

Beispiel (Methode der kleinsten Quadrate):

Gegeben seien n Messwerte $(x_1, y_1), (x_2, y_2), \ldots, (x_n, y_n)$. Gesucht wird nun eine Gerade $g : y = ax + b$, die „möglichst genau“ durch diese Punkte verläuft. Es gibt verschiedene Möglichkeiten, was man unter einer „möglichst guten“ Approximation der Punkte durch die Gerade verstehen kann. Bei der *Methode der kleinsten Quadrate* geht es darum, dass die Summe

$$\sum_{i=1}^{n}(ax_i + b - y_i)^2 = f(a, b)$$

so klein wie möglich wird, d.h. die Summe der Quadrate der Abstände aller Punkte von g in y-Richtung soll klein werden. Kleine Abweichungen von g werden also weniger stark gewichtet als große Abweichungen.

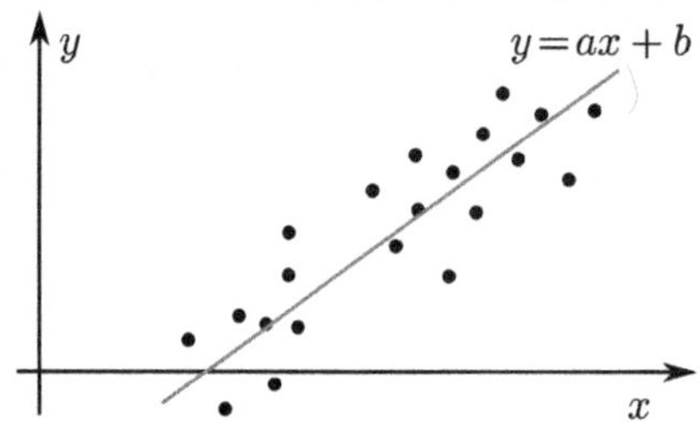

Die mathematische Aufgabe besteht nun darin, die beiden Parameter a und b der Geradengleichung so zu bestimmen, dass $f(a, b)$ ein Minimum annimmt. Die beiden notwendigen Bedingungen $\frac{\partial f}{\partial a}(a, b) = 0$ und $\frac{\partial f}{\partial b}(a, b) = 0$ führen auf ein lineares Gleichungssystem für die Variablen a und b:

$$\begin{aligned}\frac{\partial f}{\partial a}(a,b) &= \sum_i 2(ax_i + b - y) \cdot x_i = 2\left(a \cdot \sum_i x_i{}^2 + b \cdot \sum_i x_i - \sum_i x_i y_i\right) = 0 \\ \frac{\partial f}{\partial b}(a,b) &= 2\sum_i (ax_i + b - y) = 2\left(a \cdot \sum_i x_i + n \cdot b - \sum_i y_i\right) = 0\end{aligned}$$

wobei sich alle Summationen von $i = 1$ bis n erstrecken. Dieses besitzt die Lösung

$$a = \frac{n \sum_i x_i \cdot y_i - \left(\sum_i x_i\right) \cdot \left(\sum_i y_i\right)}{n \cdot \sum_i x_i{}^2 - (\sum_i x_i)^2}, \quad b = \frac{\left(\sum_i x_i^2\right) \cdot \left(\sum_i y_i\right) - \left(\sum_i x_i\right) \cdot \left(\sum_i x_1 y_i\right)}{n \cdot \sum_i x_i{}^2 - (\sum_i x_i)^2}$$

Dass es sich um ein Minimum handeln muss, kann man sich aus dem Kontext klarmachen, denn es gibt mit Sicherheit Werte, für die $f(a, b)$ sehr groß wird.

3. Für die Funktion $f : \mathbb{R}^2 \to \mathbb{R}$ mit $f(x, y) = x^4 - x^2y^3 - y^2$ ist

$$\frac{\partial f}{\partial x}(x,y) = 4x^3 - 2xy^3 = x(4x^2 - 2y^3) \quad \text{und} \quad \frac{\partial f}{\partial y}(x,y) = -3x^2y^2 - 2y = -y(3x^2y + 2).$$

Es stellt sich heraus, dass der Punkt $(0, 0)$ der einzige kritische Punkt ist, denn $\frac{\partial f}{\partial x}(x, y) = 0$ ist einerseits erfüllt, wenn $x = 0$ ist und die Gleichung $\frac{\partial f}{\partial y}(x, y) = 0$ sich zu $-2y = 0$ vereinfacht.

Sie ist auch erfüllt, wenn $x^2 = \frac{1}{2}y^3$ ist, aber in diesem Fall ergibt sich als zweite Gleichung $-y(\frac{3}{2}y^4 + 2) = 0$ und auch dies führt nur auf die schon bekannte Lösung $x = y = 0$.

Die Hessematrix in $(0, 0)$ lautet

$$H_f(0,0) = \begin{pmatrix} 0 & 0 \\ 0 & -2 \end{pmatrix}$$

und ist daher indefinit, so dass allein mit ihrer Hilfe keine Aussage möglich ist. Betrachtet man jedoch die Funktion f nur entlang der beiden Koordinatenachsen, dann ist $f(x,0) = x^4$ und $f(0,y) = -y^2$, d.h. auf der y-Achse nimmt f beliebig große und auf der x-Achse beliebig negative Werte an. Damit ist klar, dass der kritische Punkt weder ein globales Maximum noch ein globales Minimum sein kann. Mit einer ähnlichen Argumentation sieht man, dass *alle* Funktionswerte auf der x-Achse kleiner als $f(0,0)$ und *alle* Funktionswerte auf der y-Achse größer als $f(0,0)$ sind. Es handelt sich also nicht einmal um ein lokales Extremum, sondern um einen Sattelpunkt.

20.3 Extrema unter Nebenbedingungen

Im vorigen Abschnitt haben wir Techniken kennengelernt, mit denen man lokale Extrema einer differenzierbaren Funktion im Inneren einer offenen Menge M finden kann. Es kann aber durchaus passieren, dass man Maxima und Minima bei Funktionen auf einer Menge M sucht, die nicht offen ist. Dabei kann es vorkommen, dass

- eine Funktion ihre größten oder kleinsten Werte auf dem Rand der Menge M annimmt oder
- die Menge M gar keine inneren Punkte besitzt, zum Beispiel, wenn M die Oberfläche einer Kugel im $\mathbb{R}^3$ ist.

Um zu sehen, was man in solchen Situationen tun kann, suchen wir die Extrema der Funktion $f(x,y) = y - x^2$ auf der abgeschlossenen Kreisscheibe $D := \{(x,y) \in \mathbb{R}^2;\ x^2 + y^2 \leq 1\}$. Abgeschlossen bedeutet dabei, dass der Rand der Kreisscheibe zu D dazugehört. Kandidaten für Extrema im Innern von D findet man, indem man die Gleichung $\operatorname{grad} f(x,y) = \vec{0}$ löst. Da der Gradient

$$\operatorname{grad} f = \begin{pmatrix} -2x \\ 1 \end{pmatrix}$$

nirgends verschwindet, besitzt f keine Extrema im Inneren der Kreisscheibe.
Das abstrakte Argument aus Satz 19.3 zeigt, dass die Funktion f ihr Minimum und ihr Maximum irgendwo auf der kompakten Menge D annehmen *muss*, denn D ist abgeschlossen und beschränkt, und damit kompakt, f ist offenbar differenzierbar und damit auch stetig.
Da im Innern keine Extrema liegen, müssen diese sich zwangsläufig auf dem Rand von D befinden. Um diese Extremstellen auf dem Rand von D zu finden, sucht man Extrema von

$$f(x,y) = y - x^2$$

unter der *Nebenbedingung* $x^2 + y^2 = 1$. Man kann dabei auf verschiedene Arten vorgehen.

1.Möglichkeit: Nebenbedingung auflösen
Indem man die Nebenbedingung nach einer der Variablen auflöst, kann man das Problem übersetzen in ein Extremwertproblem mit weniger Variablen. Dabei kann es vom Rechenaufwand her einen deutlichen Unterschied machen, welche der Variablen man ersetzt. In unserem Problem könnte man entweder y durch $\pm\sqrt{1-x^2}$ oder x^2 durch $1 - y^2$ ersetzen.

Es ist relativ klar, dass man zunächst die zweite Variante versuchen wird, die sowohl die Fallunterscheidung mit $\pm$ als auch die Wurzel vermeidet.
Sie führt auf die neue Funktion

$$\tilde{f}(y) = y - (1 - y^2) = y^2 + y - 1,$$

mit $-1 \le y \le 1$, deren Extrema am Rand des Definitionsbereichs oder an Stellen mit $\tilde{f}'(y) = 0$ liegen, d.h. wenn $2y + 1 = 0$ ist. Diese Bedingung entspricht $y = -\frac{1}{2}$ und die zugehörigen x-Werte sind wegen der Nebenbedingung $x = \pm\sqrt{1 - y^2} = \pm\frac{\sqrt{3}}{2}$. Die Randwerte $y = +1$ und $y = -1$ haben wegen der Nebenbedingung beide den zugehörigen Wert $x = 0$. Nun vergleicht man die Funktionswerte dieser möglichen lokalen Extrema. Da $f(\frac{\sqrt{3}}{2}, -\frac{1}{2}) = f(-\frac{\sqrt{3}}{2}, -\frac{1}{2}) = -\frac{5}{4}$, $f(0, -1) = -1$ und $f(0, 1) = 1$ ist, besitzt f auf dem Rand von D ein globales Maximum in $(x_0, y_0) = (0, 1)$ und zwei globale Minima bei $(x_1, y_1) = (\frac{\sqrt{3}}{2}, -\frac{1}{2})$ und $(x_2, y_2) = (-\frac{\sqrt{3}}{2}, -\frac{1}{2})$. Über den Punkt $(x_3, y_3) = (0, -1)$ kann man mit dieser Überlegung nichts aussagen, da nicht klar ist, wie sich die Funktionswerte verhalten, die im Innern der Kreissscheibe in der Nähe dieses Punktes liegen.

2.Möglichkeit: Rand parametrisieren
Der Rand der Kreisscheibe ist die Kreislinie, die sich mittels der Funktion $\vec{c}\colon [0, 2\pi] \to \mathbb{R}^2$ mit

$$t \mapsto \vec{c}(t) = \begin{pmatrix} \cos(t) \\ \sin(t) \end{pmatrix}$$

darstellen lässt.
Die neue Funktion $p : [0, 2\pi] \to \mathbb{R}$ mit $p(t) = f(\vec{c}(t)) = \sin(t) - \cos^2(t)$ ist differenzierbar mit Ableitung $p'(t) = \cos(t) + 2\cos(t)\sin(t) = \cos(t)(1 + 2\sin(t))$. Die Nullstellen der Ableitung liegen also bei $t_1 = \frac{\pi}{2}$ und $t_2 = \frac{3\pi}{2}$ sowie bei $t_3 = \frac{7\pi}{6}$ und $t_4 = \frac{11\pi}{6}$. Mit Hilfe der zweiten Ableitung $p''(t) = -\sin(t) + 2\cos(2t)$ findet man $p''(t_1) < 0$, $p''(t_2) < 0$, $p''(t_3) > 0$ und $p''(t_4) > 0$. Daher liegen bei $\vec{c}(t_1) = (0, 1)^T$ und $\vec{c}(t_2) = (0, -1)^T$ Kandidaten für Maxima und bei $\vec{c}(t_3) = (-\frac{\sqrt{3}}{2}, -\frac{1}{2})^T$ und $\vec{c}(t_4) = (\frac{\sqrt{3}}{2}, -\frac{1}{2})^T$ Kandidaten für Minima. Wie oben kann man durch Berechnen der Funktionswerte dann feststellen, wo f wirklich seinen größten und seinen kleinsten Wert annimmt.

3.Möglichkeit: Lagrange-Multiplikatoren
Hierfür schreibt man die Nebenbedingung um in die Form $g(x, y) = 0$, also

$$g(x, y) = x^2 + y^2 - 1.$$

Nun betrachtet man die Niveaulinien von f, d.h. die Mengen, auf denen f einen bestimmten Wert $C \in \mathbb{R}$ annimmt. Wegen

$$f(x, y) = C \Leftrightarrow y - x^2 = C \Leftrightarrow y = x^2 + C$$

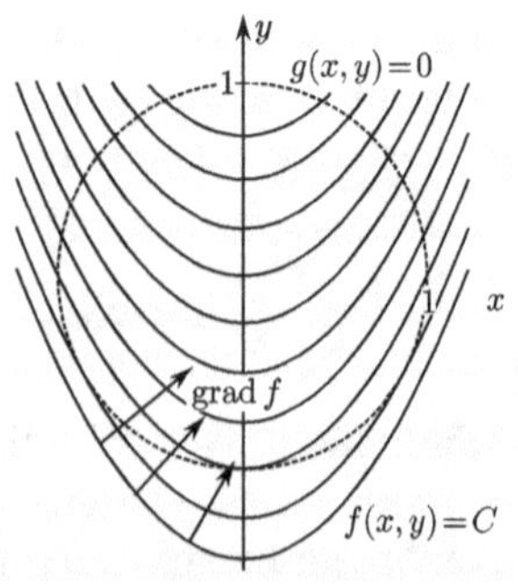

handelt es sich dabei jeweils um Parabeln. An dieser Stelle ist es wichtig, sich daran zu erinnern, das der Gradient einer Funktion immer orthogonal auf den Niveaulinien steht. Insbesondere steht der Gradient von g immer senkrecht zu der Kreislinie, die durch $g(x, y) = 0$ beschrieben wird. Die potenziellen Extremstellen von f sind dort, wo die Niveaulinien von f und von $g = 0$ tangential zueinander verlaufen, denn sonst könnte man zu größeren bzw. kleineren Werten von f gelangen, indem man sich ein Stück auf der Niveaumenge von g bewegt.

Aus diesem Grund müssen an potentiellen Extremstellen $\vec{x}_0$ von f auf dem Rand ∂D die Vektoren $\vec{\nabla} f(\vec{x}_0)$ und $\vec{\nabla} g(\vec{x}_0)$ in die gleiche Richtung zeigen, möglicherweise mit unterschiedlicher Orientierung.
Etwas mathematischer ausgedrückt müssen also die Vektoren $\vec{\nabla} f(\vec{x}_0)$ und $\vec{\nabla} g(\vec{x}_0)$ linear abhängig sein. Das bedeutet bei zwei Vektoren aber, dass es eine Zahl $\lambda \in \mathbb{R}$ gibt mit

$$\vec{\nabla} f(\vec{x}_0) + \lambda \vec{\nabla} g(\vec{x}_0) = 0$$

Wir erhalten also das im allgemeinen nichtlineare und entsprechend schwierig zu lösende Gleichungssystem:

$$\begin{aligned} \vec{\nabla} f(\vec{x}) + \lambda \vec{\nabla} g(\vec{x}) &= 0 \\ g(\vec{x}) &= 0 \end{aligned}$$

Konkret lautet dieses Gleichungssystem hier

$$\begin{aligned} -2x + \lambda \cdot 2x &= 0 \\ 1 + \lambda \cdot 2y &= 0 \\ x^2 + y^2 - 1 &= 0 \end{aligned}$$

Die erste Gleichung lässt sich faktorisieren als $2x(-1+\lambda) = 0$ und ist erfüllt, wenn $x = 0$ oder $\lambda = 1$ ist.

Wir unterscheiden daher zwei Fälle:
1. Fall: $x = 0$
Die dritte Gleichung vereinfacht sich zu $y^2 = 1$ mit den beiden Lösungen $y_1 = 1$ und $y_2 = -1$, λ ergibt sich dann jeweils aus der zweiten Gleichung, ist aber für das weitere Vorgehen unwichtig.
2. Fall: $\lambda = 1$
In diesem Fall vereinfacht sich die zweite Gleichung zu $1 + 2y = 0$ mit der Lösung $y = -\frac{1}{2}$. Setzt man diese wiederum in die dritte Gleichung ein, so erhält man

$$x^2 = 1 - \frac{1}{4} \Rightarrow x = \pm\frac{\sqrt{3}}{2}$$

Insgesamt hat man auf dem Rand von D also vier Kandidaten für Extrema $(0, \pm 1)$, $\left(\pm\frac{1}{2}\sqrt{3}, -\frac{1}{2}\right)$ gefunden. Mit den Funktionswerten an diesen Punkten findet man wie oben schon beschrieben ein globales Maximum an der Stelle $(0,1)$ und zwei globale Minima an den Stellen $\left(\pm\frac{\sqrt{3}}{2}, -\frac{1}{2}\right)$.

Den dritten Lösungsweg beschreiben wir nun noch etwas abstrakter, da er von den drei angegebenen Varianten der universellste ist.

Definition (Lagrange-Multiplikator):

Gesucht sind die Extrema der Funktion $f : D \mapsto \mathbb{R}$ unter der Nebenbedingung $g(\vec{x}) = 0$. Dann heißt die Funktion $L(\vec{x}, \lambda) = f(\vec{x}) + \lambda g(\vec{x})$ **Lagrange-Funktion** und der Vorfaktor $\lambda \in \mathbb{R}$ heißt **Lagrange-Multiplikator**.

Satz 20.7 (Methode der Lagrange-Multiplikatoren):

Sei $D \subset \mathbb{R}^n$, $f : D \mapsto \mathbb{R}$ differenzierbar und die Nebenbedingung $g(\vec{x}) = 0$ durch eine differenzierbare Funktion $g : D \mapsto \mathbb{R}$ beschrieben. Wenn $\vec{x}_0$ ein lokales Extremum von f auf der Menge

$$K = \{\vec{x} \in \mathbb{R}^n;\ g(\vec{x}) = 0\} \subset D$$

ist und $\operatorname{grad} g(\vec{x}_0) \neq 0$ ist, dann gibt es ein $\lambda_0 \in \mathbb{R}$ so dass $\operatorname{grad} L(\vec{x}_0, \lambda_0) = 0$ ist. Diese Gleichung ergibt ausgeschrieben das nichtlineare Gleichungssystem

$$\begin{aligned}
\frac{\partial f}{\partial x_1}(\vec{x}) + \lambda \frac{\partial g}{\partial x_1}(\vec{x}) &= 0 \\
\frac{\partial f}{\partial x_2}(\vec{x}) + \lambda \frac{\partial g}{\partial x_2}(\vec{x}) &= 0 \\
\vdots \quad &\quad \vdots \\
\frac{\partial f}{\partial x_n}(\vec{x}) + \lambda \frac{\partial g}{\partial x_n}(\vec{x}) &= 0 \\
g(\vec{x}) &= 0
\end{aligned}$$

Der Punkt $(\vec{x}_0, \lambda_0)$ ist also ein kritischer Punkt der Lagrange-Funktion.

Bemerkungen:

1. Statt der lokalen Extrema der ursprünglichen Funktion f sucht man also kritische Punkte der Lagrange-Funktion L. Diese kritischen Punkte sind allerdings nur *Kandidaten* für lokale Extrema unter der Nebenbedingung $g(x) = 0$. Anders als im vorigen Abschnitt kann man auch *nicht* mit Hilfe der Hesse-Matrix von L auf ein Maximum oder Minimum schließen.

2. In Büchern findet man auch die Definition „$L(x) = f(x) - \lambda g(x)$" statt „$L(x) = f(x) + \lambda g(x)$". Außer dass die Lagrange-Multiplikatoren das Vorzeichen wechseln, ändert sich dadurch nichts. Insbesondere erhält man dieselben kritischen Punkte und damit dieselben Kandidaten für lokale Extrema.

3. In vielen Fällen ist die Nebenbedingung geometrischer Art. Beispielsweise sollen nur Punkte betrachtet werden, die auf einer Kugeloberfläche oder im Innern eines Kreises liegen. In diesem Fall gibt es mehrere verschiedene Möglichkeiten, diese Bedingung durch eine Gleichung $g(x) = 0$ zu beschreiben. Man sollte hierbei darauf achten, dass g möglichst einfach gewählt wird und dass $\operatorname{grad} g(x) \neq 0$ auf dem Rand der Menge gilt. Ansonsten muss man diese *entarteten Punkte* gesondert untersuchen.

4. Ist K eine kompakte Menge (das heißt, eine beschränkte, abgeschlossene Teilmenge von $\mathbb{R}^n$), dann nimmt die stetige Funktion f auf K nach Satz 19.3 sowohl ihr Maximum als auch ihr Minimum an. Unter den Kandidaten für lokale Extrema muss derjenige Punkt mit dem kleinsten Funktionswert ein Minimum und der Punkt mit dem größten Funktionswert ein Maximum sein.

Das praktische Vorgehen zur Bestimmung von globalen Minima und Maxima von f auf einer Menge D mit inneren Punkten und Randpunkten ist folgendermaßen:
Man sucht zunächst alle kritischen Punkte im Inneren von D mittels $\operatorname{grad} f(\vec{x}) = \vec{0}$.
Dann bestimmt man alle kritischen Punkte der Lagrange-Funktion auf dem Rand von D, indem man den Rand durch eine Gleichung $g(\vec{x}) = 0$ beschreibt, damit die Lagrangefunktion aufstellt und die Gleichung $\operatorname{grad} L(\vec{x}, \lambda) = \vec{0}$ löst.

Dies führt in der Regel auf ein nichtlineares Gleichungssystem. Zur Lösung eines solchen Gleichungssystems gibt es kein standardisiertes Vorgehen. Die Erfahrung zeigt jedoch, dass Fallunterscheidungen oft eine Rolle spielen, dass man darauf achten sollte, ob sich Variablen ausklammern lassen und dass man mit etwas Glück eine oder mehrere der Variablen durch Einsetzen eliminieren kann. Ein Vorgehen wie beim Gaußschen Eliminationsverfahren ist hier nicht zielführend. Gelingt es, durch Lösen des Gleichungssystems alle möglichen kritischen Punkte zu bestimmen, dann liefern diejenigen kritischen Stellen mit dem größten bzw. kleinsten Funktionswert die globalen Maxima und Minima der Funktion.

Beispiel (Lagerhaltung):

Eine Firma benötigt zur Produktion jährlich die Menge M eines Rohstoffs. Der Produktionsleiter muss entscheiden, wie oft eine Nachlieferung bestellt werden soll. Dabei muss er die folgenden Kosten berücksichtigen:

- neben den reinen Materialkosten fallen pro Lieferung die Bestell- und Transportkosten K_B an
- die Kosten für die Lagerhaltung sind proportional dazu, wie lange der Rohstoff gelagert werden muss. Pro Jahr sind dabei Kosten von $K_L \cdot M$ für die Menge M zu veranschlagen.

Wird n-mal pro Jahr die Menge m nachgeliefert, d.h. $n \cdot m = M$, dann fallen dabei die Gesamtkosten

$$K(n,m) = n \cdot K_B + \frac{m}{2n} K_L$$

an, wobei der Faktor $\frac{m}{2n}$ sich aus der Betrachtung ergibt, dass jeder Teil einer Lieferung im Durchschnitt für $\frac{1}{2n}$ eines Jahres im Lager liegt. Diese Gesamtkosten sollen natürlich so gering wie möglich ausfallen. Zur mathematischen Behandlung betrachten wir n vorübergehend nicht als eine Anzahl, sondern als eine kontinuierliche Variable und die Bedingung $M - n \cdot m = 0$ als Nebenbedingung. Damit erhalten wir als Lagrangefunktion

$$L(n,m,\lambda) = n \cdot K_B + \frac{m}{2n} K_L + \lambda(M - n \cdot m).$$

Kandidaten für Extrema erhält man als Lösungen des Gleichungssystems

$$\begin{aligned}
\frac{\partial L}{\partial n} &= K_B - \frac{m}{2n^2} K_L - \lambda \cdot m = 0 \\
\frac{\partial L}{\partial m} &= \frac{1}{2n} K_L - \lambda \cdot n = 0 \\
\frac{\partial L}{\partial \lambda} &= M - n \cdot m = 0
\end{aligned}$$

Aus der mittleren Gleichung erhält man $\lambda = \dfrac{1}{2n^2} K_L$ und dies eingesetzt in die erste Gleichung ergibt $K_B - \frac{m}{n^2} K_L = 0$. Ersetzt man mit Hilfe der dritten Gleichung $m = \frac{M}{n}$, dann ist

$$K_B = \frac{M}{n^3} K_L \quad \Rightarrow n = \sqrt[3]{\frac{K_L \cdot M}{K_B}}.$$

Dieses Ergebnis hätte man durch Einsetzen von $m = \frac{M}{n}$ auch direkter herleiten können, aber sobald die Kostenfunktionen etwas komplizierter werden und mehrere Rohstoffe ins Spiel kommen, zeigt sich der Vorteil der Lagrange-Methode.

20.4 Stabilität

In diesem Abschnitt machen wir einen kleinen Ausflug zu den nichtlinearen Differentialgleichungen. Wir betrachten also Differentialgleichungssysteme

$$\vec{x}\,'(t) = \vec{f}(\vec{x}(t))$$

die sich *nicht* in der Form $\vec{x}\,'(t) = A\vec{x}(t)$ mit einer $n \times n-$Matrix A schreiben lassen. Ein Beispiel ist die gedämpfte Pendelgleichung $x''(t) + \gamma x'(t) + \sin(x(t)) = 0$, die sich als System wie folgt schreiben lässt:

$$\begin{aligned} x_1' &= x_2 \\ x_2' &= -\sin(x_1) - \gamma x_2. \end{aligned}$$

Definition (Ruhelage):

Ein Punkt $\vec{x}_0$ heißt **Ruhelage** oder **Gleichgewicht** des Differentialgleichungssystems

$$\vec{x}\,'(t) = \vec{f}(\vec{x}(t))$$

falls $\vec{f}(\vec{x}_0) = \vec{0}$ ist.

In diesem Fall ist die konstante Funktion $\vec{x}(t) \equiv \vec{x}_0$ für alle Zeiten t eine Lösung der Differentialgleichung. Eine wichtige Frage für Ruhelagen von Differentialgleichungen ist immer die Frage nach der Stabilität. Damit ist gemeint, wie sich Lösungen mit einem Anfangswert nahe der Ruhelage verhalten. Man unterscheidet zwei typische Verhaltenweisen:

- Lösungen mit einem Anfangswert nahe $\vec{x}_0$ entfernen sich immer weiter von $\vec{x}_0$. In diesem Fall nennt man die Ruhelage **instabil**. Auch minimale Abweichungen von der Ruhelage führen dazu, dass der Abstand der Lösung von der Ruhelage anwächst.
- Lösungen mit einem Anfangswert nahe $\vec{x}_0$ bleiben auch für positive Zeiten in der Nähe von $\vec{x}_0$. In diesem Fall nennt man die Ruhelage **stabil**. Man nennt die Ruhelage **asymptotisch stabil**, wenn alle Lösungen mit Anfangwerten nahe $\vec{x}_0$ für $t \to \infty$ gegen die Ruhelage $\vec{x}_0$ konvergieren. Kleine Abweichungen von der Ruhelage werden also vom System „ausgeglichen“, es kehrt von selbst in die Ruhelage zurück.

Bildlich kann man sich die verschiedenen Fälle so vorstellen:
Eine instabile Ruhelage entspricht einer ruhenden Kugel auf einem Hügel. Sie ist zwar im Gleichgewicht, aber wenn man sie auch nur minimal verschiebt, beginnt sie nach unten zu rollen und entfernt sich immer weiter vom Gleichgewicht.
Eine stabile Ruhelage entspricht einer ruhenden Kugel in einer Mulde. Sie ist im Gleichgewicht und wenn man sie ein wenig auslenkt, dann bewegt sie sich auch nur in der Nähe des Gleichgewichts hin und her. Falls man die Reibung vernachlässigt, dann bleibt die Kugel bis in alle Ewigkeit in Bewegung, mit Berücksichtigung der Reibung nähert sie sich für $t \to \infty$ immer mehr dem Gleichgewicht.

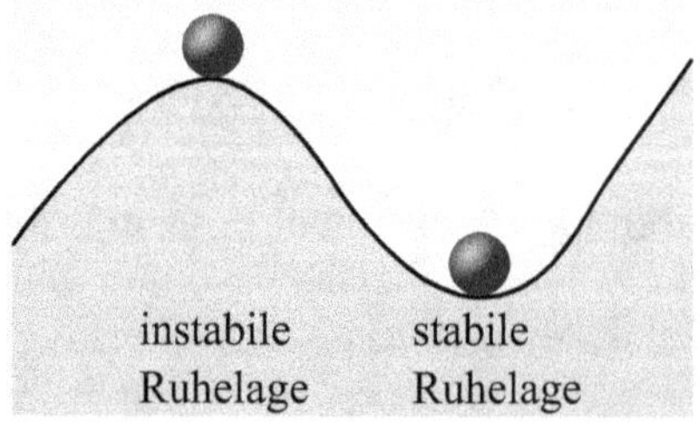

Für homogene lineare Differentialgleichungen

$$\vec{x}\,'(t) = A\vec{x}(t)$$

ist $\vec{x} = \vec{0}$ immer eine Ruhelage, d.h. man findet immer die konstante Lösung $\vec{x}(t) \equiv \vec{0}$. Die asymptotische Stabilität lässt sich hier mit Hilfe der Eigenwerte von A charakterisieren.

Satz 20.8 (Asymptotische Stabilität, linear):

Falls die Eigenwerte der $n \times n-$Matrix A alle negativen Realteil haben, dann konvergieren alle Lösungen der Differentialgleichung

$$\vec{x}\,'(t) = A\vec{x}(t)$$

für $t \to \infty$ gegen die Ruhelage $\vec{x} = \vec{0}$, d.h. für jeden Anfangswert $\vec{x}_0 \in \mathbb{R}^n$ ist

$$\lim_{t\to\infty} \vec{x}(t) = \vec{0}.$$

Bemerkung :

Man kann auch die folgende stärkere Aussage zeigen: Wenn der Realteil aller Eigenwerte von A kleiner ist als $-\kappa$ mit $\kappa > 0$, dann konvergieren die Lösungen mindestens so schnell gegen 0 wie die Funktion $e^{-\kappa t}$. Etwas formaler ausgedrückt: Zu jedem Anfangswert gibt es eine Konstante $C > 0$, so dass die Lösung $\vec{x}(t)$ zum Anfangswert $\vec{x}(0) = \vec{x}_0$ die Abschätzung

$$|\vec{x}(t)| \le Ce^{-\kappa t}$$

erfüllt

Begründung: Seien $\lambda_1, \ldots, \lambda_k$ die reellen Eigenwerte von A und $\alpha_1 \pm i\omega_1, \ldots, \alpha_m \pm i\omega_m$ die komplexen Eigenwerte von A. Nach dem Exponentialansatz ist jede Lösung von der Form

$$\vec{x}(t) = \sum_{j=1}^{k} e^{\lambda_j t}\vec{p}_j(t) + \sum_{j=1}^{m} e^{\alpha_j t}\left(\cos(\omega_j t)\vec{q}_j(t) + \sin(\omega_j t)\vec{r}_j(t)\right)$$

wobei die $\vec{p}_j$ vektorwertige Polynome[1] sind, deren Grad höchstens so groß ist wie die algebraische Vielfachheit des Eigenwerts λ_j. Analog sind auch $\vec{q}_j$ und $\vec{r}_j$ vektorwertige Polynome, deren Grad höchstens der algebraischen Vielfachheit des Eigenwerts $\alpha_j + i\omega_j$ entspricht. In jedem Fall wird das Verhalten der Lösung für $t \to \infty$ allein durch die exponentiell abfallenden Terme $e^{\lambda_j t}$ und $e^{\alpha_j t}$ bestimmt. Sie sorgen dafür, dass die Lösung gegen $\vec{0}$ konvergiert. □

Satz 20.9 (Instabilität, linear):

Falls die $n\times n-$Matrix A einen Eigenwert mit positivem Realteil besitzt, dann ist die Ruhelage $\vec{x} = \vec{0}$ der Differentialgleichung

$$\vec{x}\,'(t) = A\vec{x}(t)$$

instabil.

[1] damit sind Vektoren gemeint, deren Komponenten jeweils Polynome sind

Begründung: Das Argument ist ganz ähnlich wie im Beweis des vorigen Satzes. Sei μ ein Eigenwert von A mit positivem Realteil. Wir nehmen zunächst an, dass $\mu > 0$ reell ist und $\vec{w}$ der zugehörige Eigenvektor ist. Dann ist für jedes noch so kleine $\delta > 0$ die Funktion

$$\vec{x}(t) = \delta\vec{w}e^{\mu t}$$

die Lösung der Differentialgleichung zur Anfangsbedingung $\vec{x}(0) = \delta\vec{w}$. Für kleines δ liegt die Anfangsbedingung beliebig nahe bei $\vec{0}$, denn

$$|\vec{x}(0)| = \delta|\vec{w}|$$

Andererseits gilt für $t \to \infty$:

$$|\vec{x}(t)| = \underbrace{\delta|\vec{w}|}_{\text{konstant}} \quad \underbrace{e^{\mu t}}_{\text{wächst exponentiell}} \quad \to \infty.$$

Den Fall, dass A zwei komplexe Eigenwerte μ und $\bar{\mu}$ mit positivem Realteil und zugehörigen Eigenvektoren $\vec{w}$ sowie $\bar{\vec{v}}$ hat, kann man auf ähnliche Weise behandeln. □

Das wichtigste Resultat dieses Abschnitts, das auch sehr viel Anwendung in der Technischen Mechanik findet, ist der folgende Satz, der es erlaubt, über die Stabilität einer Gleichgewichtslage zu entscheiden, ohne dass man sich um die exakten Lösungen der zugrundeliegenden Differentialgleichung Gedanken machen muss.

Satz 20.10 (Linearisierte Stabilität):

Sei $\vec{x}_0$ eine Ruhelage der gewöhnlichen Differentialgleichung

$$\vec{x}\,'(t) = \vec{f}(\vec{x})$$

d.h. $\vec{f}(\vec{x}_0) = \vec{0}$. Diese Ruhelage ist asymptotisch stabil, falls alle Eigenwerte der Jacobi-Matrix $D\vec{f}(\vec{x}_0)$ negativen Realteil haben. Insbesondere gibt es eine Zahl $\varepsilon > 0$, so dass alle Lösungen der Differentialgleichung zu Anfangsbedingungen $\vec{x}(0) = \vec{w}$ mit $|\vec{x}_0 - \vec{w}| < \varepsilon$ für $t \to \infty$ gegen die Ruhelage $\vec{x}_0$ konvergieren.

Beweisidee: Indem man für jede Komponente von $\vec{f}$ das Taylorpolynom zum Entwicklungspunkt $\vec{x}_0$ bestimmt, kann man zeigen, dass

$$\vec{f}(\vec{x}) = \underbrace{\vec{f}(\vec{x}_0)}_{=0} + D\vec{f}(\vec{x}_0)(\vec{x} - \vec{x}_0) + \ldots$$

Solange $|\vec{x} - \vec{x}_0|$ klein ist, macht man keinen großen Fehler, indem man die Terme höherer Ordnung vernachlässigt. Solange man also einen Anfangswert wählt, für den $|\vec{x}(0) - \vec{x}_0|$ nicht zu groß ist, verhalten sich die Lösungen der nichtlinearen Differentialgleichung

$$\vec{v}\,'(t) = \vec{x}\,'(t) = \vec{f}(\vec{x}) = D\vec{f}(\vec{x}_0)\vec{v} + \ldots$$

für $\vec{v}(t) = \vec{x}(t) - \vec{x}_0$ ganz ähnlich wie die Lösungen der *linearisierten* Differentialgleichung

$$\vec{v}\,'(t) = D\vec{f}(\vec{x}_0)\vec{v}$$

und konvergieren gegen Null, wenn alle Eigenwerte von $D\vec{f}(\vec{x}_0)$ negativen Realteil haben. Die Lösungen der ursprünglichen Differentialgleichung sind $\vec{x}(t) = \vec{v}(t) + \vec{x}_0$ und konvergieren daher gegen die Ruhelage $\vec{x}_0$.

□

20.5 Das mehrdimensionale Newton-Verfahren

Um Gleichungen der Form $F(x) = 0$ mit einer differenzierbaren Funktion $F : \mathbb{R} \to \mathbb{R}$ näherungsweise zu lösen, ist oft das Newton-Verfahren sehr gut geeignet. Es basiert darauf, dass man die „komplizierte" Funktion F durch eine lineare Näherung $F(x_0) + (x - x_0)F'(x_0)$ ersetzt und statt $F(x) = 0$ die Gleichung

$$F(x_0) + F'(x_0) \cdot (x - x_0) = 0$$

löst. Etwas genauer formuliert: Man konstruiert sich eine Folge von Punkten $x_0, x_1, x_2, \ldots$, so dass x_{n+1} für jede Zahl $n \in \mathbb{N}$ gerade die Lösung von

$$F(x_n) + F'(x_n) \cdot (x - x_n) = 0$$

ist. Auf diese Weise kann man sich ausgehend von einer ersten Näherung x_0 immer weitere Näherungswerte verschaffen, so lange, bis man meint, nahe genug an der exakten Lösung zu sein. Die Iterationsvorschrift des eindimensionalen Newton-Verfahrens lautet daher

$$x_{n+1} = x_n - \frac{F(x_n)}{F'(x_n)}$$

Im Mehrdimensionalen geht man jetzt so analog wie möglich vor. Man betrachtet die vektorwertige differenzierbare Funktion $\vec{F} : \mathbb{R}^n \to \mathbb{R}^n$, also „$n$ Gleichungen in n Variablen". Unsere Erfahrung mit n linearen Gleichungen für n Variablen sagt uns, dass wir eine eindeutige Lösung erwarten können, wenn die Koeffizientenmatrix invertierbar ist. Diese Aussage ist zwar für nichtlineare Funktionen so nicht richtig, man kann aber erwarten, dass die Lösungen des nichtlinearen Gleichungssystems $\vec{F}(\vec{x}) = \vec{0}$ nur aus einzelnen Punkten besteht, wenn die Jacobi-Matrix von $\vec{F}$, die im nichtlinearen Fall die Rolle der Koeffizientenmatrix des linearen Gleichungssystems übernimmt, invertierbar ist.

Wenn wir $\vec{F}(\vec{x})$ durch die lineare Funktion $\vec{F}(\vec{x}_0) + D\vec{F}(\vec{x}_0)(\vec{x} - \vec{x}_0)$ ersetzen, müssen wir statt $\vec{F}(\vec{x}) = \vec{0}$ die Gleichung

$$\vec{F}(\vec{x}_0) + D\vec{F}(\vec{x}_0)(\vec{x} - \vec{x}_0) = \vec{0}$$

lösen. Diese (lineare!) Gleichung lässt sich nach $\vec{x}$ auflösen, wenn die Jacobi-Matrix $D\vec{F}(\vec{x}_0)$ invertierbar ist. Das führt zu folgendem Verfahren:

Definition (Mehrdimensionales Newton-Verfahren):

Sei $\vec{F} : \mathbb{R}^n \to \mathbb{R}^n$ eine differenzierbare Funktion und $\vec{x}_0$ ein beliebiger Startwert. Dann nennt man die Iterationsvorschrift

$$\vec{x}_{n+1} = \vec{x}_n - (D\vec{F}(\vec{x}_n))^{-1}\vec{F}(\vec{x}_n),$$

mit der eine Folge $\vec{x}_1, \vec{x}_2, \ldots$ von Punkten im $\mathbb{R}^n$ erzeugt wird, das **mehrdimensionale Newtonverfahren**.

Beispiel: Um eine Lösung des Gleichungsystems

$$x + y = 2 \text{ und } x^2 + y^3 = 5$$

zu finden, kann man äquivalent auch nach Nullstellen der Funktion

$$\vec{F}(x, y) = \begin{pmatrix} x + y - 2 \\ x^2 + y^3 - 5 \end{pmatrix}$$

suchen. Die Ableitung

$$D\vec{F}(x,y) = \begin{pmatrix} 1 & 1 \\ 2x & 3y^2 \end{pmatrix}$$

dieser Funktion ist zwar nicht überall invertierbar, aber solange wir nicht unglücklicherweise mit den Iterierten des Newton-Verfahrens auf die Parabel $2x = 3y^2$ geraten, wo die Jacobi-Matrix DF singulär ist, muss uns das nicht stören. Das Newton-Verfahren lautet dann

$$\begin{aligned}\begin{pmatrix} x_{n+1} \\ y_{n+1} \end{pmatrix} &= \begin{pmatrix} x_n \\ y_n \end{pmatrix} - \begin{pmatrix} 1 & 1 \\ 2x_n & 3y_n \end{pmatrix}^{-1} \begin{pmatrix} x_n + y_n - 2 \\ x_n^2 + y_n^3 - 5 \end{pmatrix} \\ &= \begin{pmatrix} x_n \\ y_n \end{pmatrix} - \begin{pmatrix} \frac{3y_n^2}{3y_n^2 - 2x_n} & -\frac{1}{3y_n^2 - 2x_n} \\ -\frac{2x_n}{3y_n^2 - 2x_n} & \frac{1}{3y_n^2 - 2x_n} \end{pmatrix} \begin{pmatrix} x_n + y_n - 2 \\ x_n^2 + y_n^3 - 5 \end{pmatrix}\end{aligned}$$

Wählt man als Startwert $(x_0, y_0) = (1, 2)$, erhält man beispielsweise

$$\begin{pmatrix} x_1 \\ y_1 \end{pmatrix} = \begin{pmatrix} 1 \\ 2 \end{pmatrix} - \begin{pmatrix} 1{,}2 & -0{,}1 \\ -0{,}2 & 0{,}1 \end{pmatrix} \begin{pmatrix} 1 \\ 4 \end{pmatrix} = \begin{pmatrix} 0{,}2 \\ 1{,}8 \end{pmatrix}$$

Im nächsten Schritt erhält man $(x_2, y_2) = (0.29356223175966, 1.706437768240343)$ und im dritten Schritt $(x_3, y_3 = (0.30033706781339, 1.69966293218661)$. Dieser Wert stimmt schon auf vier Nachkommastellen mit einer der exakten Lösungen überein.
Sie können selbst versuchen, mit Hilfe des Newton-Verfahrens und eines geeigneten Startwerts noch eine weitere Lösung (x_*, y_*) mit $y_* < 0$ zu finden.

Satz 20.11 (Konvergenz des mehrdimensionalen Newton-Verfahrens):

Sei $\vec{a}$ eine Nullstelle der differenzierbaren Funktion $\vec{F} : \mathbb{R}^n \to \mathbb{R}^n$, d.h. sei $\vec{F}(\vec{a}) = \vec{0}$ und $\det D\vec{F}(\vec{a}) \neq 0$. Dann gibt es eine Zahl $\delta > 0$, so dass das mehrdimensionale Newton-Verfahren für jeden Startwert $\vec{x}_0$ mit $|\vec{x}_0 - \vec{a}| < \delta$ gegen $\vec{a}$ konvergiert.

Bemerkung: Der mühsame Teil am mehrdimensionalen Newton-Verfahren ist meist das Invertieren der Jacobi-Matrix. Damit man nicht in jedem Iterationsschritt eine Matrix invertieren muss, benutzt man auch häufig das *modifizierte Newton-Verfahren*

$$\vec{x}_{n+1} = \vec{x}_n - (D\vec{F}(\vec{x}_0))^{-1}\vec{F}(\vec{x}_n),$$

bei dem die Jacobi-Matrix des Startwerts „recycelt“ wird. Falls der Startwert nahe genug an der gesuchten Lösung liegt, dann konvergiert auch dieses Verfahren, wenn auch etwas langsamer als das echte Newton-Verfahren.

20.6 Implizites Differenzieren

Um eine Funktion $g : (a, b) \to \mathbb{R}$ mit den Methoden der Differentialrechnung zu untersuchen, verlangt man normalerweise, dass die Funktion g *explizit* in der Form $y = g(x)$ gegeben ist. Manchmal hat man allerdings nur einen *impliziten* Zusammenhang zwischen x und y gegeben, beispielsweise durch eine Gleichung $f(x, y) = 0$. Das bekannteste Beispiel dafür ist die *Kreisgleichung* $x^2 + y^2 - 1 = 0$.

Man versucht nun, diese implizite Gleichung nach y aufzulösen, d.h. man versucht eine Funktion $y = g(x)$ zu finden, so dass $f(x, g(x)) = 0$ ist. Die Funktion g wird also durch die Gleichung $f(x, y) = 0$ implizit definiert.
Die schlechte Nachricht ist, dass sich eine implizite Gleichung im allgemeinen weder nach x noch nach y auflösen lässt. Wenn man sein Ziel jedoch etwas niedriger steckt und nur *lokal*, also in der Nähe eines Punktes (x_0, y_0), für $f(x_0, y_0) = 0$ eine Auflösung nach x oder y anstrebt, dann sieht die Sache schon besser aus.

Beispiele:

1. Die Menge der Punkte $(x, y) \in \mathbb{R}^2$, die die Gleichung $f(x, y) = x^2 + y^2 - 1 = 0$ erfüllen, liegen auf dem Einheitskreis. Alle diese Punkte auf einmal kann man weder durch eine Gleichung $y = g(x)$, noch durch eine Gleichung $x = h(y)$ beschreiben. Trotzdem kann man in der Nähe eines Punktes (x_0, y_0) mit $x_0^2 + y_0^2 = 1$ und $y_0 > 0$ die Lösungsmenge durch die Funktion $g : (-1, 1) \to \mathbb{R}$ mit $g(x) = \sqrt{1 - x^2}$ beschreiben. Genauso kann man für (x_0, y_0) mit $x_0^2 + y_0^2 = 1$ und $y_0 < 0$ die Lösungsmenge durch die Funktion $g : (-1, 1) \to \mathbb{R}$ mit $g(x) = -\sqrt{1 - x^2}$ beschreiben. Nur in der Nähe der beiden Punkte $(1, 0)$ und $(-1, 0)$ gelingt eine solche Beschreibung durch eine Gleichung $y = g(x)$ nicht, weil dort zu jedem x-Wert immer zwei passende y-Werte vorhanden sind. Eine Funktion kann aber nicht beide Werte gleichzeitig annehmen.

2. Die Gleichung $x^2 - y^2 = 0$ hat als Lösungsmenge zwei Geraden, die sich im Ursprung schneiden. Auch hier kann man nicht die gesamte Lösungsmenge durch *eine* Funktion $y = g(x)$ oder $x = h(y)$ beschreiben, aber außer in der Nähe des Schnittpunkts $(0, 0)$ der beiden Geraden, kann man immer einen Teil der Lösungskurven in der Form $y = g(x)$ darstellen.

Satz 20.12 (Ableitung einer impliziten Funktion):

Sei $f\colon \mathbb{R}^2 \to \mathbb{R}$ eine differenzierbare Funktion, $(x_0, y_0) \in \mathbb{R}^2$ sei ein Punkt mit $f(x_0, y_0) = 0$ und $\frac{\partial f}{\partial y}(x_0, y_0) \neq 0$.
Dann gibt es eine kleine Zahl $\delta > 0$ und eine differenzierbare Funktion $g : (x_0 - \delta, x_0 + \delta) \to \mathbb{R}$, so dass $f(x, g(x)) = 0$ ist für alle $x \in (x_0 - \delta, x_0 + \delta)$. Die Ableitung von g in x_0 ist

$$g'(x_0) = -\frac{f_x(x_0, y_0)}{f_y(x_0, y_0)}.$$

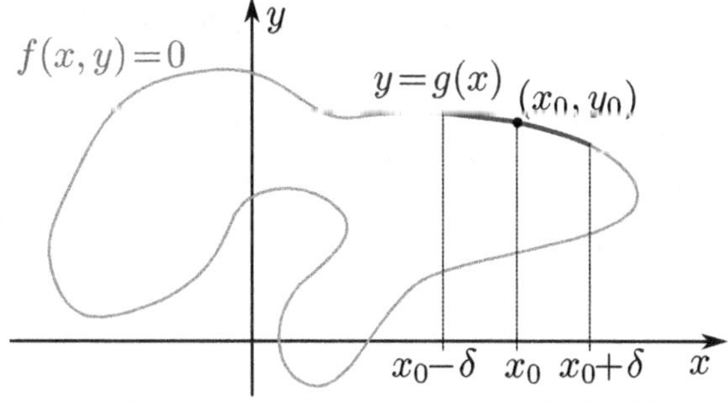

Auch wenn dieser Satz so schwierig ist, dass wir die Begründung nicht geben, kann man doch zumindest die letzte Formel herleiten. Sie ist nämlich eine Konsequenz der Kettenregel und man erhält sie, indem man die Gleichung

$$f(x, g(x)) = 0$$

zunächst mit der mehrdimensionalen Kettenregel differenziert und dann $x = x_0$ einsetzt, also

$$\frac{\partial f}{\partial x}(x, g(x)) + \frac{\partial f}{\partial y}(x, g(x))g'(x) = 0 \quad \Rightarrow \quad g'(x) \;=\; -\frac{\dfrac{\partial f}{\partial x}(x, g(x))}{\dfrac{\partial f}{\partial y}(x, g(x))}\,.$$

Da $g(x_0) = y_0$ ist, folgt daraus dann die im Satz angegebene Formel.

□

Beispiel: Die Lösungen der Gleichung $\sin(x) = y^9 + y$ sind genau die Nullstellen der Funktion $f(x, y) = \sin(x) - (y^9 + y)$. Da die Funktion $y \mapsto y^9 + y$ streng monoton wachsend ist, hat die Gleichung für jedes feste x genau eine Lösung $y_*(x)$ mit $f(x, y_*(x)) = 0$. Dennoch kann man diese Lösung nicht explizit hinschreiben, weil sich die Gleichung 9. Ordnung für y nicht auflösen lässt. Aus den Lösungen $y_*(x)$ für jeden einzelnen x-Wert kann man aber gedanklich eine Funktion zusammensetzen, die dann insgesamt die Lösungsmenge der impliziten Gleichung beschreibt und die man als eine Kurve in der x-y-Ebene skizzieren könnte, obwohl man nur wenige Punkte auf dieser Kurve genau angeben kann. Für $x = 0$ ist $y_*(0) = 0$ eine Lösung, d.h. die Ableitung von y_* in $x = 0$ ist

$$y_*'(0) = -\frac{\dfrac{\partial f}{\partial x}(0,0)}{\dfrac{\partial f}{\partial y}(0,0)} = -\frac{1}{-1} = 1.$$

Beispiel (Thermodynamik):

Die *Van-der-Waals-Gleichung* verbindet das Molvolumen V, den Druck p und die Temperatur T eines realen Gases:

$$p(V, T) = \frac{RT}{V - b} - \frac{a}{V^2}$$

Dabei ist R die Boltzmannsche Gaskonstante und $a, b > 0$ sind materialabhängige Konstanten. Für die theoretische Berechnung der Wärmekapazität eines solchen Gases benötigt man die Ableitung des Volumens V nach der Temperatur T bei konstantem Druck p_0. Da sich die Gleichung

$$p_0 = \frac{RT}{V - b} - \frac{a}{V^2}$$

nicht explizit nach V auflösen lässt, fasst man sie als implizite Gleichung für eine Funktion $V = V_*(T)$ auf. Die Ableitung in einem Punkt (V_0, T_0), der zum Druck p_0 passt, ist nach dem Satz dann in der Schreibweise der Thermodynamik

$$\left.\frac{\partial V}{\partial T}\right|_p (V_0, T_0) \;=\; -\frac{\dfrac{\partial p}{\partial T}(V_0, T_0)}{\dfrac{\partial p}{\partial V}(V_0, T_0)} \;=\; -\frac{\dfrac{R}{V - b}}{-\dfrac{RT}{(V - b)^2} + \dfrac{2a}{V^3}} \;=\; \frac{RV^3(V - b)}{2a(V - b)^2 - RTV^3}\,.$$

Nachdem Sie dieses Kapitel bearbeitet haben, sollten Sie ...

... wissen, wie man Taylor-Polynome von Funktionen mehrerer Variablen mit Hilfe von Multiindizes darstellt

... kritische Punkte und lokale Extrema von Funktionen mehrerer Variablen bestimmen können

... wissen, wie man mit Hilfe der Hesse-Matrix untersuchen kann, ob ein kritischer Punkt ein lokales Maximum, Minimum oder ein Sattelpunkt ist

... verschiedene Möglichkeiten kennen, wie man Extrema von Funktionen unter Nebenbedingungen finden kann

... insbesondere die Methode der Lagrange-Multiplikatoren anwenden können

... wissen, wie man mit Hilfe der Jacobimatrix die Stabilität einer Gleichgewichtslage einer gewöhnlichen Differentialgleichung untersuchen kann

... das mehrdimensionale Newton-Verfahren hinschreiben und in konkreten Fällen durchführen können

... die implizite Ableitung einer Funktion von zwei Variablen berechnen können

Aufgaben zu Kapitel 20

1. Bestimmen Sie den Gradienten und die Hesse Matrix der folgenden Funktionen:
   (a) $f(x,y) = x^2y^5 - x^5y^2$
   (b) $g(x,y,z) = e^{xz}\sin(y)$

2. Es sei $H(x,y,z) = e^{-x^2-y^2-z^2}$.
   (a) Bestimmen Sie den Gradienten von H.
   (b) Bestimmen Sie $\Delta H = \dfrac{\partial^2 H}{\partial x^2} + \dfrac{\partial^2 H}{\partial y^2} + \dfrac{\partial^2 H}{\partial z^2}$
   (c) Geben Sie eine geometrische Beschreibung der Punkte an, für die $\Delta H(x,y,z) = 0$ gilt.

3. Die *Airy'sche Spannungsfunktion* $U(x,y)$ wird benutzt, um die Spannungen in einer dünnen Scheibe zu beschreiben. Sie ist durch die Gleichungen

$$\sigma_x = \frac{\partial^2 U}{\partial y^2},\ \sigma_y = \frac{\partial^2 U}{\partial x^2} \text{ und } \tau_{xy} = \tau_{yx} = \frac{\partial^2 U}{\partial x \partial y}$$

mit den Normal- und Tangentialspannungen verknüpft. Für eine unter Spannung stehende quadratische Platte der Seitenlänge a sei

$$U(x,y) = \frac{p}{a^2}\left(\frac{x^2y^2}{2} - \frac{y^4}{6}\right).$$

Berechnen Sie die zugehörigen Spannungen und überprüfen Sie, ob die Gleichgewichtsbedingungen

$$\frac{\partial \sigma_x}{\partial x} + \frac{\partial \tau_{xy}}{\partial y} = 0 \text{ und } \frac{\partial \sigma_y}{\partial y} + \frac{\partial \tau_{yx}}{\partial y} = 0$$

sowie die Kompatibilitätsgleichung

$$\Delta\Delta U(x,y) = 0$$

erfüllt ist. Hierbei ist $\Delta f(x,y) = \frac{\partial^2 f}{\partial x^2} + \frac{\partial^2 f}{\partial y^2}$ der *Laplace-Operator*.

4. Die Funktion

$$u(x,y,t) = \sin x \cos y \cos(x+y)\cos(x-y)\cos \omega t$$

beschreibt für $t > 0$ die transversale Schwingung einer elastischen *Membran*, die im Quadrat $Q = \{(x,y);\ |x| + |y| \leq \frac{\pi}{2}\}$ so eingespannt ist, dass $u(x,y,t) = 0$ ist für alle $t \geq 0$ und alle Punkte (x,y) auf dem Rand von Q.
   (a) Zeigen Sie: u löst die Schwingungsgleichung

$$\frac{\partial^2 u}{\partial t^2} = c^2 \Delta u = c^2\left(\frac{\partial^2 u}{\partial x^2} + \frac{\partial^2 u}{\partial y^2}\right).$$

   Welcher Zusammenhang muss dabei zwischen c und ω bestehen?
   (b) In welchen Punkten ist zu allen Zeiten t immer $u = 0$ (diese Punkte bilden die *Knotenlinie*)?

5. Untersuchen Sie die Funktionen

$$f(x,y) = (x^2+2y^2)e^{-x^2-y^2} \text{ und } g(x,y) = 4y^3 - 6xy^2 + 3x^2y^2 - 6xy$$

auf lokale Extrema.

6. Bestimmen Sie alle kritischen Punkte der Funktion $f(x, y) = (2 + \cos(x))(2 + \sin(x))$ mit $0 \le x, y < 2\pi$ und klassifizieren Sie sie.

7. Bestimmen Sie die Taylorpolynome 2. Grades $T_2(f; \vec{x}_0)$
   (a) für die Funktion
   $$f(x, y) = \frac{x - y}{x + y}$$
   zum Entwicklungspunkt $(x_0, y_0) = (1, 1)$,
   (b) für die Funktion
   $$f(x, y) = x^2 \arctan\left(\frac{y}{x}\right) - y^2 \arctan\left(\frac{x}{y}\right)$$
   zum Entwicklungspunkt $\vec{x}_0 = (-1, 1)$ und
   (c) für die Funktion
   $$f(x, y, z) = \frac{1}{\sqrt{x^2 + y^2 + z^2}}$$
   zum Entwicklungspunkt $\vec{x}_0 = (0, 1, 0)$.

8. Ein Produkt kann mit zwei verschiedenen Herstellungstechnologien gefertigt werden. Bei der Produktion von x Stücken mittels Technologie A entstehen Kosten in Höhe von $50 + 11x + \frac{x^2}{10}$, während mit Technologie B Kosten in Höhe von $x^2 + x$ entstehen. Insgesamt sollen 60 Einheiten mit minimalen Kosten produziert werden. Wie oft sind dafür die beiden Technologien anzuwenden?

9. Durch $x^2 - xy + y^2 + 2z^2 - 4 = 0$ wird eine Fläche im $\mathbb{R}^3$ definiert. Bestimmen Sie diejenigen Punkte auf dieser Fläche, die dem Ursprung am nächsten sind.

10. Ein quaderförmiges Schwimmbecken soll 60000 Liter fassen. Wie müssen die Seitenlängen gewählt werden, damit möglichst wenig blaue Farbe zum Anstreichen der fünf Innenwände benötigt wird?

11. Bestimmen Sie alle Ruhelagen der Differentialgleichung
    $$\begin{aligned} x'(t) &= x^2 + y^2 - 1 \\ y'(t) &= 2xy \end{aligned}$$
    und untersuchen Sie, welche der Ruhelagen asymptotisch stabil bzw. instabil sind.

12. Um die Lösung der nichtlinearen Gleichung
    $$\begin{aligned} x^2 + y^2 &= 4 \\ x^2 - y + 1 &= 0 \end{aligned}$$
    zu bestimmen, kann man ausgehend von $(x_0, y_0) = (1, 1)$ dieses Newtonverfahren anwenden. Formulieren Sie es für diesen konkreten Fall und führen Sie zwei Iterationsschritte durch.

13. Zeigen Sie, dass alle Lösungen der Gleichung $x^4 + y^6 = 1 + y^2$, die in der Nähe des Punktes $(x_0, y_0) = (1, 1)$ liegen, in der Form $y = g(x)$ mit $g(1) = 1$ geschrieben werden können und bestimmen Sie die Ableitung $g'(1)$.

21 Kurvenintegrale

21.1 Parametrisierte Kurven

Bei der Berechnung der längs eines Wegs verrichteten Arbeit oder der Bestimmung der Zirkulation in der Strömungslehre, integriert man Vektorfelder entlang von Kurven in der Ebene oder im Raum. Wir hatten schon in Kapitel 15 die Parameterdarstellung von Kurven in der Ebene kennengelernt: Zwei differenzierbare Funktionen $x(t)$ und $y(t)$ legen in Abhängigkeit eines Parameters t (den man sich als „Zeit“ vorstellen kann) einen Punkt $P(t) = (x(t), y(t))$ in der Ebene fest. Durchläuft der Parameter t das Intervall $[a, b]$, dann bewegt sich $P(t)$ entlang der Kurve. Man kann sich die Kurve daher auch als Bahn eines Teilchens in der Ebene vorstellen. Dieselbe Idee lässt sich auch in höheren Raumdimensionen benutzen:

Definition (parametrisierte Kurve):

Eine **parametrisierte Kurve** in $\mathbb{R}^n$ ist eine stetige Abbildung $\vec{\gamma} : [a, b] \to \mathbb{R}^n$ mit

$$\vec{\gamma}(t) = \begin{pmatrix} \gamma_1(t) \\ \gamma_2(t) \\ \vdots \\ \gamma_n(t) \end{pmatrix}.$$

Die Kurve heißt differenzierbar (stetig differenzierbar), wenn die Abbildung $\vec{\gamma}$ differenzierbar (stetig differenzierbar) ist.
Die Punktmenge $\gamma = \{\vec{\gamma}(t);\ a \leq t \leq b\} \subseteq \mathbb{R}^n$ heißt **Spur** von $\vec{\gamma}$.

Bemerkung:

1. Meistens werden wir nicht zwischen der Kurve $\vec{\gamma}$ und ihrer Spur unterscheiden. Trotzdem ist $\vec{\gamma}$ eigentlich nicht nur eine Punktmenge, sondern auch ein „Zeitplan“, der angibt, in welcher Richtung und wie schnell diese Menge durchlaufen wird.

2. Achtung! Wie wir gleich an Beispielen sehen werden, kann es vorkommen, dass eine Kurve nicht „glatt“ aussieht, auch wenn die Funktion $\vec{\gamma}$ unendlich oft differenzierbar ist.

3. Ohne eine formale Definition zu geben, sei noch bemerkt, dass man die Notation $-\vec{\gamma}$ für die in umgekehrter Richtung durchlaufene Kurve $\vec{\gamma}$ benutzt und $\vec{\gamma} + \vec{\chi}$ für das „Aneinanderkleben“ von zwei Kurven $\vec{\gamma}$ und $\vec{\chi}$ schreibt, wobei dann natürlich der Endpunkt von $\vec{\gamma}$ mit dem Anfangspunkt von $\vec{\chi}$ übereinstimmen muss.

Beispiel: Die Kurven

$$\vec{\gamma}_1(t) = \begin{pmatrix} \cos(t) \\ \sin(t) \end{pmatrix}, \quad t \in [0, 2\pi] \quad \text{und} \quad \vec{\gamma}_2(t) = \begin{pmatrix} \cos(t) \\ -\sin(t) \end{pmatrix}, \quad t \in [0, 2\pi]$$

haben dieselbe Spur, nämlich einen Kreis, jedoch wird diese Kreislinie in unterschiedlicher Richtung durchlaufen.
Überlegen Sie sich selbst, welche der beiden Kurven im mathematisch positiven Sinn (d.h. *gegen* den Uhrzeigersinn) durchlaufen wird.

Beispiele:

1. **Ellipse**

   Die Kurve

$$\vec{\gamma}(t) = \begin{pmatrix} a\cos(t) \\ b\sin(t) \end{pmatrix}, \qquad t \in [0, 2\pi]$$

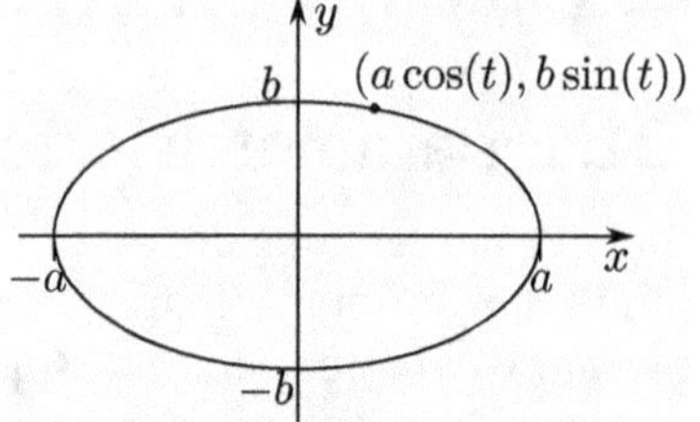

   beschreibt eine Ellipse mit den Halbachsen a und b. Man kann nachrechnen, dass jeder Punkt (x, y) mit $x = a\cos(t)$ und $y = b\sin(t))$ tatsächlich eine Lösung der Ellipsengleichung

$$\frac{x^2}{a^2} + \frac{y^2}{b^2} = 1$$

   ist.

2. **Hyperbel**

   Die Kurven

$$\vec{\gamma}_{\pm}(t) = \begin{pmatrix} \pm a\cosh t \\ b\sinh t \end{pmatrix}, \qquad t \in \mathbb{R}$$

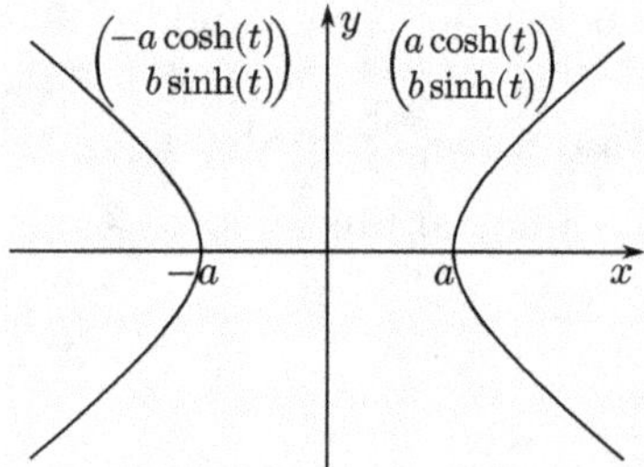

   beschreiben die beiden Äste einer Hyperbel. Es gilt

$$\frac{x^2}{a^2} - \frac{y^2}{b^2} = 1$$

3. **Neilsche Parabel**

   Die Kurve

$$\vec{\gamma}(t) = \begin{pmatrix} t^2 \\ t^3 \end{pmatrix}, \qquad t \in \mathbb{R}$$

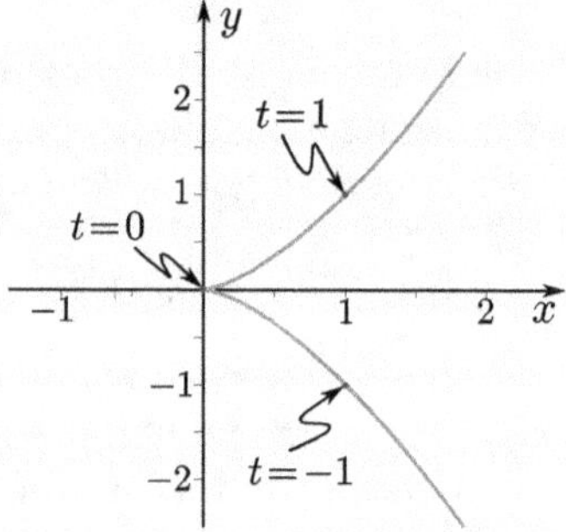

   hat den Namen *Neilsche Parabel.* Obwohl beide Komponenten unendlich oft differenzierbar sind, hat die Kurve doch eine „nicht glatte" Stelle, in diesem Fall eine Spitze. Es zeigt sich, dass dies nur dann passieren kann, wenn die Geschwindigkeit, mit der diese Spitze durchlaufen wird, Null ist.

4. **Zykloide**

   Die Kurve

$$\vec{\gamma}(t) = \begin{pmatrix} t - \sin(t) \\ 1 - \cos(t) \end{pmatrix}, \qquad t \in \mathbb{R}$$

   beschreibt die Bahnkurve eines Punktes, der am Rand eines rollenden Rades markiert ist. Wie im vorigen Beispiel gibt es auch hier „Spitzen", nämlich für $t = 0, \pm 2\pi, \pm 4\pi, \ldots$.

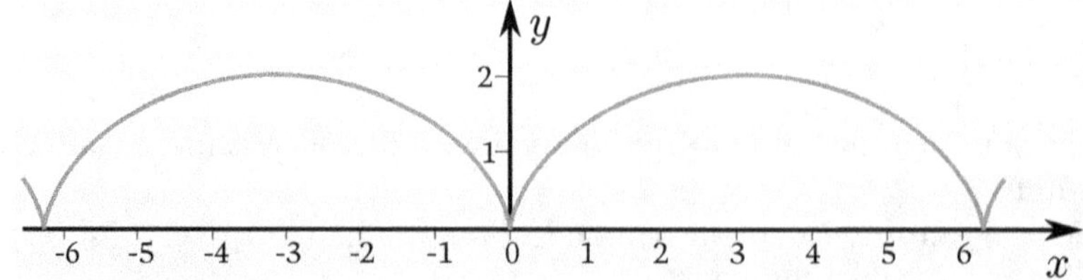

Zykloidenbögen treten historisch in der Mechanik öfter auf, zum Beispiel als Brachystochrone, d.h. *schnellster* Verbindungsweg zweier Punkte oder beim *Zykloidenpendel*, dessen Periodendauer nicht von der Auslenkung abhängt. Verwandte Kurven sind die Epizykloiden, bei denen ein Kreis auf einem anderen Kreis abrollt. Diese spielen bei der Formgebung von Zahnrädern eine Rolle.

5. **Schraubenlinie**
   Eine Kurve, die sich mit konstanter Steigung um den Mantel eines Zylinders mit Radius r windet, ist durch die Gleichung

   $$\vec{\gamma}(t) = \begin{pmatrix} r\cos(t) \\ r\sin(t) \\ ht \end{pmatrix}, \qquad t \in \mathbb{R}$$

   gegeben. Die Änderung $2\pi h$ der z-Komponente bei einem Umlauf bezeichnet man als *Ganghöhe.*

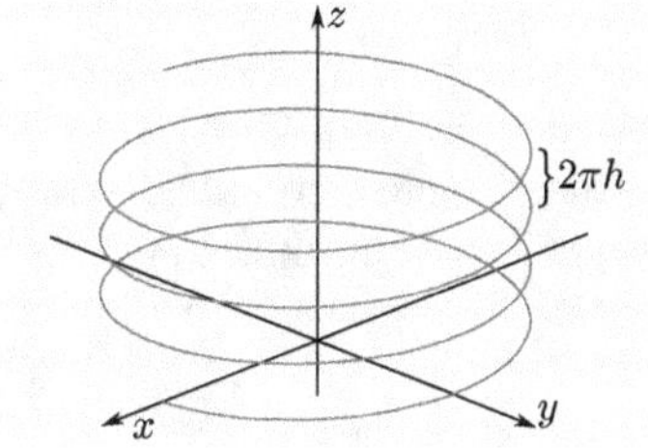

6. **Schraubenlinie auf einem Kegelmantel**
   Eine Spirale auf dem Mantel eines Kegels wird beschrieben durch

   $$\vec{\gamma}(t) = \begin{pmatrix} t\cdot\cos(t) \\ t\cdot\sin(t) \\ h\cdot t \end{pmatrix}, \; t \in \mathbb{R}.$$

   Der Abstand des Punktes $\vec{\gamma}(t)$ von der z-Achse beträgt $|t|$, ein Umlauf entspricht einer t-Änderung von 2π, die Ganghöhe beträgt also ebenfalls $2\pi \cdot h$.
   Den Tangentialvektor an die Kurve erhält man, indem man für die ersten beiden Komponenten die Produktregel anwendet:
   $\vec{\gamma}\,' = (\cos(t) - t\sin(t),\, \sin(t) + t\cdot\cos(t),\, h)^T$.

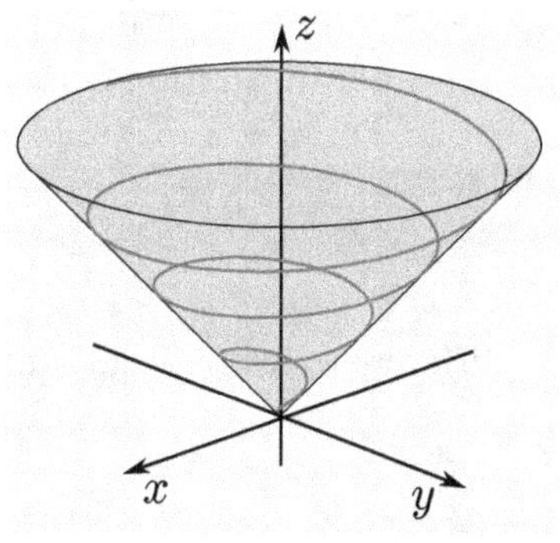

Vektorfelder spielen in der Physik eine wichtige Rolle. Durch sie werden vektorielle Größen beschrieben, die von Ort zu Ort variieren, so wie Kräfte, elektrische Felder oder Strömungsgeschwindigkeiten.

Definition (Vektorfeld):

Sei $U \subset \mathbb{R}^n$ (meist mit $n = 2$ oder 3) eine offene Menge. Ein **Vektorfeld** auf U ist eine Funktion $\vec{v} : U \to \mathbb{R}^n$, die jedem Punkt $\vec{x} \in U$ einen Vektor $\vec{v}(\vec{x}) \in \mathbb{R}^n$ zuordnet.
Wenn $\vec{v}$ stetig oder differenzierbar ist, dann spricht man von einem stetigen bzw. differenzierbaren Vektorfeld.

Vektorfelder beschreiben beispielsweise in der Fluidmechanik stationäre, d.h. zeitlich unveränderliche Strömungen: An jedem Punkt $\vec{x} \in U$ gibt es einen Vektor $\vec{v}(\vec{x})$, der die Geschwindigkeit der Strömung angibt.

Wir haben in Kapitel 19 schon ein wichtiges Vektorfeld kennengelernt: den Gradienten einer differenzierbaren Funktion. Für eine differenzierbare Funktion $f(x, y)$ von zwei Variablen ist der Gradient $(f_x(x, y), f_y(x, y))$ ein Vektor, der vom Basispunkt (x, y) abhängig ist. Wir können uns dies veranschaulichen, indem wir uns an jeder Stelle (x, y) einen Vektor vorstellen, der gerade in Richtung des Gradienten, also in Richtung des steilsten Anstiegs von f zeigt.

Wir werden uns demnächst mit der umgekehrten Fragestellung auseinandersetzen, nämlich mit dem Problem, ob ein vorgegebenes Vektorfeld der Gradient einer (unbekannten) Funktion ist.

Ein wichtiges Vektorfeld aus der Physik ist

$$\vec{F}(x,y,z) = \left(-\frac{x}{(x^2+y^2+z^2)^{3/2}}, -\frac{y}{(x^2+y^2+z^2)^{3/2}}, -\frac{z}{(x^2+y^2+z^2)^{3/2}}\right)$$

das vom Punkt (x,y,z) aus in Richtung des Ursprungs zeigt und die Länge

$$|\vec{F}(x,y,z)| = \frac{\sqrt{x^2+y^2+z^2}}{(x^2+y^2+z^2)^{3/2}} = \frac{1}{(\sqrt{x^2+y^2+z^2})^2}$$

hat, also genau den Kehrwert des Quadrats des Abstands von (x,y,z) zum Ursprung. Daher ist $\vec{F}$ ein radiales, „quadratisch abklingendes" Vektorfeld. Das Vektorfeld $\vec{F}$ ist der Gradient einer Funktion, denn man kann direkt nachrechnen, dass

$$\vec{F} = \operatorname{grad} \frac{1}{\sqrt{x^2+y^2+z^2}}.$$

Man kann ein Vektorfeld $\vec{f}$ entlang einer glatten Kurve $\vec{\gamma}$ integrieren. Anschaulich wird dabei das Vektorfeld $\vec{f}$ in einen Anteil parallel zum Tangentialvektor $\vec{\gamma}\,'(t)$ an die Kurve und einen Anteil senkrecht zu diesem Tangentialvektor zerlegt. Nur der Anteil in Richtung des Tangentialvektors wird bei der Integration berücksichtigt.

Definition (Kurvenintegral):

Sei $U \subseteq \mathbb{R}^n$, $\vec{f}: U \to \mathbb{R}^n$ ein stetig differenzierbares Vektorfeld und $\vec{\gamma}: [a,b] \to U$ ein stetig differenzierbarer Weg. Dann ist

$$\int_{\vec{\gamma}} \vec{f}\,\mathrm{d}\vec{s} = \int_a^b \underbrace{\vec{f}(\vec{\gamma}(t)) \cdot \vec{\gamma}\,'(t)}_{\text{Skalarprodukt}}\,\mathrm{d}t = \int_a^b \sum_{j=1}^{n} f_j(\vec{\gamma}(t)) \cdot \vec{\gamma}_j\,'(t)\,\mathrm{d}t$$

das **Kurvenintegral** von $\vec{f}$ entlang $\vec{\gamma}$.

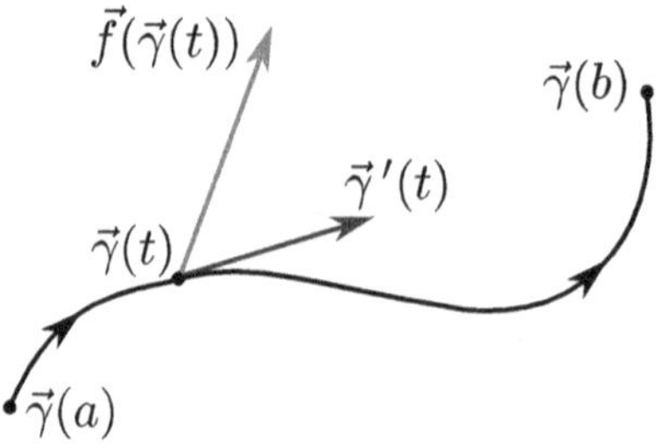

Diese Definition kann man ohne Problem auf stückweise stetig differenzierbare Wege ausdehnen. Man setzt in diesem Fall

$$\int_{\vec{\gamma}+\vec{\chi}} \vec{f}\,\mathrm{d}\vec{s} = \int_{\vec{\gamma}} \vec{f}\,\mathrm{d}\vec{s} + \int_{\vec{\chi}} \vec{f}\,\mathrm{d}\vec{s}.$$

Für in umgekehrter Richtung durchlaufene Wege ergibt sich dann

$$\int_{-\vec{\gamma}} \vec{f}\,\mathrm{d}\vec{s} = -\int_{\vec{\gamma}} \vec{f}\,\mathrm{d}\vec{s}.$$

Beispiel (Mechanische Arbeit):

Verschiebt man einen Massenpunkt der Masse m in einem konstanten Kraftfeld $\vec{F}$ um den Vektor $\vec{s}$, dann ist die an der Masse verrichtete Arbeit gegeben durch das Skalarprodukt $\vec{F} \cdot \vec{s}$. Von der Kraft $\vec{F}$ trägt also nur der Teil in Richtung von $\vec{s}$ etwas zur Arbeit bei, der Anteil orthogonal zu $\vec{s}$ aber nicht. Beispielsweise kann man die Schwerkraft $(0, 0, -mg)^T$ als konstantes Kraftfeld auffassen, solange man nicht hohe Berge besteigt oder mit Raketen unterwegs ist, so dass die bei der Verschiebung um den Vektor $\vec{s}$ verrichtete Arbeit $W = mg \cdot |\vec{s}| \cdot \cos(\alpha)$ ist, wobei α der Winkel zwischen $\vec{s}$ und der Senkrechten ist.

Wenn die Kraft $\vec{F}$ vom Ort abhängt, dann wird aus dem Skalarprodukt bei der Berechnung der Arbeit ein Kurvenintegral. Dies tritt beispielsweise auf, wenn man ein geladenes Teilchen im elektrischen Feld $\vec{E}$ bewegt, das von einer statischen Ladungsverteilung oder einem stromdurchflossenen Leiter erzeugt wird. Um eine Punktladung q entlang des Weges $\vec{\gamma}$ zu bewegen, ist dann die mechanische Arbeit

$$W = q \int_{\vec{\gamma}} \vec{E}\, \mathrm{d}\vec{s}$$

notwendig.

Beispiel:
Wir betrachten auf $U = \mathbb{R}^2 \setminus \{(0,0)\}$ das *Windungsfeld*

$$\vec{f}(x,y) = \begin{pmatrix} -\dfrac{y}{x^2+y^2} \\ \dfrac{x}{x^2+y^2} \end{pmatrix}$$

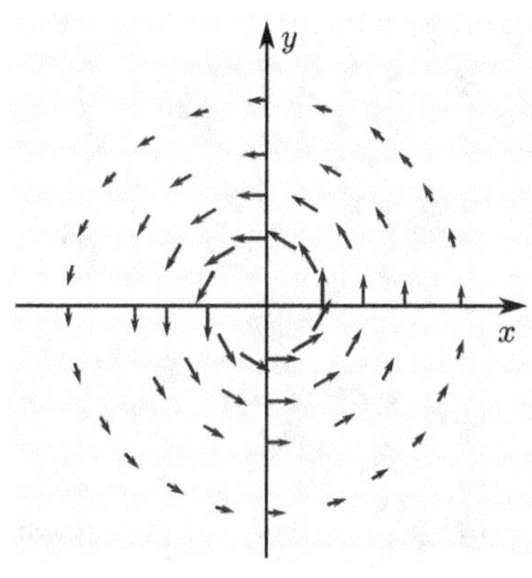

und die Kurve $\vec{\gamma} : [0, 2\pi] \to U$ mit $\vec{\gamma}(t) = \begin{pmatrix} r\cos(t) \\ r\sin(t) \end{pmatrix}$, d.h. $\vec{\gamma}$ ist ein geschlossener Kreis mit Radius $r > 0$, der im mathematisch positiven Sinn einmal durchlaufen wird. Die nebenstehende Skizze soll andeuten, dass die Pfeile zum Ursprung hin immer länger werden.

Dann ist nach der obigen Definition

$$\begin{aligned}\int_{\vec{\gamma}} \vec{f}\, \mathrm{d}\vec{s} &= \int_0^{2\pi} \vec{f}(\vec{\gamma}(t)) \cdot \vec{\gamma}\,'(t)\, \mathrm{d}t = \int_0^{2\pi} \begin{pmatrix} -\dfrac{r\sin(t)}{r^2} \\ \dfrac{r\cos(t)}{r^2} \end{pmatrix} \cdot \begin{pmatrix} -r\sin(t) \\ r\cos(t) \end{pmatrix} \mathrm{d}t \\ &= \int_0^{2\pi} \sin^2(t) + \cos^2(t)\, \mathrm{d}t = \int_0^{2\pi} 1\, \mathrm{d}t = 2\pi\end{aligned}$$

unabhängig vom Radius r. Anschaulich gleichen sich der kürzere Integrationsweg für kleine r und das entsprechend stärkere Vektorfeld gerade aus.

Bemerkung: Für das Kurvenintegral eines ebenen Vektorfelds $\vec{F} = (F_1,\, F_2)^T$ entlang einer Kurve im $\mathbb{R}^3$ mit $\vec{\gamma}(t) = (x(t),\, y(t))^T$ ist auch die Schreibweise

$$\int_{\vec{\gamma}} \vec{F} \cdot \mathrm{d}\vec{s} = \int_{\vec{\gamma}} F_1(x,y)\,\mathrm{d}x + F_2(x,y)\,\mathrm{d}y = \int_a^b F_1(\vec{\gamma}(t)) \cdot x'(t) + F_2(\vec{\gamma}(t)) \cdot y'(t)\,\mathrm{d}t$$

verbreitet. Analog schreibt man ein Kurvenintegral für ein Vektorfeld $\vec{F} = (F_1,\, F_2,\, F_3)^T$ entlang einer Kurve $\vec{\gamma}(t) = (x(t),\, y(t),\, z(t))^T$ im $\mathbb{R}^3$ auch in der Form

$$\int_{\vec{\gamma}} \vec{F} \cdot \mathrm{d}\vec{s} = \int_{\vec{\gamma}} F_1(x,y,z)\,\mathrm{d}x + F_2(x,y,z)\,\mathrm{d}y + F_3(x,y,z)\,\mathrm{d}z.$$

Beispiel: Wir berechnen den Wert eines Kurvenintegrals entlang von verschiedenen Kurven, die die beiden Punkte $(0,0)$ und $(1,1)$ miteinander verbinden.

Das Vektorfeld $\vec{f}(x,y) = \begin{pmatrix} xy^2 \\ xy \end{pmatrix}$ soll entlang der rechts gezeichneten drei Kurven integriert werden.

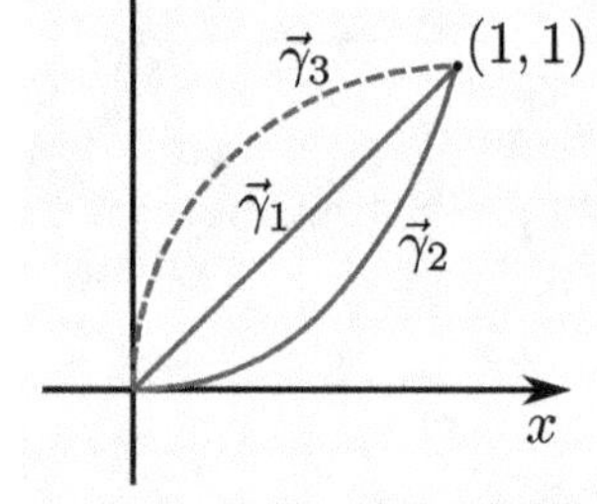

Eine Parametrisierung für $\vec{\gamma}_1$ ist $\vec{\gamma}_1(t) = \begin{pmatrix} t \\ t \end{pmatrix}$ mit $0 \le t \le 1$ und $\vec{\gamma}_1'(t) = \begin{pmatrix} 1 \\ 1 \end{pmatrix}$, also ist nach Definition des Kurvenintegrals

$$\int_{\vec{\gamma}_1} \vec{f}\,\mathrm{d}\vec{s} = \int_0^1 \begin{pmatrix} t^3 \\ t^2 \end{pmatrix} \cdot \begin{pmatrix} 1 \\ 1 \end{pmatrix}\,\mathrm{d}t = \int_0^1 t^3 + t^2\,\mathrm{d}t = \left[\frac{1}{4}t^4 + \frac{1}{3}t^3\right]_0^1 = \frac{7}{12}.$$

Der Integrationsweg $\vec{\gamma}_2$ beschreibt einen Parabelbogen mit $\vec{\gamma}_2(t) = \begin{pmatrix} t \\ t^2 \end{pmatrix}$ wobei $0 \le t \le 1$, also ist

$$\int_{\vec{\gamma}_2} \vec{f} \cdot \mathrm{d}\vec{s} = \int_0^1 t \cdot (t^2)^2 \cdot 1 + t \cdot t^2 \cdot (2t)\,\mathrm{d}t = \int_0^1 t^5 + 2t^4\,\mathrm{d}t = \left[\frac{1}{6}t^6 + \frac{2}{5}t^5\right]_0^1 = \frac{17}{30}.$$

Der Integrationsweg $\vec{\gamma}_3$ folgt einem Kreisbogen und lässt sich parametrisieren durch die Funktion $\vec{\gamma}_3(t) = \begin{pmatrix} 1 - \cos(t) \\ \sin(t) \end{pmatrix}$ wobei $0 \le t \le \frac{\pi}{2}$. Damit ist $\vec{\gamma}_3'(t) = \begin{pmatrix} \sin(t) \\ \cos(t) \end{pmatrix}$ und

$$\begin{aligned}
\int_{\vec{\gamma}_3} \vec{f} \cdot \mathrm{d}\vec{s} &= \int_0^{\frac{\pi}{2}} (1 - \cos(t)) \cdot (\sin(t))^2 \cdot \sin(t) + (1 - \cos(t)) \cdot \sin(t) \cdot \cos(t)\,\mathrm{d}t \\
&= \int_0^{\frac{\pi}{2}} \sin^3(t) - \sin^3(t)\cos(t) + \sin(t)\cos(t) - \sin(t)\cos^2(t)\,\mathrm{d}t \\
&= \left[\tfrac{1}{3}\cos^3(t) - \cos(t) - \tfrac{1}{4}\sin^4(t) + \tfrac{1}{2}\sin^2(t) + \tfrac{1}{3}\cos^3(t)\right]_0^{\frac{\pi}{2}} = \frac{7}{12}.
\end{aligned}$$

Wir haben also für zwei Wege dasselbe Resultat, für den Weg $\vec{\gamma}_2$ aber einen anderen Wert. Im nächsten Abschnitt untersuchen wir, unter welchen Bedingungen der Wert eines Kurvenintegrals nur von den Endpunkten, aber nicht von dem gewählten Weg zwischen den beiden Punkten abhängt.

21.2 Wegunabhängigkeit von Kurvenintegralen

Bei der wichtigen Frage, ob der Wert eines Kurvenintegrals unabhängig ist von der genauen Kurve und nur von den Endpunkten der Kurve abhängt, spielt die folgende Eigenschaft von Vektorfeldern die größte Rolle.

Definition (Potential, konservatives Vektorfeld):

Sei $U \subseteq \mathbb{R}^n$ und $\vec{f}: U \to \mathbb{R}^n$ ein stetiges Vektorfeld. Ein **Potential** (eine **Stammfunktion**) von $\vec{f}$ ist eine stetig differenzierbare Funktion $V: U \to \mathbb{R}$ mit $\operatorname{grad} V(\vec{x}) = \vec{f}(\vec{x})$ beziehungsweise in Komponenten aufgeschlüsselt $\frac{\partial V}{\partial x_j}(\vec{x}) = f_j(\vec{x})$.
Umgekehrt nennt man ein Vektorfeld, das ein Potential besitzt, ein **konservatives** Vektorfeld.

Bemerkung: Physiker haben eine andere Vorzeichenkonvention. Bei ihnen wird das Potential immer so gewählt, dass $\operatorname{grad} V(\vec{x}) = -\vec{f}(\vec{x})$ ist. Das Vektorfeld $\vec{f}$ zeigt dann in die Richtung, in die V am schnellsten abnimmt.

Aus dem Satz von Schwarz über die Vertauschbarkeit der Reihenfolge beim partiellen Differenzieren folgt nun im Kontext von Vektorfeldern

Satz 21.1 (Notwendige Bedingung für Potential):

Wenn ein stetig differenzierbares Vektorfeld $\vec{f}$ ein Potential V besitzt, dann ist

$$\frac{\partial f_j}{\partial x_k}(\vec{x}) = \frac{\partial f_k}{\partial x_j}(\vec{x}) \qquad \text{für alle Indizes } j,k \in \{1,2,\dots,n\}.$$

Begründung: Wenn $\frac{\partial V}{\partial x_j}(\vec{x}) = f_j(\vec{x})$ ist, dann ist

$$\frac{\partial f_j}{\partial x_k}(\vec{x}) = \frac{\partial}{\partial x_k}\frac{\partial V}{\partial x_j}(\vec{x}) = \frac{\partial}{\partial x_j}\frac{\partial V}{\partial x_k}(\vec{x}) = \frac{\partial f_k}{\partial x_j}(\vec{x}).$$

□

Satz 21.2 (Wegunabhängigkeit von Kurvenintegralen):

Wenn ein Vektorfeld $\vec{f}: \mathbb{R}^n \to \mathbb{R}^n$ ein Potential V besitzt, dann gilt für jede stückweise stetig differenzierbare Kurve $\vec{\gamma}: [a,b] \to \mathbb{R}^n$

$$\int_{\vec{\gamma}} \vec{f}\,\mathrm{d}s = V(\vec{\gamma}(b)) - V(\vec{\gamma}(a)),$$

das heißt das Kurvenintegral hängt nicht vom genauen Verlauf der Kurve, sondern nur von deren Anfangs- und Endpunkt ab.
Falls γ eine geschlossene Kurve ist, dann ist $\int_{\vec{\gamma}} \vec{f}\,\mathrm{d}\vec{s} = 0$.

Beweis: Für die Funktion $V \circ \vec{\gamma} : [a,b] \to \mathbb{R}$ ist

$$\frac{\mathrm{d}}{\mathrm{d}t} V(\vec{\gamma}(t)) = \sum_{j=1}^{n} \frac{\partial V}{\partial x_j}(\vec{\gamma}(t)) \cdot \vec{\gamma}_j{}'(t) = \sum_{j=1}^{n} f_j(\vec{\gamma}(t)) \cdot \vec{\gamma}_j{}'(t).$$

Nach der Definition des Kurvenintegrals ist daher

$$\int_{\vec{\gamma}} f \,\mathrm{d}s = \int_a^b \sum_{j=1}^{n} f_j(\vec{\gamma}(t)) \cdot \vec{\gamma}_j{}'(t)\,\mathrm{d}t = \int_a^b \frac{\mathrm{d}}{\mathrm{d}t} V(\vec{\gamma}(t))\,\mathrm{d}t = V(\vec{\gamma}(b)) - V(\vec{\gamma}(a)).$$

Falls $\vec{\gamma}$ eine geschlossene Kurve ist, dann ist $\vec{\gamma}(a) = \vec{\gamma}(b)$ und damit $V(\vec{\gamma}(b)) - V(\vec{\gamma}(a)) = 0$. □

Wir betrachten nun noch einmal unser früheres Beispiel, das Windungsfeld $\vec{f} : \mathbb{R}^2 \setminus \{(0,0)\} \to \mathbb{R}^2$ mit

$$\vec{f}(x,y) = \begin{pmatrix} -\dfrac{y}{x^2+y^2} \\ \dfrac{x}{x^2+y^2} \end{pmatrix}$$

in Hinblick auf diesen Satz. Integriert man dieses Vektorfeld $\vec{f}$ entlang der geschlossenen Kurve $\vec{\gamma} : [0, 2\pi] \to \mathbb{R}^2 \setminus \{(0,0)\}$ mit $\vec{\gamma}(t) = \begin{pmatrix} r\cos(t) \\ r\sin(t) \end{pmatrix}$, erhält man $\int_{\vec{\gamma}} \vec{f}\,\mathrm{d}\vec{s} = 2\pi \neq 0$. Daher kann das Vektorfeld $\vec{f}$ nach Satz 21.2 *kein* Potential besitzen. Andererseits rechnet man nach, dass

$$\frac{\partial f_1}{\partial y} = -\frac{x^2 - y^2}{(x^2+y^2)^2} = \frac{\partial f_2}{\partial x}$$

ist. Die Bedingung aus Satz 21.1 ist also zwar notwendig, aber auch wenn sie erfüllt ist, kann es sein, dass das Vektorfeld $\vec{f}$ kein Potential besitzt.
Das Problem hier ist, dass das betrachtete Gebiet $\mathbb{R}^2 \setminus \{(0,0)\}$ ein „Loch" hat, auf das sich das Vektorfeld auch nicht stetig fortsetzen lässt. Im folgenden wollen wir zeigen, dass es für Gebiete ohne „Löcher" ausreicht, wenn die Bedingung $\frac{\partial f_1}{\partial y} = \frac{\partial f_2}{\partial x}$ erfüllt ist, damit $\vec{f}$ ein Potential besitzt.

Die folgende Definition versucht, auf eine einfache Weise Mengen zu beschreiben, die keine „Löcher" haben. Das sind zunächst einmal alle *konvexen* Mengen, bei denen alle Verbindungsstecken von Punkten aus der Menge vollständig innerhalb der Menge verlaufen. Für manche Zwecke genügt es auch, wenn nicht beliebige Verbindungsstrecken in der Menge enthalten sind, sondern nur die Verbindungsstrecken zu irgendeinem festen Punkt.

Definition (konvex, sternförmig):

Eine Menge $U \subseteq \mathbb{R}^n$ heißt **konvex**, falls es für zwei Punkte $\vec{p}, \vec{q} \in U$ immer auch die Verbindungsstrecke $\vec{c}(t) = \vec{p} + t \cdot (\vec{q} - \vec{p})$ mit $t \in [0,1]$ in U enthalten ist.
Eine Menge $U \subseteq \mathbb{R}^n$ heißt **sternförmig**, falls es ein $\vec{p} \in U$ gibt, so dass für jedes $\vec{x} \in U$ die Verbindungsstrecke $c(t) = \vec{p} + t \cdot (\vec{x} - \vec{p})$ mit $t \in [0,1]$ in U enthalten ist.

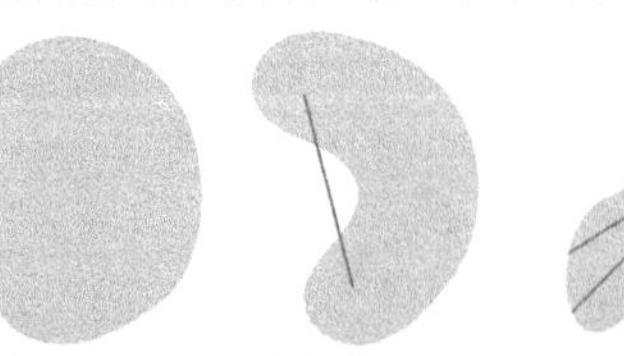

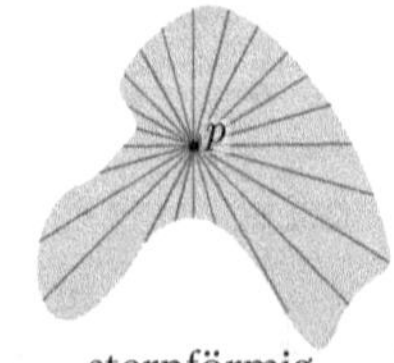

konvex nicht konvex sternförmig nicht sternförmig

Beispiele:

1. Konvexe Mengen (wie zum Beispiel Kugeln und Quader) sind immer auch sternförmig.
2. Die Vereinigung von zwei konvexen Mengen mit nichtleerem Schnitt ist sternförmig.

Anregung zur weiteren Vertiefung :

Nicht jedes Viereck in der Ebene ist konvex (man denke an „einspringende Ecken"), aber alle Vierecke in der Ebene sind sternförmig. Machen Sie sich durch eine Zeichnung klar, dass alle Vierecke und auch alle Fünfecke sternförmig sind.
Es gibt jedoch auch nicht sternförmige Sechsecke. Versuchen Sie, ein solches zu zeichnen!

Der Vorteil an sternförmigen Gebieten ist, dass man alle Punkte durch eine geradlinige Verbindung von einem festen Punkt aus erreichen kann und dass Kurvenintegrale entlang von „geradlinigen Kurven" relativ leicht zu berechnen sind. Betrachten wir konkret ein Gebiet U, das sternförmig ist bezüglich des Punkts $\vec{p} \in U$. Die geradlinige Verbindung von p zu einem anderen Punkt $\vec{q} \in U$ können wir dann parametrisieren durch

$$\vec{\gamma} : [0,1] \to U \quad \text{mit} \quad \vec{\gamma}(t) = \vec{p} + t\,(\vec{q} - \vec{p}).$$

Falls ein Vektorfeld $\vec{f} : U \to \mathbb{R}^n$ ein Potential besitzt, dann ist

$$\begin{aligned} \int_\gamma \vec{f}\,\mathrm{d}\vec{s} &= \int_0^1 \vec{f}(\vec{\gamma}(t))^T \cdot (\vec{q} - \vec{p})\,\mathrm{d}t = V(\vec{q}) - V(\vec{p}) \\ \Rightarrow \qquad V(\vec{q}) &= V(\vec{p}) + \int_0^1 \sum_{j=1}^n f_j(\vec{p} + t\,(\vec{q} - \vec{p})) \cdot (q_j - p_j)\,\mathrm{d}t \end{aligned}$$

Durch Verschieben des Koordinatensystems kann man erreichen, dass $\vec{p} = \vec{0}$ ist. Außerdem kann man V durch $V - V(0)$ ersetzen. In diesem Fall ist dann

$$V(\vec{q}) = \int_0^1 \vec{f}(t\vec{q}) \cdot \vec{q}\,\mathrm{d}t = \int_0^1 \sum_{j=1}^n f_j(t\vec{q}) \cdot q_j\,\mathrm{d}t.$$

Satz 21.3 :

Sei $U \subset \mathbb{R}^n$ ein bezüglich des Ursprungs sternförmiges Gebiet. Falls das stetig differenzierbare Vektorfeld $\vec{f} : U \to \mathbb{R}^n$ für alle $\vec{x} \in U$ die **Integrabilitätsbedingung**

$$\frac{\partial f_j}{\partial x_k}(\vec{x}) = \frac{\partial f_k}{\partial x_j}(\vec{x})$$

erfüllt, dann besitzt $\vec{f}$ das Potential

$$V(\vec{x}) = \int_0^1 \sum_{j=1}^n f_j(t\vec{x})\, x_j\,\mathrm{d}t.$$

Mit anderen Worten, es ist $\vec{f}(\vec{x}) = \operatorname{grad} V(\vec{x})$.

Beweis: Um die Identität $\vec{f}(\vec{x}) = \operatorname{grad} V(\vec{x})$ nachzuweisen, kann man komponentenweise die Gleichung $\frac{\partial V}{\partial x_k}(\vec{x}) = f_k(\vec{x})$ zeigen. Zunächst ist

$$\frac{\partial}{\partial x_k}\left(\sum_{j=1}^{n} f_j(t\vec{x})\,x_j\right) = f_k(t\vec{x}) + t\cdot\sum_{j=1}^{n}\frac{\partial f_j}{\partial x_k}(t\vec{x})\,x_j \text{ und } \frac{\partial}{\partial t}\left(t\cdot f_k(t\vec{x})\right) = f_k(t\vec{x}) + t\cdot\sum_{j=1}^{n}\frac{\partial f_k}{\partial x_j}(t\vec{x})\,x_j.$$

Insbesondere ist also wegen der Integrabilitätsbedingung $\frac{\partial f_j}{\partial x_k}(t\vec{x}) = \frac{\partial f_k}{\partial x_j}(t\vec{x})$

$$\frac{\partial}{\partial x_k}\left(\sum_{j=1}^{n} f_j(t\vec{x})\,x_j\right) = \frac{\partial}{\partial t}\left(t\cdot f_k(t\vec{x})\right)$$

Setzt man nun $V(x) = \int\limits_0^1 \sum\limits_{j=1}^{n} x_j f_j(t\vec{x})\,\mathrm{d}t$ dann ergibt sich durch Differentiation

$$\begin{aligned}\frac{\partial V}{\partial x_k}(\vec{x}) &= \frac{\partial}{\partial x_k}\int\limits_0^1 \sum_{j=1}^{n} x_j f_j(t\vec{x})\,\mathrm{d}t = \int\limits_0^1 \frac{\partial}{\partial x_k}\left(\sum_{j=1}^{n} x_j f_j(t\vec{x})\right)\mathrm{d}t \\ &= \int\limits_0^1 \frac{\partial}{\partial t}\left(t\cdot f_k(t\vec{x})\right)\,\mathrm{d}t = t\cdot f_k(t\vec{x})\Big|_{t=0}^{1} = f_k(\vec{x}).\end{aligned}$$

□

Dabei haben wir unauffällig die Integration und die partielle Differentiation vertauscht, als wir $\frac{\partial}{\partial x_k}$ unter das Integralzeichen gezogen haben. Das ist hier erlaubt, man muss es aber eigentlich mathematisch rechtfertigen und es gibt genügend Situationen, in denen das Vertauschen von Grenzprozessen zu falschen Ergebnissen führt.
Im $\mathbb{R}^3$ kann man die Integrabilitätsbedingung auch noch anders formulieren:

Satz 21.4:

Ist $\vec{f}$ ein konservatives Vektorfeld im $\mathbb{R}^3$, dann gilt $\operatorname{rot}\vec{f} = \vec{0}$, wobei die **Rotation** von $\vec{f}$ definiert ist als $\operatorname{rot}\vec{f}(x,y,z) = \begin{pmatrix}\frac{\partial f_3}{\partial y} - \frac{\partial f_2}{\partial z}\\ \frac{\partial f_1}{\partial z} - \frac{\partial f_3}{\partial x}\\ \frac{\partial f_2}{\partial x} - \frac{\partial f_1}{\partial y}\end{pmatrix}$, siehe auch Kapitel 24.

Beispiel: Für $\vec{f}(x,y,z) = \begin{pmatrix}x^2y\\ e^x - yz\\ x+y^2+z^3\end{pmatrix}$ ist $\operatorname{rot}\vec{f}(x,y,z) = \begin{pmatrix}2y-y\\ 0-1\\ e^x-x^2\end{pmatrix} = \begin{pmatrix}y\\ -1\\ e^x-x^2\end{pmatrix}$. Das Vektorfeld ist also nicht konservativ.

Berechnung von Potentialen

Wie kann man nun für ein konkretes Vektorfeld $\vec{f}$ auf einer sternförmigen Menge U, das Potential berechnen, wenn die Bedingung $\frac{\partial f_j}{\partial x_k}(\vec{x}) = \frac{\partial f_k}{\partial x_j}(\vec{x})$ tatsächlich für alle $(\vec{x})$ erfüllt ist?

Es gibt dafür verschiedene Methoden:
Entweder man berechnet das Kurvenintegral aus Satz 21.3 oder man bestimmt das Potential durch sukzessive Integration. Dabei geht man wie folgt vor:

Ist $V(x,y)$ ein Potential für das Vektorfeld $\begin{pmatrix} f(x,y) \\ g(x,y) \end{pmatrix}$, dann ist

$$\frac{\partial V}{\partial x}(x,y) = f(x,y) \Rightarrow V(x,y) = \int f(x,y)\,\mathrm{d}x + \tilde{V}(y)$$

da eine beliebige, nur von y abhängige Funktion $\tilde{V}(y)$ bei der partiellen Differentiation nach x wegfällt. Aus der Gleichung

$$\frac{\partial V}{\partial y}(x,y) = g(x,y) \Rightarrow \frac{\partial}{\partial y}\int f(x,y)\,\mathrm{d}x + \tilde{V}'(y) = g(x,y)$$

lässt sich dann diese Funktion $\tilde{V}(y)$ bestimmen. Dazu muss man noch ein weiteres Mal (diesmal bezüglich y) integrieren.

Beispiel :

Gesucht ist ein Potential $V(x,y)$ für das Vektorfeld $\begin{pmatrix} -y^2+2xy-3x^2 \\ 3y^2-2xy+x^2 \end{pmatrix}$.
Um die Integrabilitätsbedingung nachzuprüfen, berechnet man

$$\frac{\partial}{\partial y}(-y^2+2xy-3x^2) = 2x-2y \quad \text{und} \quad \frac{\partial}{\partial x}(3y^2-2xy+x^2) = 2x-2y,$$

es sollte also ein Potential V existieren. Um dieses zu bestimmen, kann man mit der Gleichung $\frac{\partial V}{\partial x}(x,y) = -y^2+2xy-3x^2$ beginnen und durch Integration bezüglich x die Gleichung

$$V(x,y) = \int -y^2+2xy-3x^2\,\mathrm{d}x + \tilde{V}(y) = -y^2x + x^2y - x^3 + \tilde{V}(y)$$

mit einer noch unbekannten Funktion $\tilde{V}(y)$. Aus der Gleichung $\frac{\partial V}{\partial y}(x,y) = 3y^2-2xy+x^2$ ergibt sich dann mit dem Zwischenergebnis

$$\frac{\partial V}{\partial y}(x,y) = \frac{\partial}{\partial y}\left(-y^2x+x^2y-x^3+\tilde{V}(y)\right) = -2xy+x^2+\tilde{V}'(y) = 3y^2-2xy+x^2 \Rightarrow \tilde{V}'(y) = 3y^2.$$

Durch eine weitere Integration findet man jetzt noch

$$\tilde{V}(y) = \int 3y^2\,\mathrm{d}x = y^3 + C$$

wobei man die Integrationskonstante C beliebig wählen kann, da Potentiale immer nur bis auf eine Konstante festgelegt sind. Insgesamt erhält man damit als Potential des gegebenen Vektorfelds

$$V(x,y) = -xy^2 + x^2y - x^3 + y^3.$$

Bemerkung: Das beschriebene Verfahren funktioniert auch, wenn das Vektorfeld 3-dimensional ist und von Variablen x, y und z abhängt. Dann erhält man nach der ersten Integration eine „Integrationskonstante", die noch von zwei der Variablen abhängt. Eine weitere Integration eliminiert die Abhängigkeit von einer weiteren Variablen und erst nach der dritten Integration hat man ein Potential gefunden, falls das Vektorfeld eines besitzt.

21.3 Exakte Differentialgleichungen

Die Stammfunktion eines zweidimensionalen Vektorfelds kann auch benutzt werden, um Lösungen zu einer Klasse von Differentialgleichungen zu finden.

Definition (Exakte Differentialgleichungen):

Seien $P, Q : \mathbb{R}^2 \to \mathbb{R}$ stetig differenzierbare Funktionen. Die Differentialgleichung

$$P(x,y) + Q(x,y) \cdot y'(x) = 0$$

heißt **exakt**, falls es eine Funktion $U(x,y)$ mit $\dfrac{\partial U}{\partial x}(x,y) = P(x,y)$ und $\dfrac{\partial U}{\partial y}(x,y) = Q(x,y)$ gibt.

Bemerkung: Manchmal begegnet man auch Differentialgleichungen der Form

$$P(x,y)\,\mathrm{d}x + Q(x,y)\,\mathrm{d}y = 0.$$

Dabei soll man entweder Funktionen $y = y(x)$ bestimmen, die die Differentialgleichung

$$P(x,y) + Q(x,y) \cdot y'(x) = 0$$

lösen, oder alternativ Funktionen $x = x(y)$ ermitteln, die der Differentialgleichung

$$P(x,y) \cdot x'(y) + Q(x,y) = 0$$

genügen. Formal gesehen wird also bei der ersten Version durch $\mathrm{d}x$ und bei der zweiten Version durch $\mathrm{d}y$ geteilt. Auch hier spricht man von exakten Differentialgleichungen, falls $\dfrac{\partial U}{\partial x} = P$ und $\dfrac{\partial U}{\partial y} = Q$ ist.

Aus der Integrabilitätsbedingung des vorigen Abschnitts folgt, dass die Differentialgleichung genau dann exakt ist, wenn überall

$$\frac{\partial P}{\partial y}(x,y) = \frac{\partial Q}{\partial x}(x,y)$$

gilt.

Beispiel: Die Differentialgleichung $e^{-y}\,\mathrm{d}x + (1 - x \cdot e^{-y})\,\mathrm{d}y = 0$ bzw.

$$\underbrace{e^{-y}}_{=P(x,y)} + \underbrace{(1 - x \cdot e^{-y})}_{=Q(x,y)} \cdot y'(x) = 0$$

ist exakt, denn $\dfrac{\partial P}{\partial y} = -e^{-y} = \dfrac{\partial Q}{\partial x} = -e^{-y}$.

Satz 21.5:

Ist die Differentialgleichung $P(x,y) + Q(x,y) \cdot y'(x) = 0$ exakt und ist

$$\frac{\partial U}{\partial x}(x,y) = P(x,y) \quad \text{und} \quad \frac{\partial U}{\partial y}(x,y) = Q(x,y),$$

dann werden die Lösungen $y = y(x)$ durch die Niveaulinien der Funktion U

$$U(x,y) = c \quad (c \in \mathbb{R})$$

implizit dargestellt. Die Lösung zu der Anfangsbedingung $y(x_0) = y_0$ liegt in der Menge $\{(x,y) \in \mathbb{R}^2;\ U(x,y) = U(x_0,y_0)\}$.

Beispiel: Die Differentialgleichung $e^{-y} + (1 - x \cdot e^{-y})y'(x) = 0$ ist exakt, deshalb existiert eine Funktion U mit $\frac{\partial U}{\partial x} = e^{-y}$ und $\frac{\partial U}{\partial y} = 1 - x \cdot e^{-y}$. Integriert man $\frac{\partial U}{\partial x}$ bezüglich x, erhält man

$$U(x,y) = x \cdot e^{-y} + C(y).$$

Differenziert man dieses Ergebnis wiederum partiell nach y ergibt sich die Bedingung

$$-x \cdot e^{-y} + C'(y) = 1 + x \cdot e^{-y} \quad \Rightarrow \quad C'(y) = 1 \Rightarrow C(y) = y + K$$

Da nur eine spezielle Lösung U benötigt wird, können wir $K = 0$ wählen und erhalten so konkret $U(x,y) = x \cdot e^{-y} + y$. Die Lösungen der Differentialgleichung werden nun implizit durch die Gleichung

$$U(x,y) = x \cdot e^{-y} + y = c$$

beschrieben.

Ist die Differentialgleichung $P(x,y) + Q(x,y)\, y'(x) = 0$ nicht exakt, so kann man versuchen, die Differentialgleichung durch Multiplikation mit einer geeigneten Funktion exakt zu machen.

Definition (Integrierender Faktor):

Eine Funktion $M(x,y)$ heißt **integrierenden Faktor (Euler-Multiplikator)** für die Differentialgleichung

$$P(x,y) + Q(x,y)\, y'(x) = 0,$$

falls die Differentialgleichung

$$\underbrace{M(x,y) \cdot P(x,y)}_{\hat{P}(x,y)} + \underbrace{M(x,y) \cdot Q(x,y)}_{\hat{Q}(x,y)}\, y'(x) = 0$$

exakt ist.

Es geht also darum, eine Funktion $M(x,y) \neq 0$ so zu bestimmen, dass $\frac{\partial \hat{P}}{\partial y} = \frac{\partial \hat{Q}}{\partial x}$ gilt. Das gelingt im allgemeinen nicht, aber in manchen Fällen existieren Euler-Multiplikatoren, die nur von x, nur von y oder nur vom Produkt xy abhängen.

Beispielsweise gilt: Falls $\dfrac{\frac{\partial P}{\partial y} - \frac{\partial Q}{\partial x}}{Q(x,y)}$ nicht mehr von y abhängt, dann existiert ein integrierender Faktor $M(x)$, der nur von x abhängt und der als Lösung einer linearen Differentialgleichung bestimmt werden kann.

Beispiel (Feldlinien):

Die Feldlinien eines elektrischen Dipols geben die Richtung der Kraft an, die eine Probeladung am jeweiligen Ort erfährt. Zur Herleitung betrachtet man eine positive Ladung q im Punkt $(-a, 0)$ und eine entsprechende negative Ladung $-q$ in $(a, 0)$ und bestimmt die Kraft, die auf eine Probeladung Q im Punkt (x, y) ausgeübt wird. Nach dem Coulombschen Gesetz stoßen sich die positiven Ladungen ab mit einer Kraft, die proportional zum Produkt der Ladungen und umgekehrt proportional zum Quadrat ihres Abstands ist. Die Anziehungskraft zwischen positiver und negativer Ladung gehorcht demselben Abstandgesetz.

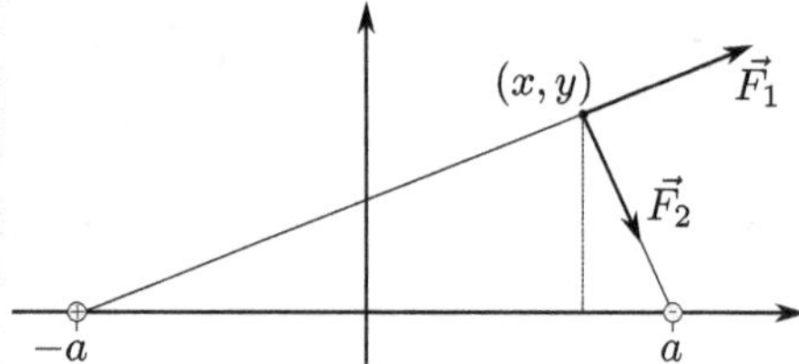

Auf diese Weise erhält man als Kraft auf die Probeladung

$$\vec{F} = \vec{F}_1 + \vec{F}_2 = k \begin{pmatrix} \frac{x+a}{((x+a)^2+y^2)^{3/2}} \\ \frac{y}{((x+a)^2+y^2)^{3/2}} \end{pmatrix} - k \begin{pmatrix} \frac{x-a}{((x-a)^2+y^2)^{3/2}} \\ \frac{y}{((x-a)^2+y^2)^{3/2}} \end{pmatrix}$$

mit der physikalischen Konstanten $k = \frac{qQ}{4\pi\varepsilon_0}$. Die Feldlinie im Punkt (x, y) hat also die Steigung

$$y'(x) = \frac{\frac{y}{((x+a)^2+y^2)^{3/2}} - \frac{y}{((x-a)^2+y^2)^{3/2}}}{\frac{x+a}{((x+a)^2+y^2)^{3/2}} - \frac{x-a}{((x-a)^2+y^2)^{3/2}}}$$

und somit gilt

$$\underbrace{\frac{y}{((x+a)^2+y^2)^{3/2}} - \frac{y}{((x-a)^2+y^2)^{3/2}}}_{=P(x,y)} \underbrace{- \left(\frac{x+a}{((x+a)^2+y^2)^{3/2}} - \frac{x-a}{((x-a)^2+y^2)^{3/2}} \right)}_{=Q(x,y)} y'(x) = 0.$$

Es zeigt sich, dass y ein Euler-Multiplikator ist, denn es ist $\frac{\partial}{\partial y}(y\,P(x, y)) = \frac{\partial}{\partial x}(y\,Q(x, y))$. Tatsächlich ist $\frac{\partial V}{\partial x} = y\,P(x, y)$ und $\frac{\partial V}{\partial y} = y\,Q(x, y)$ für

$$V(x, y) = \frac{x+a}{\sqrt{(x+a)^2+y^2}} - \frac{x-a}{\sqrt{(x-a)^2+y^2}}.$$

Die Niveaulinie der Funktion V ergeben dann das bekannte Bild:

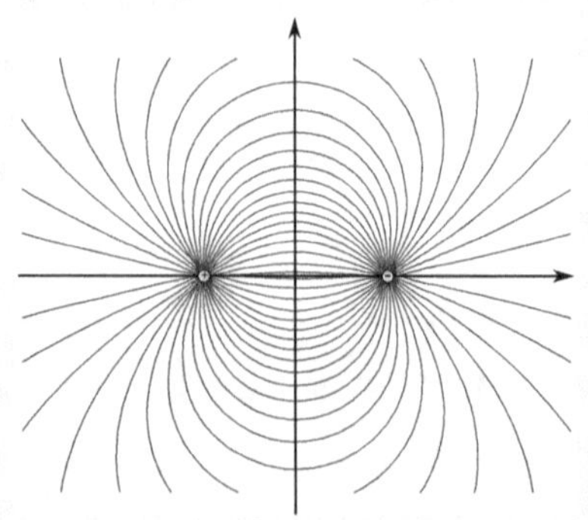

Beispiel: Es sei bekannt, dass die (nicht exakte) Differentialgleichung

$$\underbrace{2y\ln(y)}_{=P}+\underbrace{x(1+2\ln(y))}_{=Q}y'(x)=0$$

einen nur vom Produkt $x \cdot y$ abhängigen integrierenden Faktor besitzt, Man kann diesen Faktor $M(xy)$ gezielt suchen, indem man die Bedingung $\frac{\partial(MP)}{\partial y}=\frac{\partial(MQ)}{\partial x}$ als Differentialgleichung für M auffasst. Unter Benutzung von

$$\frac{\partial(MP)}{\partial y}=M'(xy)\cdot x\cdot P(x,y)+M(x,y)\cdot\frac{\partial P}{\partial y}(x,y)$$

mit der Ableitung $M'(xy)$ von M und

$$\frac{\partial(MQ)}{\partial x}=M'(xy)\cdot y\cdot Q(x,y)+M(x,y)\cdot\frac{\partial Q}{\partial x}(x,y)$$

gelangt man zu der Differentialgleichung

$$(1+2\ln(y))M(x,y)+xy(1+2\ln(y))M'(xy)=2(1+\ln(y))M(x,y)+2xy\ln(y)M'(xy).$$

Nach dem Streichen doppelter Terme und mit der Abkürzung $t=xy$ wird daraus die Differentialgleichung $M(t)=tM'(t)$, die sich mit Trennung der Variablen lösen lässt. Man erhält als Lösung $M(t)=t$, also ist $M(xy)=xy$ ein integrierenden Faktor und schließlich erhält man als Stammfunktion der modifizierten Differentialgleichung $U(x,y)=(xy)^2\ln(y)$. Die Lösungskurven der Differentialgleichung liegen also jeweils in den Niveaumengen $K_\alpha=\{(x,y);\ (xy)^2\cdot\ln(y)=\alpha\}$.

Nachdem Sie dieses Kapitel bearbeitet haben, sollten Sie ...

... wissen, wie man ein Vektorfeld entlang einer Kurve integiert

... konkrete Kurvenintegrale durch Parametrisierung der Kurven berechnen können

... wissen, was das Potential eines Vektorfelds ist und welche Bedingung mindestens gelten muss, damit ein Vektorfeld ein Potential besitzt

... erklären können, warum Kurvenintegrale über konservative Vektorfeldern nur von den Endpunkten abhängen

... wissen, das für konvexe und sternförmige Gebiete die Integrabilitätsbedingung ausreicht, um die Existenz eines Potentials sicherzustellen

... das Potential eines konservativen Vektorfelds berechnen können

... wissen, was eine exakte Differentialgleichung ist und wie man ihre Lösungen bestimmen kann

... wissen, wozu ein integrierender Faktor dient

Aufgaben zu Kapitel 21

1. Berechnen Sie die Kurvenintegrale $\int_{\vec{\gamma}} \vec{f} \cdot \mathrm{d}\vec{s}$

   (a) für $\vec{f} = \begin{pmatrix} 3x^2 + 2y \\ 2x \end{pmatrix}$ und den Weg $\vec{\gamma} : [0, \frac{\pi}{2}] \to \mathbb{R}^2$ mit $\vec{\gamma}(t) = \begin{pmatrix} \cos(t) \\ 2\sin(t) \end{pmatrix}$

   (b) für $\vec{f} = \begin{pmatrix} 2x + yz \\ 2y + xz \\ xy \end{pmatrix}$ und den Weg $\vec{\gamma} : [0, 1] \to \mathbb{R}^3$ mit $\vec{\gamma}(t) = \begin{pmatrix} t \\ t^2 \\ t^3 \end{pmatrix}$

   (c) für $\vec{f} = \begin{pmatrix} 2x + yz \\ 2y + xz \\ xy \end{pmatrix}$ und den Weg $\vec{\gamma} : [0, 1] \to \mathbb{R}^3$ mit $\vec{\gamma}(t) = \begin{pmatrix} \dfrac{2te^{1-t}}{1+t^2} \\ \cos(t^2 - 1) \\ e^t \end{pmatrix}$

   Hinweis: (c) sollten Sie lieber *nicht* mit Hilfe einer Parametrisierung berechnen...

2. (a) Berechnen Sie das Integral $\int_{\gamma} (y\,\mathrm{d}x + x\,\mathrm{d}y + z\,\mathrm{d}z)$ mit $\gamma : [0, 1] \to \mathbb{R}^3$, $\gamma(t) = \begin{pmatrix} t \\ t^2 \\ 1 - t \end{pmatrix}$.

   (b) Berechnen Sie das Integral $\int_{\vec{\gamma}} x\,\mathrm{d}x + (x - y)\,\mathrm{d}y$, wobei $\vec{\gamma}$ der Rand der Fläche $B \subset \mathbb{R}^2$ ist, die nach oben durch den Kreis um den Punkt $(1, 1)$ mit Radius 2 und nach unten durch die Gerade $y = 1$ begrenzt wird.

3. Gibt es Funktionen $F(x, y)$ und $G(x, y, z)$ so dass

   $$\operatorname{grad} F(x, y) = f(x, y) = \begin{pmatrix} 8xy + 5 \\ 4x^2 - 1 \end{pmatrix}, \qquad \operatorname{grad} G(x, y, z) = g(x, y) = \begin{pmatrix} y + z \\ x + 2z \\ -2x + y \end{pmatrix}$$

   gilt? Bestimmen Sie solche Funktionen gegebenenfalls!

4. Für welche Werte von a besitzt das Vektorfeld $\vec{v}(x, y, z) = \left(\frac{ay}{(x-y)^2}, \frac{2x}{(x-y)^2} + 1, z \right)^T$ ein Potential auf $D = \{(x, y, z) \in \mathbb{R}^3;\ y > x\}$? Bestimmen Sie gegebenenfalls eine Stammfunktion.

5. Überprüfen Sie, ob die folgenden Differentialgleichungen exakt sind und bestimmen Sie gegebenenfalls die Lösungskurven so genau wie möglich.

   (a) $4x^3y + 3x^2y^2 - x^3 + (x^4 + 2x^3y)y'(x) = 0$

   (b) $(-y^2\sin(xy) + y\cos(xy))\,\mathrm{d}x + (-xy\sin(xy) + x\cos(xy) - \cos(xy))\,\mathrm{d}y = 0$

6. Bestimmen Sie für die Differentialgleichung

   $$(3xy + 2y^2 - 1)\,\mathrm{d}x + (2x^2 + 3xy - 1)\,\mathrm{d}y = 0$$

   einen integrierenden Faktor $M(x, y)$, der nur von xy abhängt, d.h. M ist von der Form $M(x, y) = \mu(xy)$. Überprüfen Sie anschließend sicherheitshalber, dass die Differentialgleichung *mit* dem integrierenden Faktor tatsächlich exakt ist!

7. Lösen Sie das Anfangswertproblem

   $$(3x^2y^2 - 2xy^3 - 2x - 1) + (2x^3y - 3x^2y^2 - 8y^3 - y + 1)\,y'(x) = 0, \qquad y(0) = 2.$$

22 Mehrdimensionale Integration

22.1 Iterierte Integrale

Die Grundaufgabe der eindimensionalen Integration in Kapitel 15 bestand darin, die Fläche zu berechnen, die zwischen der x-Achse und dem Schaubild $y = f(x)$ einer stetigen Funktion eingeschlossen ist. Wir betrachten nun eine analoge Aufgabe eine Raumdimension höher. Konkret betrachten wir eine nichtnegative stetige Funktion $f\colon [a,b] \times [c,d] \to [0,\infty)$. Es soll das Volumen V des dreidimensionalen Körpers bestimmt werden, der zwischen dem Rechteck $R = [a,b] \times [c,d]$ und dem Schaubild $z = f(x,y)$ von f liegt.

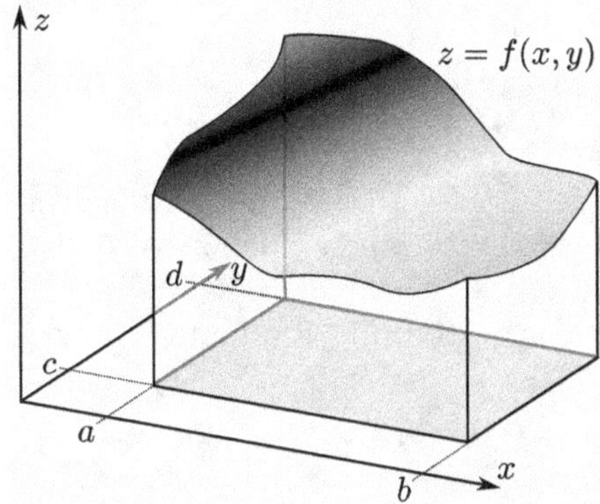

Wie im eindimensionalen Fall, bei dem das Intervall $[a,b]$ in immer kleinere Intervalle zerlegt wird, wählt man hier eine Partition P des Rechtecks R in N kleinere Rechtecke R_k der Form $R_k = [a_k, b_k] \times [c_k, d_k]$, die sich bis auf den Rand nicht überlappen und die das ganze Rechteck R ausfüllen, also

$$R = \bigcup_{k=1}^{N} R_k.$$

Ob man dazu ein Raster bildet oder das große Rechteck unregelmäßig in kleinere Rechtecke aufteilt, spielt für uns keine Rolle. In jedem Teilrechteck R_k seien M_k und m_k das Maximum beziehungsweise das Minimum der Funktion f auf R_k. Dann können wir das gesuchte Volumen nach unten und oben abschätzen durch

$$\sum_{k=1}^{N} m_k \cdot |R_k| \leq V \leq \sum_{k=1}^{N} M_k \cdot |R_k|$$

wobei die Fläche des Rechtecks R_k wie gewohnt berechnet wird als $|R_k| = (b_k - a_k) \cdot (d_k - c_k)$. Die linke Summe stellt also das Gesamtvolumen von Quadern mit der Grundfläche R_k und der Höhe m_k dar, die rechte Summe entsprechend das Gesamtvolumen von Quadern mit der Grundfläche R_k und der Höhe M_k. Das gesuchte Volumen unter dem Graphen liegt immer zwischen diesen beiden Werten. Anschaulich liegen diese „Untersumme“ und die „Obersumme“ immer dichter beieinander, in je mehr kleine Rechtecke man das ursprüngliche Rechteck unterteilt. Insbesondere wird die Untersumme immer größer, wenn man die Rechtecke weiter unterteilt, während die Obersumme abnimmt.

Wie im eindimensionalen Fall muss man aber nicht unbedingt den kleinsten oder größten Wert betrachten, den die Funktion auf den Rechtecken annimmt, sondern kann auch den Funktionswert an irgendeiner Stelle des Rechtecks betrachten.

Definition (Riemannsumme):

Zu einer beschränkten Funktion $f : [a,b] \times [c,d] \to \mathbb{R}$, einer Partition P des Rechtecks $[a,b] \times [c,d]$ in kleinere Rechtecke $R_k = [a_k, b_k] \times [c_k, d_k]$ sowie einer vorgegebenen Menge von **Stützstellen** $\xi_k \in R_k$ definieren wir die **Riemannsumme** von f bezüglich P als

$$Z_P(f) = \sum_{k=1}^{N} (b_k - a_k)(d_k - c_k) f(\xi_j) .$$

Als **Feinheit** der Zerlegung definiert man den Durchmesser des größten in der Partition vorkommenden Rechtecks:

$$\delta_P = \max_k \sqrt{(b_k - a_k)^2 + (d_k - c_k)^2} .$$

Definition (Riemann-Integrierbarkeit):

Eine beschränkte Funktion $f : [a,b] \times [c,d] \to \mathbb{R}$ heißt **Riemann-integrierbar**, wenn für jede Folge von Partitionen des Rechtecks R mit Feinheit $\delta_P \to 0$ die Folge der Riemann-Summen $Z_P(f)$ konvergiert.
In diesem Fall definiert man das **bestimmte (Riemann-)Integral** von f über das Rechteck R als

$$\iint\limits_R f(x,y)\,\mathrm{d}(x,y) = \lim_{\delta_P \to 0} Z_P(f) .$$

An dieser Stelle lösen wir uns auch wieder von der Vorstellung, dass das Integral unbedingt eine Volumenberechnung darstellt und erlauben, dass f auch negative Werte annimmt. Anschaulich werden Bereiche des Schaubilds, die unter der x-y-Ebene liegen dann negativ zum Integral beitragen, während Bereiche oberhalb der x-y-Ebene positiv zählen.

Da die Konstruktionsmethode ganz ähnlich ist wie im eindimensionalen Fall, hat auch das mehrdimensionale Riemann-Integrals einige Eigenschaften, die uns schon wohlbekannt sind

Satz 22.1 (Eigenschaften des Integrals):

Sei $R = [a,b] \times [c,d]$ ein Rechteck, $f, g\colon R \to \mathbb{R}$ seien zwei Riemann-integrierbare Funktionen und $\alpha, \beta \in \mathbb{R}$. Dann gilt:

(a) Die Funktion $\alpha f + \beta g$ ist Riemann-integrierbar mit

$$\iint\limits_R \alpha f + \beta g\,\mathrm{d}(x,y) = \alpha \iint\limits_R f(x,y)\,\mathrm{d}(x,y) + \beta \iint\limits_R g(x,y)\,\mathrm{d}(x,y) \quad \text{(Linearität)}$$

(b) Falls $f(x,y) \leq g(x,y)$ für alle $(x,y) \in R$, dann ist $\iint\limits_R f(x,y)\,\mathrm{d}(x,y) \leq \iint\limits_R g(x,y)\,\mathrm{d}(x,y)$ (Monotonie)

Zunächst ist aus der Definition der Riemann-Integrierbarkeit überhaupt nicht zu erkennen, welche Funktionen man überhaupt integrieren kann (und welche nicht). Wir werden hier auch nicht die Feinheiten ausloten (die im wesentlichen darauf hinauslaufen, dass die Menge, auf der sich die Funktion f nicht „gut" verhält, in einem gewissen „maßtheoretischen" Sinn klein sein muss). Es reicht aber in der Regel, die wichtigste Klasse von Funktionen zu kennen, die Riemann-integrierbar sind:

Satz 22.2 (Stetige Funktionen sind integrierbar):

Jede stetige Funktion $f : [a,b] \times [c,d] \to \mathbb{R}$ ist Riemann-integrierbar.

Mit sehr viel Theorie kann man die Menge der Riemann-integrierbaren Funktionen noch genauer charakterisieren. Dazu benötigt man den Begriff der Nullmenge, der beschreibt, wann eine Menge im $\mathbb{R}^2$ den Flächeninhalt Null hat.

Definition (Nullmenge):

Eine Teilmenge $N \subset \mathbb{R}^2$ heißt **Nullmenge**, wenn es zu jeder noch so kleinen Zahl $\varepsilon > 0$ endlich viele Rechtecke $R_1, R_2, \ldots, R_k$ oder unendlich viele Rechtecke $R_1, R_2, R_3, \ldots$ gibt, deren Gesamtfläche kleiner als ε ist.

Falls die Menge N von unendlich vielen Rechtecken überdeckt wird, dann wird die Gesamtfläche dieser Rechtecke durch eine unendliche Reihe dargestellt.
Beispielsweise kann eine Kreislinie immer durch Rechtecke überdeckt werden, deren Gesamtfläche kleiner ist als eine vorgegebene Zahl ε. Anschaulich ist klar, dass dafür immer mehr Rechtecke nötig sein werden, trotzdem kann man die Gesamtfläche dabei beliebig klein machen.

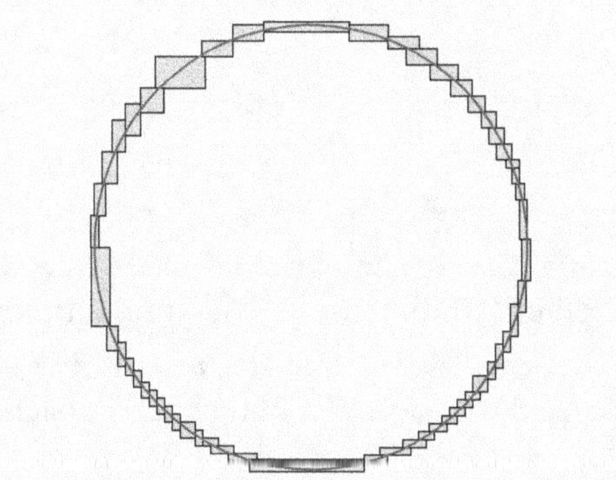

Mit Hilfe der Nullmengen lässt sich die Riemann-Integrierbarkeit nun genauer charakterisieren:

Satz 22.3 (Integrierbarkeit):

Sei $R \subset \mathbb{R}^2$ ein Rechteck und $f : R \to \mathbb{R}$ eine beschränkte Funktion. Dann ist f genau dann Riemann-integrierbar auf dem Rechteck R, wenn die Menge der Unstetigkeitsstellen von f eine Nullmenge ist.

Wir müssen aber zum Glück nicht jedes Mal die Zerlegung in kleine Rechtecke und den Grenzübergang zu immer kleineren Rechtecken durchführen, sondern können die Integration über ein Rechteck zurückführen auf die aus dem ersten Semester bekannte eindimensionale Integration.

Satz 22.4 (Satz von Fubini):

Sei $R = [a,b] \times [c,d]$ und $f : R \to \mathbb{R}$ eine Riemann-integrierbare Funktion. Falls für alle $x \in [a,b]$ das eindimensionale Riemann-Integral

$$\int_c^d f(x,y)\,\mathrm{d}y$$

existiert, dann existiert auch das **iterierte Integral**

$$\int_a^b \left(\int_c^d f(x,y)\,\mathrm{d}y \right) \mathrm{d}x$$

und es gilt

$$\iint_R f(x,y)\,\mathrm{d}(x,y) = \int_a^b \left(\int_c^d f(x,y)\,\mathrm{d}y \right) \mathrm{d}x\,.$$

Die Voraussetzungen sind insbesondere erfüllt, wenn $f : R \to \mathbb{R}$ stetig ist.

Weil von den Variablen x und y keine besonders ausgezeichnet ist, gilt auch die folgende Variante:

Satz 22.5 (Satz von Fubini, Variante 2):

Sei $R = [a,b] \times [c,d]$ und $f : R \to \mathbb{R}$ eine Riemann-integrierbare Funktion. Falls das Riemann-Integral $\int_a^b f(x,y)\,\mathrm{d}x$ für alle $y \in [c,d]$ existiert, dann existiert auch das iterierte Integral

$$\int_c^d \left(\int_a^b f(x,y)\,\mathrm{d}x \right) \mathrm{d}y$$

und es gilt

$$\iint_R f(x,y)\,\mathrm{d}(x,y) = \int_c^d \left(\int_a^b f(x,y)\,\mathrm{d}x \right) \mathrm{d}y\,.$$

Der Satz von Fubini sagt also aus, dass die Integration im $\mathbb{R}^2$ in etwa einer (eindimensionalen) Integration in x-Richtung und einer (eindimensionalen) Integration in y-Richtung entspricht.

Beispiel: Die Funktion $f : [0,1] \times [0,2] \to \mathbb{R}$ mit $f(x,y) = xe^{x+y}$ soll über das achsenparallele Rechteck $R = [0,1] \times [0,2]$ integriert werden. Wir berechnen zunächst

$$\iint_R xe^{x+y}\,\mathrm{d}(x,y) = \int_0^2 \left(\int_0^1 xe^{x+y}\,\mathrm{d}x \right) \mathrm{d}y = \int_0^2 \left[(x-1)e^{x+y}\right]_{x=0}^1 \mathrm{d}y = \int_0^2 e^y\,\mathrm{d}y = e^2 - 1$$

und dann in umgekehrter Integrationsreihenfolge

$$\begin{aligned} \iint_R xe^{x+y}\,\mathrm{d}(x,y) &= \int_0^1 \left(\int_0^2 xe^{x+y}\,\mathrm{d}y \right) \mathrm{d}x = \int_0^1 \left[xe^{x+y}\right]_{y=0}^2 \mathrm{d}x \\ &= \int_0^1 (e^2-1)xe^x\,\mathrm{d}x = (e^2-1)\left[(x-1)e^x\right]_{x=0}^1 = e^2 - 1\,. \end{aligned}$$

Beide Rechenwege liefern also tatsächlich das selbe Ergebnis.

Beispiel: Eine ähnliche Vorgehensweise verknüpft mit einem Grenzübergang liefert den Wert des uneigentlichen Integrals

$$\int_0^\infty \frac{\sin(x)}{x}\,\mathrm{d}x = \lim_{R\to\infty}\int_0^R \frac{\sin(x)}{x}\,\mathrm{d}x = \frac{\pi}{2}\,.$$

Hier benutzt man den Trick, $\frac{1}{x}$ zu schreiben als

$$\frac{1}{x} = \int_0^\infty e^{-xt}\,\mathrm{d}t = \lim_{R\to\infty}\int_0^R e^{-xt}\,\mathrm{d}t$$

und das eindimensionale Integral auf diese Weise in ein zweidimensionales Gebietsintegral umzuwandeln. Mathematisch nicht ganz astrein, aber von der Grundidee her richtig, gilt dann

$$\begin{aligned}
\int_0^\infty \frac{\sin(x)}{x}\,\mathrm{d}x &= \int_0^\infty \sin(x)\left(\int_0^\infty e^{-xt}\,\mathrm{d}t\right)\mathrm{d}x \\
&= \lim_{R\to\infty}\int_0^R\left(\int_0^R \left(e^{-xt}\sin(x)\right)\,\mathrm{d}t\right)\mathrm{d}x \\
&= \lim_{R\to\infty}\int_0^R\left(\int_0^R \left(e^{-xt}\sin(x)\right)\,\mathrm{d}x\right)\mathrm{d}t \\
&= \lim_{R\to\infty}\int_0^R \left|\frac{e^{-xt}}{t^2+1}(-t\sin(x)-\cos(x))\right|_0^R \mathrm{d}t \\
&= \lim_{R\to\infty}\int_0^R \frac{1}{t^2+1}\,\mathrm{d}t = \lim_{R\to\infty}\left[\arctan(t)\right]_0^R = \lim_{R\to\infty}\arctan(R) = \frac{\pi}{2}\,.
\end{aligned}$$

Im allgemeinen will man eine Funktion nicht nur über ein Rechteck R integrieren, sondern über eine allgemeinere Menge K, von der man typischerweise annimmt, dass sie beschränkt und abgeschlossen ist, also nach Definition *kompakt*. Dies erreicht man, indem man die kompakte Menge K in ein Rechteck R legt und die Funktion f auf R *fortsetzt*, indem man eine neue Funktion $\hat{f} : R \to \mathbb{R}$ definiert, die auf der Menge K mit f übereinstimmt und außerhalb von K den Wert 0 hat.

Typischerweise sind die Punkte am Rand von K dann Unstetigkeitsstellen dieser neuen erweiterten Funktion $\hat{f} : R \to \mathbb{R}$. Nach dem oben angegebenen Integrierbarkeitskriterium, muss also der Rand von K eine Nullmenge sein, damit man überhaupt erwarten kann, dass $\hat{f}$ Riemann-integrierbar ist.

Definition (Integral über eine kompakte Menge im $\mathbb{R}^2$):

Sei $K \subset \mathbb{R}^2$ eine kompakte Menge und R ein Rechteck, das die Menge K enthält. Definiert man die Fortsetzung $\hat{f} : R \to \mathbb{R}$ von f durch

$$\hat{f}(x,y) = \begin{cases} f(x,y) & \text{falls } (x,y)\in K \\ = 0 & \text{falls } (x,y)\in K \end{cases},$$

dann setzt man

$$\iint_K f(x,y)\,\mathrm{d}(x,y) = \iint_R \hat{f}(x,y)\,\mathrm{d}(x,y),$$

falls das Integral auf der rechten Seite existiert.

Man macht sich relativ leicht klar, dass es keine Rolle spielt, in welches größere Rechteck man die kompakte Menge K einbettet, da der Bereich außerhalb von K zum Wert des Integrals nichts beträgt. Es handelt sich nur um einen mathematischen Kniff, da wir bisher nur über Rechtecke integrieren konnten.

Auch wenn nur wenig von Nullmengen die Rede war, ist es einigermaßen anschaulich einzusehen, dass Schaubilder von stetig differenzierbaren Funktionen Nullmengen darstellen. Mit dieser Information und dem oben angegebenen Integrierbarkeitskriterium gelangt man zu dem folgenden Satz.

Satz 22.6 (Integrierbarkeit):

Sei $K \subset \mathbb{R}^2$ eine kompakte Menge, deren Rand *stückweise glatt* ist, d.h. der Rand besteht aus Stücken, von denen sich jedes als Schaubild einer stetig differenzierbaren Funktion über der x- oder der y-Achse schreiben lässt. Sei weiter $f : K \to \mathbb{R}$ eine stetige Funktion. Dann ist f Riemann-integrierbar über K.

Begründung: Wenn man f wie oben zu einer Funktion $\hat{f} : R \to \mathbb{R}$ fortsetzt, die auf einem Rechteck R definiert ist, das die Menge K enthält, dann ist $\hat{f}$ höchstens in den Randpunkten von K unstetig. Da der Rand von K eine Nullmenge darstellt, ist f nach dem oben angegebenen Integrierbarkeitskriterium Riemann-integrierbar.

□

Definition (Flächeninhalt):

Der **Flächeninhalt** einer kompakten Menge K wird definiert als das Integral

$$\iint_K 1 \, \mathrm{d}(x, y)$$

über die konstante Funktion, die überall in K den Wert 1 hat.

Wenn K ein Rechteck ist, dann liefert das Integral genau den Flächeninhalt, den man schon aus der Schule kennt. Auch für Mengen, die aus mehreren Rechtecken zusammengesetzt sind, kann man die Gleichheit des Integrals mit dem elementargeometrischen Flächeninhalt verifizieren.

Bemerkung (Höhere Dimensionen):

Der Anschaulichkeit halber haben wir bis jetzt alle Überlegungen für Funktionen von *zwei* Variablen dargestellt. Alle Überlegungen lassen sich aber sinngemäß auch auf die Integration im $\mathbb{R}^3$ oder sogar $\mathbb{R}^n$ übertragen. Statt der Rechtecke integriert man dann über Quader $[a_1, b_1] \times [a_2, b_2] \times [a_3, b_3] \in \mathbb{R}^3$ oder $[a_1, b_1] \times \ldots \times [a_n, b_n] \in \mathbb{R}^n$. Insbesondere sind stetige Funktionen dann alle Riemann-integrierbar und es kommt auf die Reihenfolge der Integrationen nicht an.

Für kompakte Mengen K im $\mathbb{R}^3$ mit „nettem" Rand ist das Volumen wieder als Integral über die Einsfunktion definiert:

$$V(K) = \iiint_K 1 \, \mathrm{d}(x, y, z) \, .$$

22.2 Normalbereiche

Es ist etwas umständlich, eine Funktion f, die man über eine kompakte Menge $K \in \mathbb{R}^2$ integrieren möchte, auf ein Rechteck R fortzusetzen und dann über dieses Rechteck zu integrieren. Um in konkreten Situationen Integrationen tatsächlich durchzuführen, zerlegt man das Integrationsgebiet in „angenehme" Teile, bei denen man die Integration direkt durchführen kann.

Definition (Normalbereich im $\mathbb{R}^2$):

Eine kompakte Menge $K \subset \mathbb{R}^2$ heißt **Normalbereich bezüglich der x-Achse**, wenn K sich schreiben lässt als

$$K = \{(x, y) \in \mathbb{R}^2;\ a \leq x \leq b \text{ und } g_1(x) \leq y \leq g_2(x)\},$$

wobei $g_1, g_2 : [a, b] \to \mathbb{R}$ stetige Funktionen sind.
Analog heißt $M \subset \mathbb{R}^2$ **Normalbereich bezüglich der y-Achse**, wenn

$$M = \{(x, y) \in \mathbb{R}^2;\ c \leq y \leq d \text{ und } h_1(y) \leq x \leq h_2(y)\}.$$

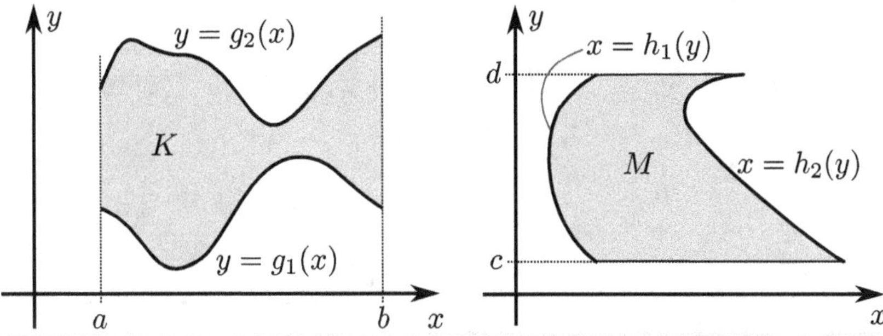

Man nennt einen Normalbereich **regulär**, wenn die Begrenzungskurven g_1 und g_2, bzw. h_1 und h_2 stetig differenzierbar sind.

Beispiel: Im $\mathbb{R}^2$ wird ein Viertelkreis durch den Normalbereich

$$V = \{(x, y) \in \mathbb{R}^2;\ 0 \leq x \leq 1,\ 0 \leq y \leq \sqrt{1 - x^2}\}$$

bezüglich der x-Achse beschrieben, das heißt, hier sind $g_1(x) = 0$ und $g_2(x) = \sqrt{1 - x^2}$.

Beispiel (Kreisring):

Wir betrachten den Kreisring $R = \{(x, y) \in \mathbb{R}^2;\ 4 \leq x^2 + y^2 \leq 9\}$. Bei R handelt es sich nicht um einen Normalbereich, aber R lässt sich in mehrere Normalbereiche zerlegen.
Versuchen Sie selbst, die eingezeichneten vier Normalbereiche durch Ungleichungen zu beschreiben.

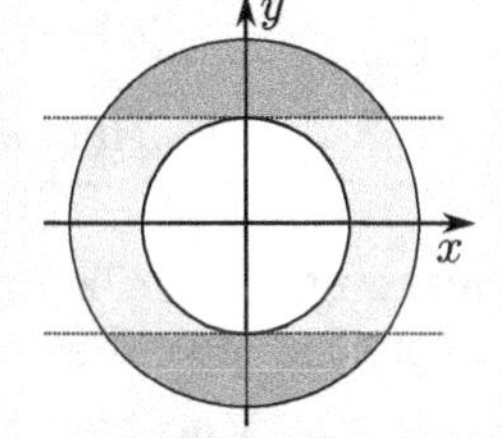

Die Zerlegung in Normalbereiche ist eine wichtige Hilfe bei der Integration über mehrdimensionale Bereiche.

Satz 22.7 (Integration über Normalbereiche im $\mathbb{R}^2$):

Ist $K = \{(x, y) \in \mathbb{R}^2;\ a \le x \le b \,\text{und}\, g_1(x) \le y \le g_2(x)\}$ ein Normalbereich bezüglich der x-Achse und ist $f\colon K \to \mathbb{R}$ eine stetige Funktion, dann ist f integrierbar über K und es gilt

$$\iint_K f(x,y)\,\mathrm{d}(x,y) = \int_a^b \int_{g_1(x)}^{g_2(x)} f(x,y)\,\mathrm{d}y\,\mathrm{d}x.$$

Analog ist für einen Normalbereich $M = \{(x, y) \in \mathbb{R}^2;\ c \le y \le d \,\text{und}\, h_1(y) \le x \le h_2(y)\}$ bezüglich der y-Achse

$$\iint_M f(x,y)\,\mathrm{d}(x,y) = \int_c^d \int_{h_1(y)}^{h_2(y)} f(x,y)\,\mathrm{d}x\,\mathrm{d}y.$$

Beispiel: Speziell für den Viertelkreis mit $x \in [a, b] = [0, 1]$ und $g_1(x) = 0 \le y \le \sqrt{1-x^2} = g_2(x)$ erhält man

$$\begin{aligned}\iint_V 1\,\mathrm{d}x\,\mathrm{d}y &= \int_0^1 \left(\int_0^{\sqrt{1-x^2}} 1\,\mathrm{d}y \right) \mathrm{d}x = \int_0^1 \sqrt{1-x^2}\,\mathrm{d}x \\ &= \left[\tfrac{1}{2}\arcsin(x) + \tfrac{1}{2}x\sqrt{1-x^2} \right]_{x=0}^{1} = \tfrac{1}{4}\pi\,.\end{aligned}$$

Eine ähnliche Konstruktion lässt sich auch für räumliche Bereiche durchführen.

Definition (Normalbereich im $\mathbb{R}^3$):

Eine kompakte Menge $K \subset \mathbb{R}^3$ heißt **Normalbereich** bezüglich der x-y-Ebene, wenn K sich schreiben lässt als

$$K = \big\{(x, y) \in \mathbb{R}^3;\ a \le x \le b \ \text{ und } \ g_1(x) \le y \le g_2(x) \ \text{ und } \ u_1(x, y) \le z \le u_2(x, y)\big\}\,,$$

wobei $g_1, g_2 : [a, b] \to \mathbb{R}$ und $u_1, u_2 : \{(x, y);\ a \le x \le b,\ g_1(x) \le y \le g_2(x)\} \to \mathbb{R}$ stetige Funktionen sind.
$K \subset \mathbb{R}^3$ heißt auch dann **Normalbereich** bezüglich der x-y-Ebene, wenn

$$K = \big\{(x, y) \in \mathbb{R}^3;\ a \le y \le b \ \text{ und } \ h_1(y) \le x \le h_2(x) \ \text{ und } \ v_1(x, y) \le z \le v_2(x, y)\big\}\,,$$

wobei $h_1, h_2 : [a, b] \to \mathbb{R}$ und $v_1, v_2 : \{(x, y);\ a \le y \le b,\ h_1(x) \le y \le h_2(x)\} \to \mathbb{R}$ stetige Funktionen sind.
Ein Normalbereich heißt **regulär**, wenn die Randfunktionen stetig differenzierbar sind.

Bemerkung: Analog kann man auch Normalbereiche bezüglich der x-z-Ebene oder bezüglich der y-z-Ebene auf jeweils zwei Arten darstellen.

Beispiel: Eine Kugel $K = \{(x, y, z) \in \mathbb{R}^3;\ x^2+y^2+z^2 \le r^2\}$ vom Radius r ist ein dreidimensionaler Normalbereich über der x-y-Ebene, denn sie lässt sich darstellen als

$$K = \{(x, y, z);\ -r \le x \le r,\ -\sqrt{r^2-x^2} \le y \le \sqrt{r^2-x^2},\ -\sqrt{r^2-x^2-y^2} \le z \le \sqrt{r^2-x^2-y^2}\}\,.$$

Satz 22.8 (Integration über Normalbereiche im $\mathbb{R}^3$):

Ist K ein räumlicher Normalbereich bezüglich der x-y-Ebene wie in der oben angegebenen Definition und ist $f\colon K \to \mathbb{R}$ eine stetige Funktion, dann ist f integrierbar über K und es gilt

$$\iiint_K f(x,y,z)\,\mathrm{d}(x,y,z) = \int_a^b \int_{g_1(x)}^{g_2(x)} \int_{u_1(x,y)}^{u_2(x,y)} f(x,y,z)\,\mathrm{d}z\,\mathrm{d}y\,\mathrm{d}x\,.$$

Beispiel: Die Funktion $f(x,y) = x$ soll über das Gebiet

$$G = \{(x,y);\ 0 \le x \le 1,\ -x \le y \le x^2\}$$

integriert werden. Da G ein Normalbereich bezüglich der x-Achse ist, kann man folgendermaßen rechnen:

$$\iint_G f(x,y)\,\mathrm{d}(x,y) = \int_0^1 \int_{-x}^{x^2} x\,\mathrm{d}y\,\mathrm{d}x = \int_0^1 x \cdot y\Big|_{y=-x}^{y=x^2} \mathrm{d}x = \int_0^1 x^3 + x^2\,\mathrm{d}x = \frac{x^4}{4} + \frac{x^3}{3}\Big|_0^1 = \frac{7}{12}$$

Beispiel: Gegeben seien der räumliche Normalbereich

$$K = \{(x,y,z);\ 0 \le x \le 2,\ 0 \le y \le x,\ 0 \le z \le x + y + 1\}$$

und die Funktion $f(x,y,z) = 2xz + y^2$, die stetig und damit auf der kompakten Menge K auch beschränkt ist.
Dann gilt

$$\begin{aligned}
\iiint_K f(x,y,z)\,\mathrm{d}(x,y,z) &= \int_0^2 \int_0^x \int_0^{x+y+1} 2xz + y^2\,\mathrm{d}z\,\mathrm{d}y\,\mathrm{d}x \\
&= \int_0^2 \int_0^x 2x \cdot \frac{z^2}{2} + y^2 z\Big|_{z=0}^{z=x+y+1} \mathrm{d}y\,\mathrm{d}x \\
&= \int_0^2 \int_0^x x(x+y+1)^2 + y^2(x+y+1)\,\mathrm{d}y\,\mathrm{d}x \\
&= \int_0^2 \int_0^x x^3 + 2x^2y + 2x^2 + xy^2 + 2xy + x + y^2x + y^3 + y^2\,\mathrm{d}y\,\mathrm{d}x \\
&= \int_0^2 x^4 + \frac{x^4}{3} + x^2 + x^4 + 2x^3 + x^3 + \frac{x^4}{3} + \frac{x^4}{4} + \frac{x^3}{3}\,\mathrm{d}x = \frac{104}{3}\,.
\end{aligned}$$

22.3 Koordinatentransformationen und Transformationsformel

Die Substitutionsregel für das eindimensionale (Riemann-)Integral aus Kapitel 14 besagte, dass für eine stetige Funktion $f : [c,d] \to \mathbb{R}$ und eine stetig differenzierbare „Koordinatentransformation“ $\varphi : [a,b] \to [c,d]$ immer

$$\int_a^b f(\varphi(t))\varphi'(t)\,\mathrm{d}t = \int_{\varphi(a)}^{\varphi(b)} f(x)\,\mathrm{d}x$$

ist. Falls $\varphi' > 0$ (oder $\varphi' < 0$) ist, dann könnte man diese Gleichung auch schreiben als

$$\int\limits_{[a,b]} f(\varphi(t))\varphi'(t)\,\mathrm{d}t = \int\limits_{[\varphi(a),\varphi(b)]} f(x)\,\mathrm{d}x$$

oder als

$$\int\limits_{\varphi^{-1}[c,d]} f(\varphi(t))\varphi'(t)\,\mathrm{d}t = \int\limits_{[c,d]} f(x)\,\mathrm{d}x.$$

Eine Verallgemeinerung dieser letzten Version der Substitutionsregel auf n-dimensionale Integrale ist die Transformationsformel. Dabei wird das Intervall $[a,b]$ durch eine kompakte Menge $K \subset \mathbb{R}^n$ ersetzt und statt der Transformation $\varphi : [a,b] \to [c,d]$ betrachtet man eine mehrdimensionale Transformation

$$\vec{\Phi} = \begin{pmatrix} \varphi_1 \\ \varphi_2 \\ \vdots \\ \varphi_n \end{pmatrix}.$$

Von dieser Transformation $\vec{\Phi} : U \to V$ zwischen offenen Mengen $U, V \subset \mathbb{R}^n$ verlangt man nicht nur, dass sie bijektiv ist, sondern sowohl $\vec{\Phi}$ als auch die Umkehrabbildung $\vec{\Phi}^{-1}$ sollen stetig differenzierbar sein. Die Rolle von $\varphi'(t)$ in der eindimensionalen Substitutionsregel wird in der Transformationsformel von der *Funktionaldeterminante* $\det(D\vec{\Phi}(\vec{x}))$ übernommen. Geometrisch gibt diese Determinante der Jacobimatrix von $\vec{\Phi}$ an, wie ein kleines Volumenelement an der Stelle $\vec{x}$ durch die Abbildung $\vec{\Phi}$ verändert wird.
Anschaulich kann man sich das noch einigermaßen klarmachen, wenn $\vec{\Phi} : \mathbb{R}^2 \to \mathbb{R}^2$ eine *lineare* Abbildung ist, also $\vec{\Phi}(\vec{x}) = A\vec{x}$ mit einer invertierbaren 2×2-Matrix A. Dann macht $\vec{\Phi}$ aus dem Rechteck $[a,b] \times [c,d]$, das von den beiden Vektoren $(b-a)\vec{e}_1$ und $(d-c)\vec{e}_2$ aufgespannt wird, ein Parallelogramm, das von den beiden Vektoren $(b-a)A\vec{e}_1$ und $(d-c)A\vec{e}_2$ gebildet wird.

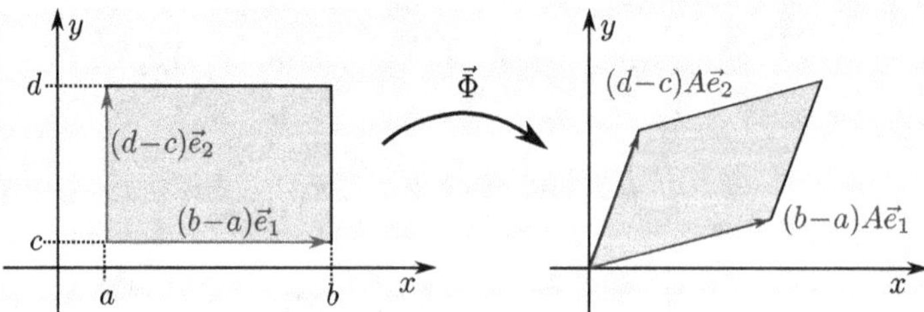

Aus dem Rechteck mit Flächeninhalt $(b-a)(d-c)$ wird also ein Parallelogramm, dessen Flächeninhalt sich als

$$\det((b-a)A\vec{e}_1, (d-c)A\vec{e}_2) = (b-a)(d-c)\det(A)$$

berechnet, wobei die beiden Vektoren, die das Parallelogramm aufspannen, die Spalten der Determinante bilden. Der Flächeninhalt ändert sich durch die Abbildung $\vec{\Phi}$ also um den Faktor $\det(A) = \det(D\vec{\Phi})$.
Da die Abbildung $\vec{\Phi}$ im allgemeinen nichtlinear ist und sich die Jacobimatrix $D\vec{\Phi}(\vec{x})$ von Punkt zu Punkt ändert, ist auch der „Verzerrungsfaktor" $\det(D\vec{\Phi})(\vec{x})$ überall verschieden.
In diesem allgemeinen Fall erhält man dann als Resultat:

Satz 22.9 (Transformationsformel):

Sei $\vec{\Phi} : U \to V$ eine bijektive, stetig differenzierbare Abbildung zwischen den offenen Mengen $U, V \subset \mathbb{R}^n$ und die Umkehrabbildung $\vec{\Phi}^{-1}$ sei ebenfalls stetig differenzierbar. Für eine kompakte Menge $K \subset V$ und eine stetige Funktion $F : K \to \mathbb{R}$ ist dann

$$\int_K f(\vec{y})\,\mathrm{d}\vec{y} = \int_{\vec{\Phi}^{-1}(K)} f(\vec{\Phi}(\vec{x}))|\det(D\vec{\Phi}(\vec{x})|\,\mathrm{d}\vec{x}\,.$$

Dabei ist mit $\vec{\Phi}^{-1}(K) = \{\vec{x} \in U; \vec{\Phi}(\vec{x}) \in K\}$ die *Urbildmenge* von K unter der Abbildung $\vec{\Phi}$ gemeint.

Man kann die Bedingung, dass $\vec{\Phi}$ bijektiv sein muss, noch ein klein wenig abschwächen: „Kleine" Ausnahmen im Sinne der schon erwähnten Nullmengen sind erlaubt. Dies ist auch der Grund, warum wir die Transformationsformel ohne Probleme auf Polarkoordinaten, Zylinderkoordinaten und Kugelkoordinaten anwenden können, obwohl die zugehörigen Koordinatentransformationen nicht den gesamten $\mathbb{R}^2$ bzw. $\mathbb{R}^3$ bijektiv auf sich selbst abbilden.

Bemerkung: Wie schon allgemein bei der n-dimensionalen Integration kann man auch hier nicht über *beliebige* Mengen einfach integrieren. Man sollte den Satz also auf eine der zwei folgenden Arten auffassen:

1. Wenn man bereits weiß, dass das Integral auf der linken Seite existiert, dass man also über die Menge K integrieren darf, dann besagt die Transformationsformel, dass auch das rechte Integral in Ordnung ist und beide Integrale denselben Wert ergeben.
2. Eine etwas pragmatischere Herangehensweise lautet so: Kompakte, also abgeschlossene und beschränkte Mengen K, für die das Integral auf der linken Seite nicht existiert, sehen so kompliziert aus, dass sie uns in praktischen Anwendungen so gut wie nie begegnen (der Rand der Menge K müsste sehr „ausgefranst" sein, damit die Integrierbarkeit ein Problem wird). Wir können also davon ausgehen, dass für alle Integrale, die sich aus praktischen Anwendungen ergeben, die Transformationsformel angewandt werden darf.

Nun kann man im Prinzip das Verhalten von Integralen unter beliebigen Koordinatentransformationen angeben. In der Praxis gibt es aber einige Transformationen, die besonders häufig vorkommen, und die hier explizit beschrieben werden sollen.

Ebene Polarkoordinaten

Hier ist die zugrundeliegende Abbildung

$$\vec{x} = \begin{pmatrix} x \\ y \end{pmatrix} = \vec{\Phi}(r, \varphi) = \begin{pmatrix} r\cos(\varphi) \\ r\sin(\varphi) \end{pmatrix}$$

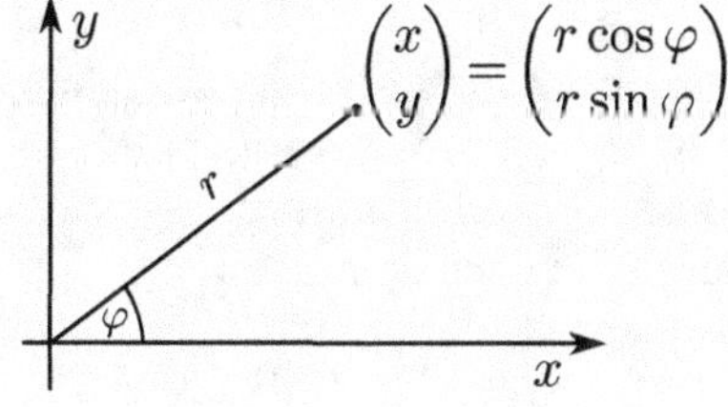

mit $r \geq 0$ und $0 \leq \varphi \leq 2\pi$ und die Funktionaldeterminante ist

$$\det D\vec{\Phi}((r, \varphi) = \begin{vmatrix} \cos(\varphi) & -r\sin(\varphi) \\ \sin(\varphi) & r\cos(\varphi) \end{vmatrix} = r\cos^2(\varphi) + r\sin^2(\varphi) = r\,.$$

Damit ist

$$\iint_M f(x, y)\,\mathrm{d}x\,\mathrm{d}y = \iint_U f(\vec{\Phi}(r, \varphi))r\,\mathrm{d}r\,\mathrm{d}\varphi.$$

wobei U die Darstellung der Menge M in Polarkoordinaten ist.

Bemerkung :

Diese Umrechnung wird oft auch in der Kurzform

$$dx\,dy = r\,dr\,d\varphi$$

geschrieben. Die rechte Seite nennt man dann *Volumenelement in Polarkoordinaten.*

Zylinderkoordinaten

Hier ist die zugrundeliegende Abbildung

$$\vec{x} = \begin{pmatrix} x \\ y \\ z \end{pmatrix} = \vec{\Phi}(r,\varphi,\zeta) = \begin{pmatrix} r\cos(\varphi) \\ r\sin(\varphi) \\ \zeta \end{pmatrix}$$

und die Funktionaldeterminante ist

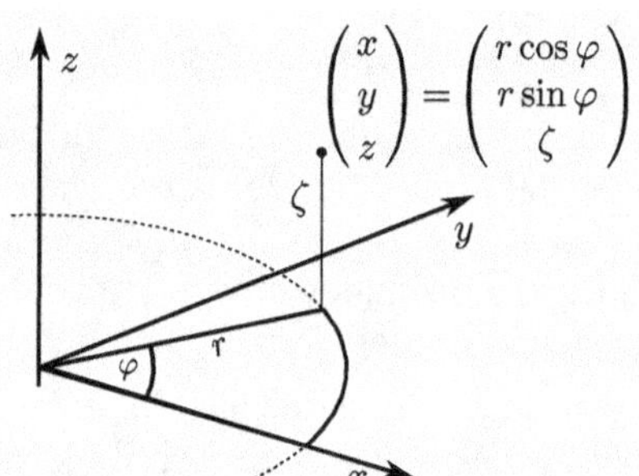

$$\det D\vec{\Phi}((r,\varphi,\zeta) = \begin{vmatrix} \cos(\varphi) & -r\sin(\varphi) & 0 \\ \sin(\varphi) & r\cos(\varphi) & 0 \\ 0 & 0 & 1 \end{vmatrix} = r\cos^2(\varphi) + r\sin^2(\varphi) = r.$$

Damit ist

$$\iiint\limits_M f(x,y,z)\,dx\,dy\,dz = \iiint\limits_U f(\vec{\Phi}(r,\varphi,\zeta))r\,dr\,d\varphi\,d\zeta.$$

wobei U die Darstellung der Menge M in Zylinderkoordinaten ist.

Bemerkung: Weil $\zeta = z$ ist, schreibt man häufig auch statt ζ überall direkt wieder z. Das Volumenelement in Zylinderkoordinaten lautet daher meist $r\,dr\,d\varphi\,dz$.

Beispiel (Volumen eines Rotationskörpers):

Rotiert das rechts gezeichnete Flächenstück um die z-Achse, dann entsteht ein Körper K. Dessen Volumen lässt sich am besten in Zylinderkoordinaten berechnen, da diese der Symmetrie des Problems angepasst sind.
Dieser Rotationskörper K wird in Zylinderkoordinaten durch die Ungleichungen

$$0 \le r \le 2, \quad 0 \le \varphi \le 2\pi, \quad \sqrt{x} \le z \le \sqrt{2}$$

beschrieben.
Sein Volumen ist daher

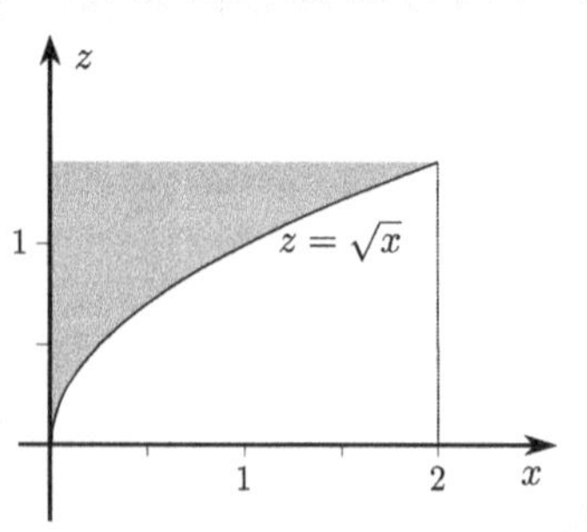

$$V = \int\limits_0^2 \int\limits_0^{2\pi} \int\limits_{\sqrt{r}}^{\sqrt{2}} r\,dz\,d\varphi\,dr = \frac{4}{5}\pi\sqrt{2}.$$

Anregung zur weiteren Vertiefung :

In Kapitel 15 hatten wir uns schon einmal mit Volumina von Rotationskörpern befasst. Vergleichen Sie das Vorgehen von damals mit der Berechnung in Zylinderkoordinaten und leiten Sie die allgemeine Formel aus Kapitel 15 aus einer Rechnung in Zylinderkoordinaten her.

Kugelkoordinaten

Hier ist die zugrundeliegende Abbildung

$$\vec{x} = \begin{pmatrix} x \\ y \\ z \end{pmatrix} = \vec{\Phi}(r,\varphi) = \begin{pmatrix} r\cos(\varphi)\sin(\theta) \\ r\sin(\varphi)\sin(\theta) \\ r\cos(\theta) \end{pmatrix}$$

mit $0 \le \theta \le \pi$. Der Winkel θ ist also der Winkel, den die Verbindungsstrecke vom Ursprung zu $\vec{x}$ mit der z-Achse einschließt.

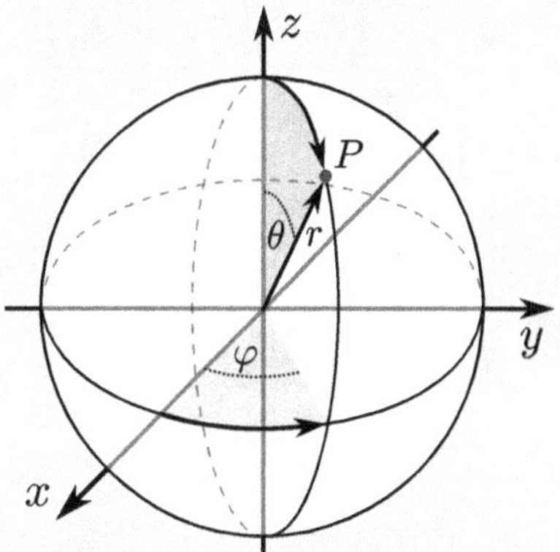

Die Funktionaldeterminante ist hier

$$\det D\vec{\Phi}(r,\varphi,\zeta) = \begin{vmatrix} \cos(\varphi)\sin(\theta) & -r\sin(\varphi)\sin(\theta) & r\cos(\varphi)\cos(\theta) \\ \sin(\varphi)\sin(\theta) & r\cos(\varphi)\sin(\theta) & r\sin(\varphi)\cos(\theta) \\ \cos(\theta) & 0 & -r\sin(\theta) \end{vmatrix} = r^2\sin(\theta)$$

und somit gilt nach der Transformationsformel für Integrale

$$\iiint_M f(x,y,z)\,\mathrm{d}x\,\mathrm{d}y\,\mathrm{d}z = \iiint_U f(\vec{\Phi}(r,\varphi,\theta))r^2\sin(\theta)\,\mathrm{d}r\,\mathrm{d}\varphi\,\mathrm{d}\theta,$$

wobei U die Darstellung der Menge M in Kugelkoordinaten ist.

Bemerkung :

Eine andere Variante der Kugelkoordinaten lautet $\vec{x} = \begin{pmatrix} x \\ y \\ z \end{pmatrix} = \vec{\Psi}(r,\varphi) = \begin{pmatrix} r\cos(\varphi)\cos(\theta) \\ r\sin(\varphi)\cos(\theta) \\ r\sin(\theta) \end{pmatrix}$ mit $-\frac{\pi}{2} \le \theta \le \frac{\pi}{2}$. Hierbei misst θ den Winkel zur x-y-Ebene und die Funktionaldeterminante hat den Wert $\det D\vec{\Psi}(r,\varphi,\theta) = r^2\cos(\theta)$.

Beispiel: Sei H die obere Hälfte einer Vollkugel vom Radius R mit Mittelpunkt $(0,0,0)$. Wir betrachten die Funktion $f(x,y,z) = x^2 + y^2 - xz$.
Um das Integral $\iiint_H f(\vec{x})\,\mathrm{d}x\,\mathrm{d}y\,\mathrm{d}z$ mit einfachen Integrationsgrenzen zu berechnen, benutzt man sinnvollerweise die Beschreibung von H in Kugelkoordinaten (r,φ,θ):

$$H = \{(x,y,z) = (r\cos(\varphi)\sin(\theta), r\sin(\varphi)\sin(\theta), r\cos(\theta));\ 0 \le \varphi \le 2\pi,\ 0 \le \theta \le \frac{1}{2}\pi,\ 0 \le r \le R\}.$$

Damit ist dann

$$\begin{aligned}\iiint\limits_H f(\vec{x})\,\mathrm{d}x\,\mathrm{d}y\,\mathrm{d}z &= \int_0^{2\pi}\int_0^{\frac{\pi}{2}}\int_0^R \Bigg(\underbrace{r^2\cdot\sin^2(\theta)}_{x^2+y^2} - \underbrace{r\cos(\varphi)\sin(\theta)}_{=x}\cdot\underbrace{r\cos(\theta)}_{=z}\Bigg)\; r^2\,\sin(\theta)\,\mathrm{d}r\;\mathrm{d}\theta\,\mathrm{d}\varphi \\ &= \frac{R^5}{5}\int_0^{\frac{\pi}{2}}\int_0^{2\pi} \sin^3(\theta) - \underbrace{\cos(\varphi)\cdot\sin^2(\theta)\cdot\cos(\theta)}_{\varphi-\text{Integral}=0}\,\mathrm{d}\varphi\,\mathrm{d}\theta = \frac{R^5}{5}\cdot 2\pi\int_0^{\frac{\pi}{2}}\sin^3(\theta)\,\mathrm{d}\theta \\ &= \frac{R^5}{5}\cdot 2\pi\left[\frac{\cos^3(\theta)}{3} - \cos(\theta)\right]_{\theta=0}^{\frac{\pi}{2}} = \frac{4}{15}\cdot\pi\cdot R^5\,.\end{aligned}$$

Mit Hilfe der Transformationsformel und etwas trickreichen Umformungen kann man nun auch den Wert eines wichtigen uneigentlichen Integrals bestimmen:

Bemerkung (Gaußsche Fehlerfunktion):

Das uneigentliche Integral $\int\limits_{-\infty}^{\infty} e^{-x^2}\,\mathrm{d}x = \lim\limits_{R\to\infty}\int\limits_{-R}^{R} e^{-x^2}\,\mathrm{d}x$ lässt sich exakt berechnen, obwohl der Integrand e^{-x^2} keine geschlossen darstellbare Stammfunktion besitzt. Dazu „verdoppeln" wir das Integral und interpretieren es als Gebietsintegral im $\mathbb{R}^2$:

$$\left(\int_{-R}^{R} e^{-x^2}\,\mathrm{d}x\right)^2 = \left(\int_{-R}^{R} e^{-x^2}\,\mathrm{d}x\right)\cdot\left(\int_{-R}^{R} e^{-y^2}\,\mathrm{d}y\right) = \int\limits_{-R\le x,y\le R} e^{-(x^2+y^2)}\,\mathrm{d}x\,\mathrm{d}y\,.$$

Anstatt nun über das Quadrat $\{(x,y);\ -R\le x,y\le R\}$ zu integrieren, integrieren wir über einen Kreis vom Radius R und einen Kreis vom Radius $\sqrt{2}R$. Weil der Integrand positiv ist, werden wir beim einen Mal etwas weniger als das gesuchte Integral und beim größeren Kreis etwas mehr als das gesuchte Integral herausbekommen.

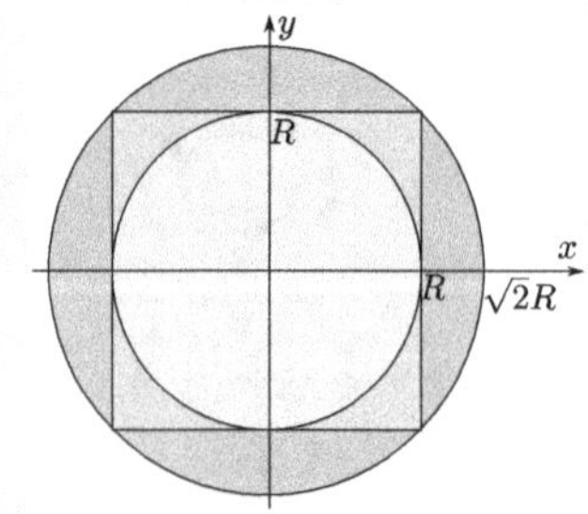

Am Ende, das heißt im Limes $R\to\infty$ werden sich die beiden Werte aber immer weniger unterscheiden, so dass wir das Sandwichkriterium anwenden können.

Das Integral über den Kreis mit Radius R ergibt in Polarkoordinaten wegen $x^2+y^2=r^2$

$$\int_0^R\int_0^{2\pi} re^{-r^2}\,\mathrm{d}\varphi\,\mathrm{d}r = 2\pi\int_0^R re^{-r^2}\,\mathrm{d}r = \pi\left[-e^{-r^2}\right]_{r=0}^{R} = \pi\left(1-e^{-R^2}\right).$$

Auf die gleiche Weise erhält man für das Integral über den Kreis mit Radius $\sqrt{2}R$

$$\int_0^{\sqrt{2}R}\int_0^{2\pi} re^{-r^2}\,\mathrm{d}\varphi\,\mathrm{d}r = \pi\left(1-e^{-2R^2}\right).$$

Da beide Integrale für $R\to\infty$ gegen π konvergieren, ist

$$\lim_{R\to\infty}\left(\int_{-R}^{R} e^{-x^2}\,\mathrm{d}x\right)^2 = \pi \quad\Rightarrow\quad \int_{-\infty}^{\infty} e^{-x^2}\,\mathrm{d}x = \sqrt{\pi}\,.$$

22.4 Anwendungen mehrfacher Integrale

Mehrfache Integrale treten in der Technischen Mechanik sehr häufig auf. Sie dienen dazu, Massen, Schwerpunktskoordinaten, Trägheitsmomente oder Flächenträgheitsmomente zu berechnen.

Satz 22.10 :

Ein Körper $K \subset \mathbb{R}^3$ mit der Massendichte $\varrho(x,y,z)$ hat das Volumen $V = \iiint\limits_K 1\,\mathrm{d}x\,\mathrm{d}y\,\mathrm{d}z$ und die Masse $M = \iiint\limits_K \varrho(x,y,z)\,\mathrm{d}x\,\mathrm{d}y\,\mathrm{d}z$.

Sein Schwerpunkt (x_S, y_S, z_S) hat die Koordinaten

$$\begin{aligned}
x_s &= \frac{1}{M}\cdot\iiint\limits_K x\cdot\varrho(x,y,z)\,\mathrm{d}x\,\mathrm{d}y\,\mathrm{d}z,\\
y_s &= \frac{1}{M}\cdot\iiint\limits_K y\cdot\varrho(x,y,z)\,\mathrm{d}x\,\mathrm{d}y\,\mathrm{d}z \quad \text{und}\\
z_s &= \frac{1}{M}\cdot\iiint\limits_K z\cdot\varrho(x,y,z)\,\mathrm{d}x\,\mathrm{d}y\,\mathrm{d}z\,.
\end{aligned}$$

Beispiel: Um den Schwerpunkt eines Kegels K aus homogenem Material ($\varrho = 1$) zu berechnen, wählt man ein „gutes" Koordinatensystem, beispielsweise mit dem Ursprung im Mittelpunkt der Grundfläche von K und mit der $z-$Achse als Symmetrieachse.

Der Körper K lässt sich in Zylinderkoordinaten in der Form

$$K = \{0 \le r \le R,\ \ 0 \le \varphi \le 2\pi,\ \ 0 \le z \le h - \frac{h}{R}r\}$$

darstellen.

Aus Symmetriegründen muss $x_S = y_S = 0$ sein. Es bleibt also nur die z-Koordinate des Schwerpunkts zu bestimmen. Wegen $\varrho = 1$ entspricht die Masse dem Volumen des Kegels, also

$$M = \frac{1}{3}\cdot\text{Grundfläche}\cdot\text{Höhe} = \frac{1}{3}\cdot\pi R^2\cdot h.$$

Daher erhält man unter Verwendung von Zylinderkoordinaten

$$\begin{aligned}
z_S &= \frac{1}{M}\iiint\limits_K z\,\mathrm{d}x\,\mathrm{d}y\,\mathrm{d}z = \frac{1}{M}\int\limits_0^{2\pi}\int\limits_0^{R}\int\limits_0^{h-\frac{hr}{R}} z\cdot r\,\mathrm{d}z\,\mathrm{d}r\,\mathrm{d}\varphi\\
&= \frac{1}{M}\int\limits_0^{2\pi}\int\limits_0^{R}\frac{1}{2}\left(h-\frac{hr}{R}\right)^2 r\,\mathrm{d}r\,\mathrm{d}\varphi = \frac{1}{M}\int\limits_0^{2\pi} h^2\left(\frac{1}{2}R^2-\frac{2}{3}\frac{R^3}{R}+\frac{1}{4}\frac{R^4}{R^2}\right)\mathrm{d}\varphi\\
&= \frac{1}{M}\cdot 2\pi h^2\frac{R^2}{12} = \frac{2\pi h^2\frac{R^2}{12}}{\frac{1}{3}\cdot\pi R^2\cdot h} = \frac{1}{4}\cdot h.
\end{aligned}$$

Anschaulich: Da der Großteil der Masse von K nahe an der Grundfläche liegt, liegt der Schwerpunkt auch entsprechend niedrig.

Beispiel (Trägheitsmoment):

Aus der Mechanik kennen Sie das Trägheitsmoment eines einzelnen Massepunktes m im Punkt (x_0, y_0, z_0) bei einer Rotation um die z-Achse als

$$\Theta_z = m(x_0^2 + y_0^2).$$

Bei einem starren Körper, der aus endlich vielen Massepunkten m_i an den Punkten (x_i, y_i, z_i) besteht, ist das Trägheitsmoment entsprechend die Summe

$$\Theta_z = \sum_i m_i(x_i^2 + y_i^2).$$

Das Trägheitsmoment verknüpft die Winkelgeschwindigkeit ω über die Gleichung

$$T_{rot} = \frac{1}{2}\Theta_z \cdot \omega^2$$

mit der Rotationsenergie und über

$$L = \Theta_z \omega$$

mit dem Drehimpuls des rotierenden Körpers.
Einen allgemeinen starren Körper K mit einer Massendichte ρ stellt man sich zusammengesetzt aus sehr, sehr vielen kleinen Punktmassen vor. Beim Übergang von einer endlichen Summe zum Integral ergibt sich dann für das Trägheitsmoment bei der Rotation um die z-Achse

$$\Theta_z = \iiint_K \rho(x, y, z)(x^2 + y^2)\,\mathrm{d}x\,\mathrm{d}y\,\mathrm{d}z.$$

Analog sind die Trägheitsmomente bei der Rotation um die x- bzw. y-Achse

$$\Theta_x = \iiint_K \rho(x, y, z)(y^2 + z^2)\,\mathrm{d}x\,\mathrm{d}y\,\mathrm{d}z \quad \text{und} \quad \Theta_y = \iiint_K \rho(x, y, z)(x^2 + z^2)\,\mathrm{d}x\,\mathrm{d}y\,\mathrm{d}z.$$

Beispiel: Das Trägheitsmoment eines Quaders mit den Kantenlängen a, b und c bei der Rotation um z-Achse ist

$$\Theta_z = \iiint_Q \rho(x, y, z) \cdot (x^2 + y^2)\,\mathrm{d}x\,\mathrm{d}y\,\mathrm{d}z.$$

Für eine konstante Dichte $\rho(x, y, z) = 1$ ergibt sich

$$\begin{aligned}
\Theta_z &= \int_{-a/2}^{a/2}\int_{-b/2}^{b/2}\int_{-c/2}^{c/2} (x^2 + y^2)\,\mathrm{d}z\,\mathrm{d}y\,\mathrm{d}x = \int_{-a/2}^{a/2} \left(\int_{-b/2}^{b/2} c(x^2 + y^2)\,\mathrm{d}y \right) \mathrm{d}x = c \int_{-a/2}^{a/2} \left[x^2 y + \frac{y^3}{3} \right]_{-\frac{b}{2}}^{\frac{b}{2}} \mathrm{d}x \\
&= c \int_{-a/2}^{a/2} \left(x^2 b + \frac{b^3 \cdot 2}{8 \cdot 3} \right) \mathrm{d}x = bc \left[\frac{x^3}{3} + \frac{b^2 x}{12} \right]_{-a/2}^{a/2} \\
&= bc \left(\frac{a^3}{12} + \frac{b^2 a}{12} \right) = abc \cdot \frac{a^2 + b^2}{12} = M \cdot \frac{a^2 + b^2}{12},
\end{aligned}$$

wobei $M = abc$ die Masse des Quaders ist.

Nachdem Sie dieses Kapitel bearbeitet haben, sollten Sie ...

... anschaulich erklären können, was durch ein mehrdimensionales Integral genau berechnet wird

... wissen, dass stetige Funktionen auf einem Rechteck und auf kompakten Mengen mit „stückweise glattem Rand“ Riemann-integrierbar sind

... den Satz von Fubini kennen und anwenden können

... wissen, was Normalbereiche im $\mathbb{R}^2$ und $\mathbb{R}^3$ sind und wie man über Normalbereiche integriert

... wissen, wie man mit Hilfe der mehrdimensionalen Integration Flächeninhalte, Volumina und Schwerpunkte berechnen kann

... die Transformationsformel wiedergeben und anwenden können

... die Berechnung von Integralen in Polar-, Zylinder- und Kugelkoordinaten durchführen können

Aufgaben zu Kapitel 22

1. Skizzieren Sie die folgenden Mengen und stellen Sie sie jeweils in der Form

$$\{(x,y) \in \mathbb{R}^2;\ a \le x \le b \text{ und } g_1(x) \le y \le g_2(x)\} \text{ bzw.}$$

$$\{(x,y) \in \mathbb{R}^2;\ c \le y \le d \text{ und } h_1(y) \le x \le h_2(y)\}$$

mit geeigneten Zahlen a, b, c, d und geeigneten Funktionen g_1, g_2, h_1 und h_2 dar:

$$\begin{aligned} A &= \{(x,y) \in \mathbb{R}^2;\ 1 \le x \le 3,\ 0 \le xy \le 6\} \\ B &= \{(x,y) \in \mathbb{R}^2; y - x \ge 2 \text{ und } x^2 + y^2 \le 4\} \\ C &= \text{ Fläche zwischen den Schaubildern der Funktionen } y = x^2 \text{ und } y = 8\sqrt{x} \\ D &= \text{Dreieck mit den Ecken } (0,0), (1,1) \text{ und } (-1,1) \end{aligned}$$

2. Berechnen Sie das Integral

$$\int_Q (x^2 + z^3)\,\mathrm{d}(x,y,z)$$

für $Q = [0,2] \times [-1,1] \times [-1,2]$.

3. Skizzieren Sie das Gebiet, über das bei der Berechnung des Integrals

$$\int_0^1 \int_{x^2}^1 x \cos(\pi x^2)\,\mathrm{d}y\,\mathrm{d}x$$

integriert wird und berechnen Sie das Integral durch Vertauschen der Integrationsreihenfolge.

4. Sei $B = \{(x, y);\ 0 < x < 2\pi, \cos(x) < y < \sin(x)\}$. Berechnen Sie

$$\iint\limits_B y \,\mathrm{d}x\,\mathrm{d}y$$

und

$$\iint\limits_B y^2 \,\mathrm{d}x\,\mathrm{d}y.$$

Hinweis: $\sin^3(x) = \sin(x) \cdot \sin^2(x) = \sin(x)(1 - \cos^2(x)) = \sin(x) - \cos^2(x)\sin(x)$

5. Sei $R = \{(x, y) \in \mathbb{R}^2; 4 \le x^2 + y^2 \le 25, y \ge 0\}$. Skizzieren Sie R und berechnen Sie das Integral

$$\int_M (2x + y)(x^2 + y^2)^2 \,\mathrm{d}x\,\mathrm{d}y.$$

6. Sei $0 < a < b$. Mit D bezeichnen wir den dreidimensionalen Bereich, der zwischen den Kugeloberflächen $x^2 + y^2 + z^2 = a^2$ und $x^2 + y^2 + z^2 = b^2$ liegt. Berechnen Sie das Integral

$$I = \iiint\limits_D \frac{1}{(x^2 + y^2 + z^2)^{3/2}} \,\mathrm{d}x\,\mathrm{d}y\,\mathrm{d}z.$$

7. Sei $B \subset \mathbb{R}^2$, der durch die Kurven $y = x^3$ und $y = \sqrt[3]{x}$ im ersten Quadranten $(x \ge 0, y \ge 0)$ begrenzte Bereich. Berechnen Sie
   (a) den Flächeninhalt und
   (b) den Schwerpunkt (bei konstanter Massendichte)
   von B

8. Berechnen Sie die Schwerpunktskoordinate $\iiint_K z \,\mathrm{d}x\,\mathrm{d}y\,\mathrm{d}z$ für den Tetraeder T mit den Eckpunkten $A = (0, 0, 0)$, $B = (1, 0, 0)$, $C = (0, 2, 1)$ und $D = (0, 0, 1)$.

9. Bestimmen Sie für den Würfel $W = [0, 1] \times [0, 1] \times [0, 1] \subset \mathbb{R}^3$ mit der inhomogenen Massenverteilung $\rho(x, y, z) = 1 + xy^2(1 + z)$ die Masse und die Koordinaten des Schwerpunkts.

10. Aus der Kugel $x^2 + y^2 + z^2 = 4$ wird ein Zylinder $x^2 + y^2 \le 1$ entfernt. Berechnen Sie das Volumen der „gelochten Kugel“

$$L = \{(x, y, z) \in \mathbb{R}^3;\ x^2 + y^2 + z^2 \le 4,\ x^2 + y^2 \ge 1\}.$$

23 Oberflächenintegrale

23.1 Parametrisierte Flächen

Flächen im $\mathbb{R}^3$ interessieren uns aus verschiedenen Gründen. Zum einen sind die Oberflächen vieler räumlicher Körper gekrümmte Flächen und wenn wir den Oberflächeninhalt berechnen wollen, dann müssen wir Flächeninhalte solcher gekrümmter Flächen bestimmen können. Zum anderen kann man viele Eigenschaften von Vektorfeldern im $\mathbb{R}^3$ untersuchen, indem man den „Fluss" durch geeignete meist geschlossene Flächen betrachtet. Das Vektorfeld entspricht dabei anschaulich einer Strömung und wir messen, wieviel in einer festen Zeit durch eine vorgegebene Fläche fließt.

Beispiel (Massenerhaltung):

Wir betrachten ein große (gedachte) Kugel, die zur Zeit t=0 s genau 1 kg Luft (und sonst nichts) enthält. Durch Strömungen und Temperaturunterschiede ändert sich die Menge an Luft in unserer gedachten Kugel. Da aber keine Luft in der Kugel neu „erzeugt" wird, könnten wir zu jedem Zeitpunkt das genaue Gewicht der Luft in der Kugel angeben, wenn wir nur die Zu- und Abflüsse an der Oberfläche genau messen könnten. Der „Fluss" durch eine Fläche verrät also etwas über die eingeschlossene Gesamtmasse, genauer:
Die Änderung der Gesamtmasse pro Zeiteinheit entspricht genau derjenigen Masse, die in dieser Zeit durch die Oberfläche herein- oder hinausströmt.

Die meisten von uns haben eine klare Vorstellung davon, was eine *Fläche* ist: Sie sollte in zwei Richtungen ausgedehnt und in der dritten Richtung „unendlich dünn" sein. Wenn man allerdings in die Feinheiten geht, dann ist die Sache schon nicht mehr so klar:

- Darf eine Fläche sich selbst schneiden?
- Hat eine Fläche einen „Rand" oder nicht?
- Darf eine Fläche „gefaltet" oder „geknickt" sein?

Dies sind in der Mathematik durchaus subtile Fragen, die zu teilweise recht kompliziert erscheinenden Definitionen führen. Hier betrachten wir die Dinge relativ pragmatisch. Unser Prototyp einer Fläche sind offene Teilmengen des $\mathbb{R}^2$, also beispielsweise ein Rechteck, eine Kreisscheibe oder die gesamte Ebene. Eine glatte Fläche erhält man dann aus diesem Prototyp, indem man ihn mit einer differenzierbaren Funktion in den $\mathbb{R}^3$ abbildet.
Das hat den zusätzlichen Vorteil, dass wir Flächenstücke ohnehin „parametrisieren", das heißt durch Koordinaten darstellen müssen, wenn wir über sie integrieren möchten.

Definition (parametrisierte Fläche):

Eine Teilmenge $S \subset \mathbb{R}^3$ heißt **parametrisierte Fläche**, wenn es eine offene Teilmenge $\Omega \subseteq \mathbb{R}^2$ und eine bijektive, differenzierbare Abbildung $\vec{\Phi} : \Omega \to \mathbb{R}^3$ gibt, so dass

$$S = \vec{\Phi}(\Omega) = \{\vec{x} \in \mathbb{R}^3; \vec{x} = \vec{\Phi}(u,v) \quad \text{für ein } (u,v) \in \Omega\}$$

Die Fläche heißt **regulär**, falls die Vektoren $\frac{\partial \vec{\Phi}}{\partial u}(u,v) = \vec{\Phi}_u(u,v)$ und $\frac{\partial \vec{\Phi}}{\partial v}(u,v) = \vec{\Phi}_v(u,v)$ im $\mathbb{R}^3$ für alle $(u,v) \in \Omega$ linear unabhängig sind.

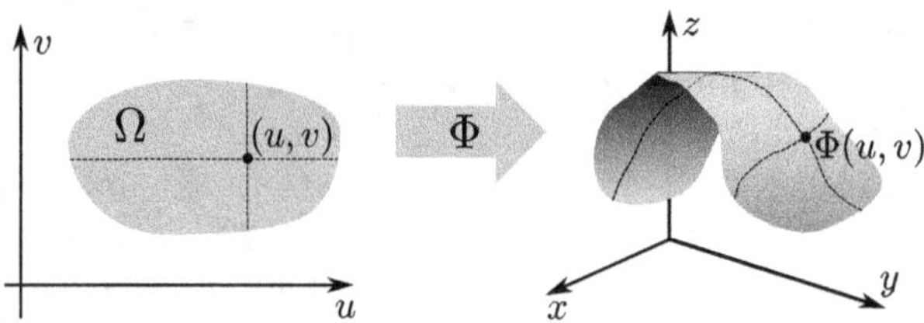

Die Fläche wird also durch die drei Gleichungen

$$x = \Phi_1(u,v), \quad y = \Phi_2(u,v), \quad z = \Phi_3(u,v)$$

beschrieben. In der Praxis ist es oft genau umgekehrt: Die Fläche S ist vorgegeben und man sucht eine passende Menge $\Omega \subset \mathbb{R}^2$ sowie eine Abbildung $\vec{\Phi}$, die ein Stück der Ebene genau auf die Menge S abbildet. Dafür gibt es kein Patentrezept, aber es hilft, wenn man sich ein wenig mit Polar- und Kugelkoordinaten befasst, denn viele Flächen, die eine gewisse Symmetrie aufweisen, lassen sich damit am besten parametrisieren.
Es kann auch nötig sein, eine Fläche zuerst in mehrere Stücke zu unterteilen und diese einzeln zu parametrisieren.

Beispiele:

1. Für jede Menge $\Omega \subset \mathbb{R}^2$ und jede differenzierbare Funktion $f : \Omega \to \mathbb{R}$ ist der Graph
$$G(f) = \{(x,y,z);\ (x,y) \in \Omega,\ z = f(x,y)\}$$
der Funktion f eine parametrisierte Fläche im $\mathbb{R}^3$.

2. Ein *einschaliges Hyperboloid* kann man als Rotationsfläche erzeugen, indem man die Kurve $x = \sqrt{1+z^2}$ um die z-Achse rotieren lässt. Es lässt sich durch die Gleichung $x^2+y^2 = z^2+1$ beschreiben. Eine Parametrisierung kann man zum Beispiel in Zylinderkoordinaten vornehmen, d.h. man wählt in der x-y-Ebene Polarkoordinaten mit $x = r\cos(\varphi)$, $y = r\sin(\varphi)$ und lässt die z-Koordinate unverändert. Aus der Gleichung $x^2+y^2=z^2+1$ erhält man die Relation $r^2=z^2+1$, also $r = \sqrt{z^2+1}$. Eine Parametrisierung $\vec{\Phi} : [0,2\pi) \times \mathbb{R} \to \mathbb{R}^3$ mit den beiden Koordinaten φ und z lautet dann

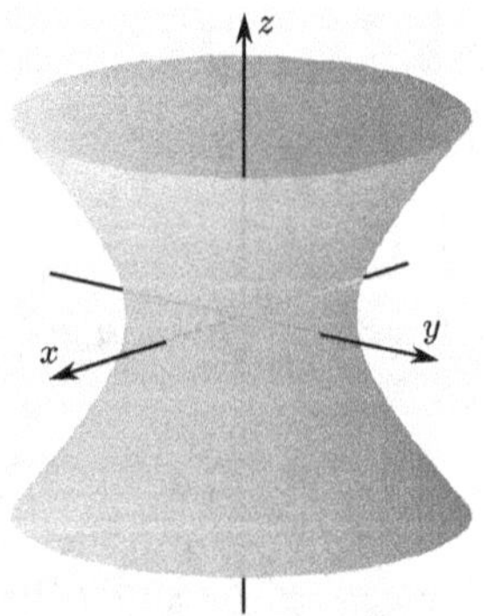

$$\vec{\Phi}(\varphi,z) = \begin{pmatrix} \sqrt{z^2+1}\cos(\varphi) \\ \sqrt{z^2+1}\sin(\varphi) \\ z \end{pmatrix}$$

Man beachte, dass man dieselbe Fläche durchaus auch auf andere Weise parametrisieren könnte.

3. Die Sphäre $S^2 = \{(x,y,z) \in \mathbb{R}^3;\ x^2+y^2+z^2 = 1\}$, also die Oberfläche einer Kugel, zeigt uns die kleinen Probleme auf, die die oben angegebene Definition hat. So sehr man sich auch bemüht, man wird kein Gebiet $\Omega \subseteq \mathbb{R}^2$ mit einer dazu passenden bijektiven, differenzierbaren Abbildung $\vec{\Phi} : \Omega \to \mathbb{R}^3$ finden, so dass $\vec{\Phi}(\Omega) = S$ ist.
   Es gibt dafür verschiedene Auswege: Man könnte die Fläche aus verschiedenen „Flicken" zusammensetzen, die sich dann allerdings überlappen müssen. In der Praxis ist es meist so, dass es kein Problem darstellt, wenn die Parametrisierung an einzelnen Punkten oder entlang von einzelnen Linien nicht bijektiv ist. Bei der an Kugelkoordinaten angelehnten Parametrisierung

$$\vec{\Phi} : [0, 2\pi] \times [0, \pi] \to \mathbb{R}^3, \begin{pmatrix} x \\ y \\ z \end{pmatrix} = \vec{\Phi}(\varphi, \theta) = \begin{pmatrix} \cos(\varphi)\sin(\theta) \\ \sin(\varphi)\sin(\theta) \\ \cos(\theta) \end{pmatrix}$$

   sind Punkte mit $\varphi = 0$ und $\varphi = 2\pi$ identisch. Außerdem stimmen für $\theta = 0$ und $\theta = \pi$ die Punkte mit beliebigem φ alle überein.

Definition (Tangentialebene, Normalenvektor):

Die reguläre Fläche S sei durch die Abbildung $\vec{\Phi} : \Omega \to \mathbb{R}^3$ gegeben. Für jedes $(u_0, v_0) \in \Omega$ sind die beiden Vektoren

$$\frac{\partial \vec{\Phi}}{\partial u}(u_0, v_0) = \vec{\Phi}_u(u_0, v_0) \text{ und } \frac{\partial \vec{\Phi}}{\partial v}(u_0, v_0) = \vec{\Phi}_v(u_0, v_0)$$

Tangentialvektoren an die Fläche S im Punkt $\vec{\Phi}(u_0, v_0)$ und die **Tangentialebene** an S im Punkt $(u_0, v_0, \vec{\Phi}(u_0, v_0))$ hat die Gleichung

$$T : \vec{x} = \begin{pmatrix} u_0 \\ v_0 \\ \vec{\Phi}(u_0, v_0) \end{pmatrix} + s \cdot \vec{\Phi}_u(u_0, v_0) + t \cdot \vec{\Phi}_v(u_0, v_0), \quad s, t \in \mathbb{R}.$$

Der **Einheitsnormalenvektor** $\vec{n}$ an die Fläche S steht senkrecht auf den beiden Tangentialvektoren $\vec{\Phi}_u(u_0, v_0)$ und $\vec{\Phi}_v(u_0, v_0)$ und hat die Länge 1. Er berechnet sich als

$$\vec{n} = \frac{\vec{\Phi}_u(u_0, v_0) \times \vec{\Phi}_v(u_0, v_0)}{|\vec{\Phi}_u(u_0, v_0) \times \vec{\Phi}_v(u_0, v_0)|}$$

Der Normalenvektor an die (gekrümmte) Fläche ist also definiert als der Normalenvektor der Tangentialebene an diese Fläche.

23.2 Flächeninhalt und Oberflächenintegrale

Mit Hilfe der Parametrisierung lässt sich das Integral über eine gekrümmte Fläche S auf ein Integral über die ebene Fläche $\Omega \subset \mathbb{R}^2$ zurückführen. Der Ausdruck $|\vec{\Phi}_u(u, v) \times \vec{\Phi}_v(u, v)|$ misst dabei, wie stark sich Flächeninhalte durch die Abbildung $\vec{\Phi}$ ändern.

Definition (Oberflächenintegral, Flächeninhalt):

Sei S eine reguläre Fläche, die durch die Abbildung $\vec{\Phi} : \Omega \to \mathbb{R}^3$ parametrisiert wird und $F : S \to \mathbb{R}$ eine stetige Funktion. Dann heißt

$$\iint_S F(\vec{x})\,\mathrm{d}\sigma = \iint_\Omega F(\vec{\Phi}(u,v))\,|\vec{\Phi}_u(u,v) \times \vec{\Phi}_v(u,v)|\,\mathrm{d}u\,\mathrm{d}v$$

das **Oberflächenintegral** von F über die Fläche S. Speziell für $F \equiv 1$ heißt

$$\iint_S 1\,\mathrm{d}\sigma = \iint_\Omega |\vec{\Phi}_u(u,v) \times \vec{\Phi}_v(u,v)|\,\mathrm{d}u\,\mathrm{d}v$$

der **Flächeninhalt** der Fläche S.

Man erhält dabei immer denselben Wert für den Flächeninhalt von S unabhängig davon, wie man die Parametrisierung $\vec{\Phi}$ gewählt hat.

Beispiel: Die Oberfläche einer Halbkugel H_+ vom Radius R lässt sich parametrisieren durch die Abbildung $\vec{\Phi} : \Omega : \mathbb{R}^3$ mit $\Omega = \{(u,v) \in \mathbb{R}^2;\ u^2 + v^2 < R^2\}$ und

$$\vec{\Phi}(u,v) = \begin{pmatrix} u \\ v \\ \sqrt{R^2 - u^2 - v^2} \end{pmatrix}$$

Also ist

$$\vec{\Phi}_u(u,v) = \begin{pmatrix} 1 \\ 0 \\ \dfrac{-u}{\sqrt{R^2 - u^2 - v^2}} \end{pmatrix}, \quad \vec{\Phi}_v(u,v) = \begin{pmatrix} 0 \\ 1 \\ \dfrac{-v}{\sqrt{R^2 - u^2 - v^2}} \end{pmatrix}$$

und daraus

$$\vec{\Phi}_u(u,v) \times \vec{\Phi}_v(u,v) = \begin{pmatrix} \dfrac{u}{\sqrt{R^2 - u^2 - v^2}} \\ \dfrac{v}{\sqrt{R^2 - u^2 - v^2}} \\ 1 \end{pmatrix}.$$

Um diesen Vektor zu normieren, berechnet man die Länge

$$|\vec{\Phi}_u(u,v) \times \vec{\Phi}_v(u,v)| = \left(\frac{u^2}{R^2 - u^2 - v^2} + \frac{v^2}{R^2 - u^2 - v^2} + 1\right)^{1/2} = \frac{R}{\sqrt{R^2 - u^2 - v^2}}.$$

Als Einheitsnormalenvektor ergibt sich daraus dann

$$\vec{n} = \frac{\sqrt{R^2 - u^2 - v^2}}{R} \begin{pmatrix} \dfrac{u}{\sqrt{R^2 - u^2 - v^2}} \\ \dfrac{v}{\sqrt{R^2 - u^2 - v^2}} \\ 1 \end{pmatrix} = \frac{1}{R} \begin{pmatrix} u \\ v \\ \sqrt{R^2 - u^2 - v^2} \end{pmatrix}.$$

Für den Oberflächeninhalt erhält man also nach Definition

$$\iint\limits_{H_+} \mathrm{d}\sigma = \iint\limits_{\Omega} \frac{R}{\sqrt{R^2 - u^2 - v^2}}\,\mathrm{d}u\,\mathrm{d}v\,.$$

Dieses Integral lässt sich am besten in Polarkoordinaten $u = r\cos(\varphi)$, $v = r\sin(\varphi)$ berechnen:

$$\iint\limits_{\Omega} \frac{R}{\sqrt{R^2-u^2-v^2}}\,\mathrm{d}u\,\mathrm{d}v = \int\limits_{r=0}^{R}\int\limits_{\varphi=0}^{2\pi} \frac{Rr}{\sqrt{R^2-r^2}}\,\mathrm{d}\varphi\,\mathrm{d}r = \int\limits_{r=0}^{R} \frac{2\pi Rr}{\sqrt{R^2-r^2}}\,\mathrm{d}r = -2\pi R\sqrt{R^2-r^2}\Big|_{r=0}^{R} = 2\pi R^2.$$

Der Flächeninhalt einer Sphäre mit Radius R ist davon das Doppelte, also $4\pi R^2$.

Beispiel: Oberfläche eines Paraboloids
Wir betrachten die Menge $S = \{(x,y,z) \in \mathbb{R}^3;\ 2z = x^2+y^2, 0 \le z \le 2\}$, d.h. wegen $z \le 2$ ist auch $x^2+y^2 \le 4$. In Zylinderkoordinaten $x = r\cos(\varphi), y = r\sin(\varphi), z = z$ können wir S beschreiben durch

$$\begin{pmatrix} x \\ y \\ z \end{pmatrix} = \Phi(r,\varphi) = \begin{pmatrix} r\cos(\varphi) \\ r\sin(\varphi) \\ \frac{r^2}{2} \end{pmatrix}$$

mit den Parametern $0 \le r \le 2$ und $0 \le \varphi \le 2\pi$. Anders ausgedrückt, ist

$$S = \left\{(r\cos(\varphi), r\sin(\varphi), z) \in \mathbb{R}^3;\ z = \frac{r^2}{2}, 0 \le r \le 2,\ 0 \le \varphi \le 2\pi\right\},$$

$$\Phi_r = \begin{pmatrix} \cos(\varphi) \\ \sin(\varphi) \\ r \end{pmatrix}, \qquad \Phi_\varphi = \begin{pmatrix} -r\sin(\varphi) \\ r\cos(\varphi) \\ 0 \end{pmatrix}$$

und

$$\Phi_r \times \Phi_\varphi = \begin{pmatrix} -r^2\cos(\varphi) \\ -r^2\sin(\varphi) \\ r \end{pmatrix}$$

also

$$|\Phi_r \times \Phi_\varphi| = \sqrt{r^4+r^2} = r\sqrt{1+r^2}.$$

Schließlich erhält man als Oberflächeninhalt des Paraboloids

$$\begin{aligned} A &= \int\limits_{\varphi=0}^{2\pi}\int\limits_{\vartheta=0}^{\pi} |\Phi_r \times \Phi_\varphi|\,\mathrm{d}r\,\mathrm{d}\varphi = \int\limits_{\varphi=0}^{2\pi}\left(\int\limits_{r=0}^{2} r\sqrt{1+r^2}\,\mathrm{d}r\right)\mathrm{d}\varphi \\ &= 2\pi\left[\left(1+r^2\right)^{3/2}\right]_{r=0}^{2} \cdot \tfrac{1}{3} = \tfrac{2\pi}{3}\left(5^{3/2}-1\right). \end{aligned}$$

23.3 Flussintegrale

Neben reellwertigen Funktionen $F : S \to \mathbb{R}$, die auf einer Fläche S definiert sind, gibt es noch eine weitere Art von Oberflächenintegralen, die in der Praxis wichtig sind. Dazu betrachtet man ein Vektorfeld $\vec{v} : \mathbb{R}^3 \to \mathbb{R}^3$, das man sich anschaulich als das Geschwindigkeitsfeld einer stationären Flüssigkeitströmung vorstellen kann. Das Skalarprodukt $\vec{v} \cdot \vec{n}$ ist dann an jeder Stelle der Fläche ein Maß dafür, wieviel durch die Fläche strömt. Wenn man sich an einer Stelle $\vec{\Phi}(u_0, v_0)$ den Vektor $\vec{v}$ in einen Anteil parallel zur Fläche S und einen Anteil senkrecht zu S zerlegt, dann wird der orthogonale Anteil gerade durch das Skalarprodukt $\vec{v}\cdot\vec{n}$ beschrieben, wobei $\vec{n}(u_0, v_0)$ der Einheitsnormalenvektor der Fläche S ist. Dieser orthogonale Anteil gibt gerade an wieviel Flüssigkeit durch die Fläche strömt. Dies ist der physikalische Hintergrund der folgenden Definition.

Definition (Fluss):

Sei S eine reguläre Fläche im $\mathbb{R}^3$ und $\vec{v} : \mathbb{R}^3 \to \mathbb{R}^3$ ein Vektorfeld. Dann nennt man

$$\iint_S \vec{v} \cdot \vec{n} \, \mathrm{d}\sigma$$

den **Fluss** des Vektorfelds durch die Fläche S.

Bemerkung :

Wenn $\Phi : \Omega \to \mathbb{R}^3$ eine Parametrisierung der Fläche S ist, dann ist wegen $\vec{n} = \dfrac{\vec{\Phi}_u \times \vec{\Phi}_v}{|\vec{\Phi}_u \times \vec{\Phi}_v|}$

$$\iint_S \vec{v} \cdot \vec{n} \, \mathrm{d}\sigma = \iint_\Omega \vec{v} \cdot \frac{\vec{\Phi}_u \times \vec{\Phi}_v}{|\vec{\Phi}_u \times \vec{\Phi}_v|} |\vec{\Phi}_u \times \vec{\Phi}_v| \, \mathrm{d}u \, \mathrm{d}v = \iint_\Omega \vec{v} \cdot \left(\vec{\Phi}_u \times \vec{\Phi}_v \right) \, \mathrm{d}u \, \mathrm{d}v,$$

der Normalenvektor muss also für die Rechnung nicht normiert werden.

Beispiel: Wir berechnen den Fluss des Vektorfeldes $\vec{F}(x, y, z) = (y, x, z^2)^T$ durch die Mantelfläche des rechts abgebildeten Zylinders (ohne Boden und Deckel) speziell für den Radius $R = 3$ und die Höhe $h = 5$.

Die Parameterdarstellung der Mantelfläche in Zylinderkoordinaten ist

$$\vec{\Phi}(\varphi, z) = \begin{pmatrix} 3\cos(\varphi) \\ 3\sin(\varphi) \\ z \end{pmatrix}, \quad 0 \le z \le 5, \quad 0 \le \varphi \le 2\pi$$

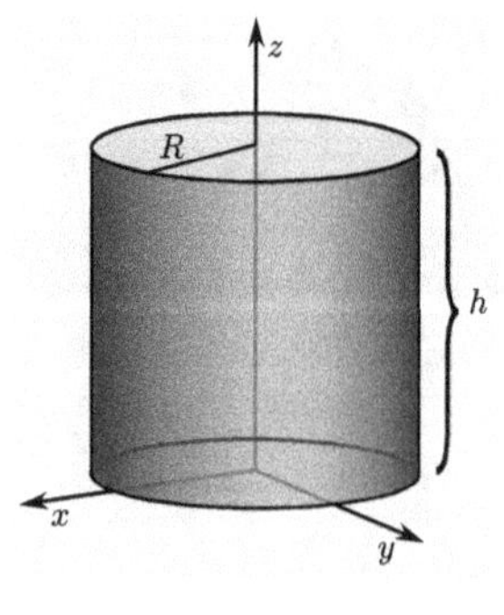

Das Vektorfeld in Zylinderkoordinaten ist

$$\vec{F}(x, y, z) = \begin{pmatrix} y \\ x \\ z^2 \end{pmatrix} = \begin{pmatrix} 3 \cdot \sin(\varphi) \\ 3\cos(\varphi) \\ z^2 \end{pmatrix}.$$

Als nächstes berechnen wir den Normalenvektor

$$\vec{\Phi}_\varphi \times \vec{\Phi}_z = \begin{pmatrix} -3 \cdot \sin\varphi \\ 3 \cdot \cos(\varphi) \\ 0 \end{pmatrix} \times \begin{pmatrix} 0 \\ 0 \\ 1 \end{pmatrix} = \begin{pmatrix} 3 \cdot \cos\varphi \\ 3 \cdot \sin(\varphi) \\ 0 \end{pmatrix}.$$

Damit erhält man als Resultat für den Fluss durch die Mantelfläche

$$\iint_Z \vec{F} \cdot \vec{n} \, \mathrm{d}\sigma = \int_0^{2\pi} \int_0^5 18\cos(\varphi)\sin(\varphi) \, \mathrm{d}z \, d\varphi = \int_0^{2\pi} \int_0^5 9\sin(2\varphi) \, \mathrm{d}z \, d\varphi = 0.$$

Anregung zur weiteren Vertiefung:

Können Sie ein anschauliches Argument angeben, das ohne Rechnung zeigt, warum hier als Ergebnis 0 herauskommen muss?

Nachdem Sie dieses Kapitel bearbeitet haben, sollten Sie ...

... wissen, was eine parametrisierte Fläche ist

... in der Lage sein, häufiger vorkommende Flächen (Teile von Kugel, Kegel, Paraboloid, etc.) angemessen zu parametrisieren

... wissen, wie ein Oberflächenintegral definiert ist und wie man es berechnet

... ein Integral angeben können, mit dem man den Oberflächeninhalt einer parametrisierten Fläche berechnen kann (auch wenn man in den meisten Fällen keine explizite Stammfunktion finden wird)

... wissen, wie der Fluss eines Vektorfelds durch eine Fläche berechnet wird und welche anschauliche Vorstellung dahintersteckt

Aufgaben zu Kapitel 23

1. Es sei $K = \{(x,y,z) \in \mathbb{R}^3;\ \sqrt{x^2+y^2} \leq 3 - \frac{1}{2}z,\ 0 \leq z \leq 6\}$.
   (a) Skizzieren Sie K.
   (b) Berechnen Sie die Oberfläche von K.
2. Eine Rampe W sei gegeben durch die Parametrisierung $\Phi : U \to \mathbb{R}^3$ mit
$$\Phi(r,z) = \begin{pmatrix} r\cos(z) \\ r\sin(z) \\ z \end{pmatrix} \quad \text{mit } 1 \leq r \leq 3 \text{ und } 0 \leq z \leq 6\pi.$$
   (a) Versuchen Sie, die Fläche W zu skizzieren und berechnen Sie ihren Oberflächeninhalt. Dabei könnte die Substitution $r = \sinh(u)$ hilfreich sein.
   (b) Berechnen Sie den Fluss des Vektorfelds $\vec{v} = \begin{pmatrix} 0 \\ 0 \\ 1 \end{pmatrix}$ durch die Fläche W.
3. Sei $g : [a,b] \to [0,\infty)$ eine stetig differenzierbare Funktion. Wir betrachten die Rotationsfläche
$$F = \{(x,y,z) \in \mathbb{R}^3;\ a < x < b, y^2 + z^2 = (g(x))^2\},$$
die dadurch entsteht, dass man das Schaubild von g um die x-Achse rotieren lässt. Zeigen Sie, dass für den Flächeninhalt von F gilt:
$$|F| = 2\pi \int_a^b g(x)\sqrt{1 + g'(x)^2}\,\mathrm{d}x.$$

4. Berechnen Sie den Fluss des Vektorfelds $\vec{f}(x,y,z) = \begin{pmatrix} y \\ -x \\ z^2 \end{pmatrix}$ durch die Fläche
$$P = \{z = x^2 + y^2,\, 0 \leq z \leq 4\}.$$

5. Berechnen Sie den Fluss des Vektorfelds $\vec{v}(x,y,z) = \begin{pmatrix} \frac{x}{1+x^2+y^2} \\ \frac{y}{1+x^2+y^2} \\ z \end{pmatrix}$ durch die Oberfläche (Mantel, Deckel und Boden) des Zylinders
$$Z = \{(x,y,z) \in \mathbb{R}^3;\ x^2 + y^2 \leq R^2,\, 0 \leq z \leq h\}.$$

24 Integralsätze

24.1 Der Satz von Green

Es gibt einige erstaunliche Zusammenhänge zwischen Kurven-, Oberflächen- und Volumenintegralen, die insbesondere in der Strömungslehre und im Zusammenhang mit elektrischen und magnetischen Feldern oft angewendet werden und die andererseits auch als eine mehrdimensionale Verallgemeinerung des Hauptsatzes der Differential- und Integralrechnung aufgefasst werden können. Damals ging es darum, ein Integral der Form

$$\int_a^b f(x)\,\mathrm{d}x$$

zu berechnen und der Hauptsatz sagte aus, dass es dafür genügt, eine andere Funktion F, die Stammfunktion, am Rand des Integrationsbereichs auszuwerten. Man kann also das Integral von f über das Intervall $[a,b]$ berechnen, indem man die Werte von F am Rand des Intervalls mit den richtigen Vorzeichen aufsummiert.
Der Satz von Green spielt sich eine Raumdimension höher ab. Er stellt eine Beziehung zwischen dem Doppelintegral über ein Gebiet und dem Wegintegral entlang der Randkurve dieses Gebiets her. Wir werden später sehen, dass man den Satz von Green als Spezialfall des Satzes von Gauß auffassen kann, bei dem man noch eine Dimension höher geht und ein Volumenintegral durch ein Oberflächenintegral ausdrückt. Aus diesem Grund wird der Satz von Green manchmal auch *Gaußscher Integralsatz in der Ebene* genannt.

Satz 24.1 (Satz von Green):

Sei D ein Gebiet in der x-y-Ebene, dessen Rand eine stückweise differenzierbare Kurve $\vec{\gamma}$ ist. Falls $f(x,y)$ und $g(x,y)$ partiell differenzierbar sind und diese partiellen Ableitungen in D stetig sind, dann ist

$$\iint_D \left(\frac{\partial g}{\partial x}(x,y) - \frac{\partial f}{\partial y}(x,y)\right) \mathrm{d}x\,\mathrm{d}y = \int_{\vec{\gamma}} \begin{pmatrix} f(x,y) \\ g(x,y) \end{pmatrix} \mathrm{d}\vec{s}$$

wobei man die Kurve $\vec{\gamma}$ im mathematisch positiven Sinn (also gegen den Uhrzeigersinn) durchläuft.

Beweis:
Wir betrachten zunächst ein *Normalgebiet* D. Darunter versteht man ein Gebiet, das sowohl bezüglich der x-Achse ein Normalbereich ist als auch bezüglich der y-Achse, also

$$\begin{aligned} D &= \{(x,y) \in \mathbb{R}^2;\ a \le x \le b,\ h_1(x) \le y \le h_2(x)\} \\ &= \{(x,y) \in \mathbb{R}^2;\ c \le y \le d,\ k_1(y) \le x \le k_2(y)\} \end{aligned}$$

so dass das Integral über D als iteriertes Integral in beliebiger Reihenfolge berechnet werden kann. Normalgebiete sind beispielsweise Rechtecke, Kreisscheiben oder andere konvexe Mengen, aber auch nichtkonvexe Mengen können ein Normalgebiet sein.

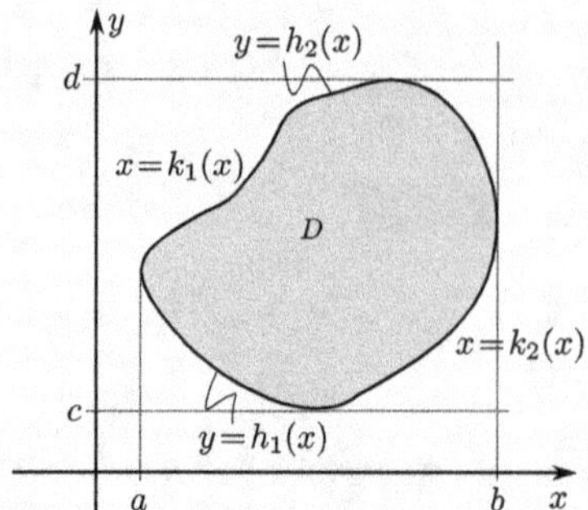

Das Integral über eine beliebige skalare Funktion $\varphi\colon D \to \mathbb{R}$ kann man schreiben als

$$\iint_D \varphi(x,y)\,\mathrm{d}x\,\mathrm{d}y = \int_a^b \int_{h_1(x)}^{h_2(x)} \varphi(x,y)\,\mathrm{d}y\,\mathrm{d}x = \int_c^d \int_{k_1(y)}^{k_2(y)} \varphi(x,y)\,\mathrm{d}x\,\mathrm{d}y,$$

je nachdem, ob man zuerst in $y-$ und dann in $x-$Richtung integriert oder umgekehrt.
Wir wählen zuerst $\varphi(x,y) = \dfrac{\partial f}{\partial y}(x,y)$ und berechnen

$$\iint_D \frac{\partial f}{\partial y}\,\mathrm{d}x\,\mathrm{d}y = \int_a^b \int_{h_1(x)}^{h_2(x)} \frac{\partial f}{\partial y}(x,y)\,\mathrm{d}y\,\mathrm{d}x$$

Nach dem Hauptsatz der Differentialrechnung angewandt auf das „innere“ Integral ist

$$\int_a^b \int_{h_1(x)}^{h_2(x)} \frac{\partial f}{\partial y}(x,y)\,\mathrm{d}y\,\mathrm{d}x = \int_a^b \Big[f(x,y)\Big]_{y=h_1(x)}^{h_2(x)}\,\mathrm{d}x = \int_a^b \big(f(x,h_2(x)) - f(x,h_1(x))\big)\,\mathrm{d}x \quad (*)$$

Parametrisiert man nun den Rand von D gegen den Uhrzeigersinn durch die beiden Wege

$$\vec{\gamma}_1(t) = \begin{pmatrix} t \\ h_1(t) \end{pmatrix} \text{ mit } a \le t \le b \text{ und } \vec{\gamma}_2(t) = \begin{pmatrix} -t \\ h_2(-t) \end{pmatrix} \text{ mit } -b \le t \le -a, \text{ dann ist}$$

$$\begin{aligned}
\int_{\vec{\gamma}} \begin{pmatrix} f(x,y) \\ 0 \end{pmatrix} \mathrm{d}\vec{s} &= \int_{\vec{\gamma}_1} \begin{pmatrix} f(x,y) \\ 0 \end{pmatrix} \mathrm{d}\vec{s} + \int_{\vec{\gamma}_2} \begin{pmatrix} f(x,y) \\ 0 \end{pmatrix} \mathrm{d}\vec{s} \\
&= \int_a^b f(t,h_1(t))\,\mathrm{d}t - \int_{-b}^{-a} f(-t,h_2(-t))\,\mathrm{d}t \\
&\overset{s=-t}{=} \int_a^b f(t,h_1(t))\,\mathrm{d}t - \int_a^b f(s,h_2(s))\,\mathrm{d}s = -\int_a^b \int_{h_1(x)}^{h_2(x)} \frac{\partial f}{\partial y}(x,y)\,\mathrm{d}y\,\mathrm{d}x.
\end{aligned}$$

durch Vergleich mit $(*)$. Integriert man $\varphi(x,y) = \frac{\partial g}{\partial x}(x,y)$ in der umgekehrten Reihenfolge erhält man auf dieselbe Art und Weise

$$\iint_D \frac{\partial g}{\partial x}(x,y)\,\mathrm{d}x\,\mathrm{d}y = \int_c^d \int_{k_1(y)}^{k_2(y)} \frac{\partial g}{\partial x}(x,y)\,\mathrm{d}x\,\mathrm{d}y \int_{\vec{\gamma}} \begin{pmatrix} 0 \\ g(x,y) \end{pmatrix} \mathrm{d}\vec{s}$$

und der Satz ergibt sich, indem man die Ergebnisse der beiden Rechnungen miteinander kombiniert.

□

Bemerkungen:

1. Um den Satz für allgemeinere Gebiete zu beweisen, die kein Normalgebiet sind, kann man diese in kleinere Teilgebiete zerlegen. Dabei heben sich die Kurvenintegrale über die gemeinsamen Ränder weg, da sie jeweils in entgegengesetzter Richtung durchlaufen werden.

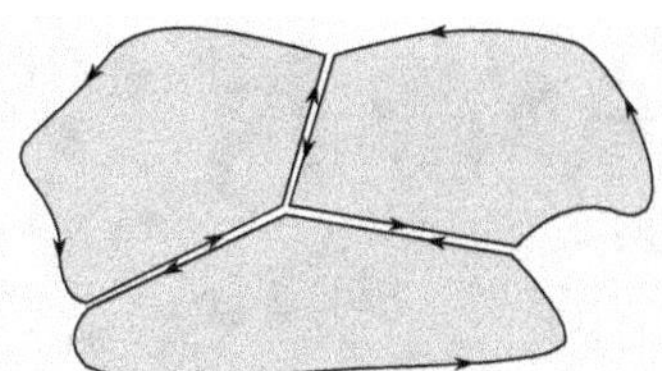

2. Enthält ein Gebiet ein „Loch", dann bleibt der Satz von Green richtig, wenn man die Randkurve des Lochs im Uhrzeigersinn durchläuft. Die Orientierung der Randkurve wird also immer so gewählt, dass das Gebiet auf der linken Seite liegt.

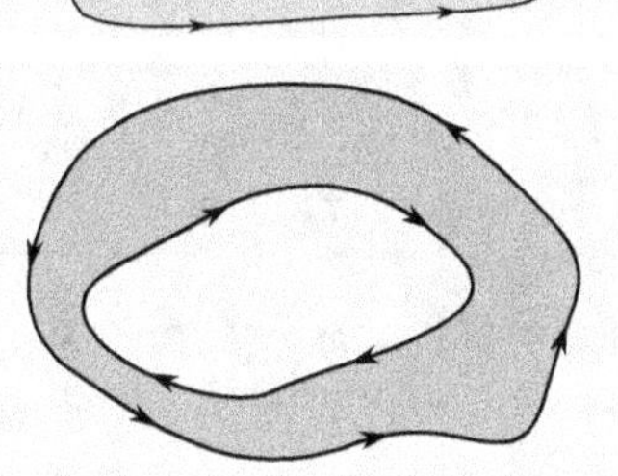

3. Durch geschickte Wahl des Vektorfelds $\binom{f}{g}$ kann man mit dem Kurvenintegral $\int_{\vec{\gamma}} \binom{f(x,y)}{g(x,y)} \, \mathrm{d}\vec{s}$ auch Flächeninhalte berechnen. Da der Flächeninhalt einer Menge $A \subset \mathbb{R}^2$ durch das Integral

$$\int_A 1 \, \mathrm{d}x \, \mathrm{d}y$$

beschrieben wird, muss man dabei das Vektorfeld gerade so wählen, dass $\frac{\partial g}{\partial x} - \frac{\partial f}{\partial y}$ gerade den Wert 1 ergibt. Beispielsweise ist mit $f(x, y) = 0$ und $g(x, y) = x$

$$\iint_D 1 \, \mathrm{d}x \, \mathrm{d}y = \int_{\vec{\gamma}} \begin{pmatrix} 0 \\ x \end{pmatrix} \mathrm{d}\vec{s} = \int_{\vec{\gamma}} x \, \mathrm{d}y$$

oder mit $f(x, y) = -y$ und $g(x, y) = 0$

$$\iint_D 1 \, \mathrm{d}x \, \mathrm{d}y = \int_{\vec{\gamma}} \begin{pmatrix} -y \\ 0 \end{pmatrix} \mathrm{d}\vec{s} = -\int_{\vec{\gamma}} y \, \mathrm{d}x.$$

Beispiel :

Für eine Kreisscheibe D mit Radius r ist $\vec{\gamma}(t) = \begin{pmatrix} r\cos(t) \\ r\sin(t) \end{pmatrix}$ eine Parametrisierung der Randkurve und somit beträgt der Flächeninhalt der Kreisscheibe

$$\begin{aligned} \iint_D 1 \, \mathrm{d}x \, \mathrm{d}y &= \int_{\vec{\gamma}} x \, \mathrm{d}y = \int_{\vec{\gamma}} \begin{pmatrix} 0 \\ x \end{pmatrix} \mathrm{d}\vec{s} = \int_0^{2\pi} \begin{pmatrix} 0 \\ r\cos(t) \end{pmatrix} \cdot \begin{pmatrix} -r\sin(t) \\ r\cos(t) \end{pmatrix} \mathrm{d}t \\ &= \int_0^{2\pi} r^2 \cos^2(t) \, \mathrm{d}t = r^2 \left[\frac{t}{2} + \frac{\sin(2t)}{4} \right]_0^{2\pi} = \pi r^2. \end{aligned}$$

24.2 Vektoranalysis

Definition (Divergenz):

Sei $U \subseteq \mathbb{R}^n$ offen und $f : U \to \mathbb{R}^n$ ein stetig differenzierbares Vektorfeld. Dann heißt die Abbildung $\operatorname{div} \vec{f} : U \to \mathbb{R}$ mit

$$\operatorname{div} \vec{f}(\vec{x}) = \sum_{j=1}^{n} \frac{\partial f_j}{\partial x_j}(\vec{x})$$

die **Divergenz** von $\vec{f}$.

Interpretation: $\operatorname{div} \vec{f}$ misst die Quellenstärke des Vektorfeldes. Falls $\operatorname{div} \vec{f} = 0$, heißt $\vec{f}$ divergenzfrei oder **quellenfrei**.

Definition (Rotation):

Ist $\vec{f} : \mathbb{R}^3 \to \mathbb{R}^3$ ein stetig differenzierbares Vektorfeld, dann heißt

$$\operatorname{rot} \vec{f} = \begin{pmatrix} \frac{\partial f_3}{\partial x_2} - \frac{\partial f_2}{\partial x_3} \\ \frac{\partial f_1}{\partial x_3} - \frac{\partial f_3}{\partial x_1} \\ \frac{\partial f_2}{\partial x_1} - \frac{\partial f_1}{\partial x_2} \end{pmatrix}$$

die **Rotation** von $\vec{f}$ (englisch: *curl*).

Falls ein Vektorfeld $\vec{f}$ im $\mathbb{R}^3$ ein Potential besitzt, dann ist nach Satz 21.1 $\operatorname{rot} \vec{f} = \vec{0}$.
Falls $\operatorname{rot} \vec{f} = 0$ ist, dann heißt $\vec{f}$ **wirbelfrei**.

Zur praktischen Berechnung von Divergenz und Rotation kann man beispielsweise den *Nabla-Operator* benutzen. Darunter verstehen wir den **Differentialoperator**

$$\vec{\nabla} = \begin{pmatrix} \frac{\partial}{\partial x_1} \\ \frac{\partial}{\partial x_2} \\ \vdots \\ \frac{\partial}{\partial x_n} \end{pmatrix}$$

Ein Differentialoperator ist eine Abbildung, die „Funktionen mit Hilfe von Ableitungen neue Funktionen zuordnet". Zunächst ist $\vec{\nabla} f$ für eine Funktion $f : \mathbb{R}^n \to \mathbb{R}$ (wie schon in Kapitel 19 erwähnt) gerade der Gradient von f.
Damit ist $\vec{\nabla}$ eine *lineare Abbildung*:

$$\begin{aligned} \vec{\nabla}(f+g) &= (\vec{\nabla} f) + (\vec{\nabla} g) \\ \vec{\nabla}(\alpha f) &= \alpha(\vec{\nabla} f) \end{aligned}$$

Es gelten für das Rechnen mit $\vec{\nabla}$ also dieselben Rechenregeln wie bei „normalen“ Vektoren.

Die Divergenz von $\vec{f}$ entspricht formal dem Standard-Skalarprodukt von $\vec{\nabla}$ mit $\vec{f}$

$$\operatorname{div} \vec{f} = \vec{\nabla} \cdot \vec{f}$$

Die Rotation von $\vec{f}$ entspricht formal dem Vektorprodukt von $\vec{\nabla}$ mit $\vec{f}$

$$\operatorname{rot} \vec{f} = \vec{\nabla} \times \vec{f}$$

Streng genommen sind Divergenz und Rotation lineare *Differentialoperatoren.* Das sind mathematische Objekte, die aus einer Funktion $\vec{f}$ durch Multiplikation, Addition, Ableiten etc. wie oben beschrieben neue Funktionen $\operatorname{div} \vec{f}$ oder $\operatorname{rot} \vec{f}$ machen, wobei die Regeln

$$\begin{aligned} \operatorname{div}(\vec{f}+\vec{g}) &= \operatorname{div}\vec{f} + \operatorname{div}\vec{g}, & \operatorname{div}(\lambda\vec{f}) &= \lambda \operatorname{div}\vec{f} \\ \operatorname{rot}(\vec{f}+\vec{g}) &= \operatorname{rot}\vec{f} + \operatorname{rot}\vec{g}, & \operatorname{rot}(\lambda\vec{f}) &= \lambda \operatorname{rot}\vec{f} \end{aligned}$$

gelten. Man kann nachrechnen, dass sich auch Rechenregeln für Vektoren wie $\vec{u} \cdot (\vec{u} \times \vec{v}) = 0$ auf Ausdrücke mit dem formalen Vektor $\vec{\nabla}$ übertragen lassen.
Insbesondere gelten für zweimal stetig differenzierbare Funktionen $f : \mathbb{R}^3 \to \mathbb{R}$ und $\vec{v} : \mathbb{R}^3 \to \mathbb{R}^3$ die Regeln

$$\vec{\nabla} \cdot (f \cdot \vec{v}) = (\vec{\nabla} f) \cdot \vec{v} + f \cdot (\vec{\nabla} \cdot \vec{v}) \text{ bzw. } \operatorname{div}(f \cdot \vec{v}) = (\operatorname{grad} f) \cdot \vec{v} + f \cdot \operatorname{div} \vec{v}$$

und

$$\vec{\nabla} \times (f \cdot \vec{v}) = (\vec{\nabla} f) \times \vec{v} + f \cdot (\vec{\nabla} \times \vec{v}) \text{ bzw. } \operatorname{rot}(f \cdot \vec{v}) = (\operatorname{grad} f) \times \vec{v} + f \cdot \operatorname{rot} \vec{v}.$$

Satz 24.2:

Ist $\Omega \subset \mathbb{R}^3$ eine offene Menge und sind $f : \Omega \to \mathbb{R}$ sowie $\vec{v} : \Omega \to \mathbb{R}^3$ zweimal stetig differenzierbare Funktionen, dann gilt

(a) $\operatorname{rot} \operatorname{grad} f = 0$ und

(b) $\operatorname{div} \operatorname{rot} \vec{v} = 0.$

Begründung: direktes Nachrechnen □

Die Umkehrung der ersten Aussage kennen wir schon aus Kapitel 21. Sie gilt nicht für beliebige Mengen $\Omega \subset \mathbb{R}^3$, aber beispielsweise für Vektorfelder, die auf dem gesamten $\mathbb{R}^3$ (oder auf einer sternförmigen Teilmenge des $\mathbb{R}^3$) definiert sind.

Satz 24.3:

Ein Vektorfeld $\vec{V} : \mathbb{R}^3 \to \mathbb{R}^3$ ist genau dann wirbelfrei, wenn es sich als Gradient eines Skalarfeldes darstellen läßt:

$$\operatorname{rot} \vec{V} = 0 \quad \Leftrightarrow \quad \text{es gibt ein } F : \mathbb{R}^n \to \mathbb{R} \text{ mit } \vec{V} = \operatorname{grad} F.$$

F heißt **Potential** (und ist bis auf eine Konstante eindeutig bestimmt).

Auch die zweite Aussage besitzt eine Umkehrung, die beispielsweise benutzt wird, um für das magnetische Feld ein Potential anzugeben.

Satz 24.4 (Vektorpotential):

Ein Vektorfeld $\vec{V}\colon \mathbb{R}^3 \to \mathbb{R}^3$ ist genau dann quellenfrei, wenn es sich als die Rotation eines Vektorfeldes $\vec{W}$ darstellen läßt:

$$\operatorname{div} \vec{V} = 0 \quad \Leftrightarrow \quad \text{es gibt ein } \vec{W} : \mathbb{R}^n \to \mathbb{R}^n \text{ mit } \vec{V} = \operatorname{rot} \vec{W}$$

Das Vektorfeld $\vec{W}$ heißt **Vektorpotential** und ist bis auf den Gradienten einer skalaren Funktion eindeutig bestimmt.

24.3 Der Integralsatz von Gauß

Der Satz von Gauß stellt einen Zusammenhang zwischen Volumenintegralen und Oberflächenintegralen her.

Satz 24.5 (Integralsatz von Gauß, Divergenzsatz):

Sei $V \subset \mathbb{R}^3$ ein Normalbereich, dessen Rand aus endlich vielen regulären Flächenstücken besteht. Weiter sei $V \subset \Omega$, wobei $\Omega \subset \mathbb{R}^3$ eine offene Menge ist und $\vec{F} : \Omega \to \mathbb{R}^3$ sei ein stetig differenzierbares Vektorfeld. Mit $\vec{n} : \partial V \to \mathbb{R}^3$ bezeichnen wir den nach außen weisenden Normalenvektor des Randes ∂V. Dann gilt

$$\iiint\limits_V \operatorname{div} \vec{F}(\vec{x})\,\mathrm{d}x\,\mathrm{d}y\,\mathrm{d}z = \iint\limits_{\partial V} \vec{F}(\vec{x}) \cdot \vec{n}(\vec{x})\,\mathrm{d}\sigma\,.$$

Beispiel: Wir betrachten den Fluss des Vektorfelds $\vec{F} = \begin{pmatrix} 3x + z^2 \\ x^2 - y \\ z + 3 \end{pmatrix}$ durch die Oberfläche einer Kugel $K = \{(x, y, z);\ x^2 + y^2 + z^2 = 4\}$ vom Radius 2. Dann ist $\operatorname{div} \vec{F} = 3 - 1 + 1 = 3$ und nach dem Satz von Gauß

$$\iint\limits_{\partial K} \vec{F}(\vec{x}) \cdot \vec{n}(\vec{x})\,\mathrm{d}S = \iiint\limits_K \operatorname{div} \vec{F}(\vec{x})\,\mathrm{d}x\,\mathrm{d}y\,\mathrm{d}z = \iiint\limits_K 3\,\mathrm{d}x\,\mathrm{d}y\,\mathrm{d}z = 3\operatorname{vol}(K) = 3 \cdot \frac{4}{3}\pi \cdot 2^3 = 32\pi.$$

Man kann sich leicht klarmachen, dass es *sehr* viel mühsamer wäre, das Flussintegral direkt auszurechnen.

Wir notieren noch einen einfachen, aber wichtigen Spezialfall des Integralsatzes von Gauß:

Satz 24.6:

Bei einem quellfreien Feld (d.h. falls überall $\operatorname{div} \vec{F} = 0$ ist) ist der Gesamtfluss durch eine geschlossene Oberfläche gleich 0.

Bemerkung (Divergenz als Maß der Quellenstärke):

Wendet man den Integralsatz von Gauß auf ein differenzierbares Vektorfeld $\vec{F}$ und eine Kugel $K_r = \{|\vec{x} - \vec{x}_0| = r\}$ mit einem sehr kleinen Radius r um den Mittelpunkt $\vec{x}_0 \in \mathbb{R}^3$ an, dann gilt

$$\iint\limits_{\partial K_r} \vec{F} \cdot \vec{n} \, \mathrm{d}\sigma = \iiint\limits_{K_r} \operatorname{div} \vec{F}(\vec{x}) \, \mathrm{d}x \, \mathrm{d}y \, \mathrm{d}z \approx \iiint\limits_{K_r} \operatorname{div} \vec{F}(\vec{x}_0) \, \mathrm{d}x \, \mathrm{d}y \, \mathrm{d}z = \frac{4}{3}\pi r^3 \operatorname{div} \vec{F}(\vec{x}_0)$$

oder umgekehrt

$$\operatorname{div} \vec{F}(\vec{x}_0) \approx \frac{1}{\operatorname{vol}(K_r)} \iint\limits_{\partial K_r} \vec{F} \cdot \vec{n} \, \mathrm{d}S.$$

Die Divergenz misst also den pro Volumeneinheit aus diesem Volumen austretenden Fluss und heißt daher auch die *Quelldichte* von $\vec{F}$.
Punkte mit $\operatorname{div} \vec{F}(\vec{x}) > 0$ heißen *Quellen* und Punkte mit $\operatorname{div} \vec{F}(\vec{x}) < 0$ heißen *Senken* des Vektorfelds.

Beispiel (Elektrisches Feld $\vec{E}$ einer geladenen Vollkugel):

Eine der Maxwellschen Gleichungen der Elektrostatik verknüpft das elektrische Feld $\vec{E}$ mit der Ladungsdichte ϱ:

$$\operatorname{div} \vec{E} = \frac{\varrho}{\varepsilon_0}$$

wobei ε_0 die elektrische Feldkonstante ist. Wir betrachten nun eine homogen geladene Vollkugel vom Radius r mit Ladungsdichte ϱ und wenden den Integralsatz von Gauß auf eine Kugel K mit Radius $R > r$ an. Aus Symmetriegründen zeigt das elektrische Feld $\vec{E}$ in radialer Richtung und ist daher parallel zum Einheitsnormalenvektor $\vec{n}$.
Daher ist $\vec{E} \cdot \vec{n} = |\vec{E}|$ und

$$\int_K \operatorname{div} \vec{E} \, \mathrm{d}x \, \mathrm{d}y \, \mathrm{d}z = \frac{4}{3}\pi r^3 \frac{\varrho}{\varepsilon_0} \quad \text{sowie} \quad \int_{\partial K} \vec{E} \cdot \vec{n} \, \mathrm{d}\sigma = 4\pi R^2 |\vec{E}|.$$

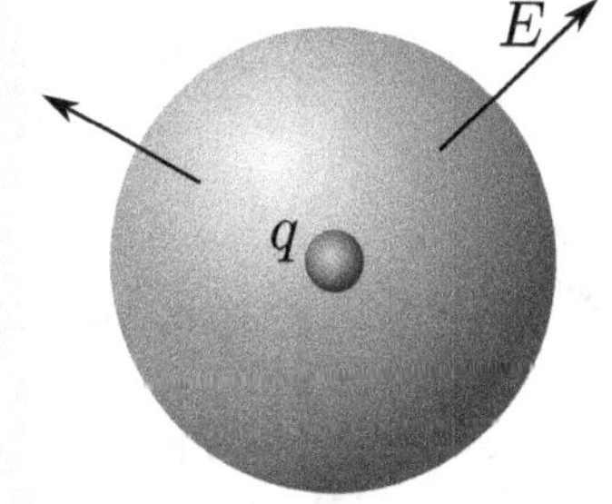

Nach dem Satz von Gauß beträgt daher des elektrische Feld im Abstand R

$$|\vec{E}| = \frac{q}{4\pi R^2 \varepsilon_0},$$

wobei $q = \frac{4}{3}\pi r^3 \varrho$ die Gesamtladung der Kugel ist.

Beispiel: Sei $\vec{F}$ ein stetig differenzierbares Vektorfeld. Dann ist der Fluss von $\operatorname{rot} \vec{F}$ durch eine geschlossene Fläche S immer 0, denn nach dem Gaußschen Integralsatz gilt mit $\operatorname{rot} \vec{F}$ anstelle von $\vec{F}$

$$\iint\limits_S \operatorname{rot} \vec{F} \cdot \vec{n} \, \mathrm{d}\sigma = \iiint\limits_V \underbrace{\operatorname{div} (\operatorname{rot} \vec{F})}_{=0} \, \mathrm{d}x \, \mathrm{d}y \, \mathrm{d}z = 0\,.$$

Beispiel (Archimedisches Prinzip):

Ein Körper K befindet sich in einer Flüssigkeit der Dichte ϱ. An jeder Stelle seiner Oberfläche übt der hydrostatische Druck eine Kraft $\vec{F}$ aus, die senkrecht zur Oberfläche und proportional zur „Tiefe“ z ist:

$$\vec{F} = -z\varrho\vec{n}$$

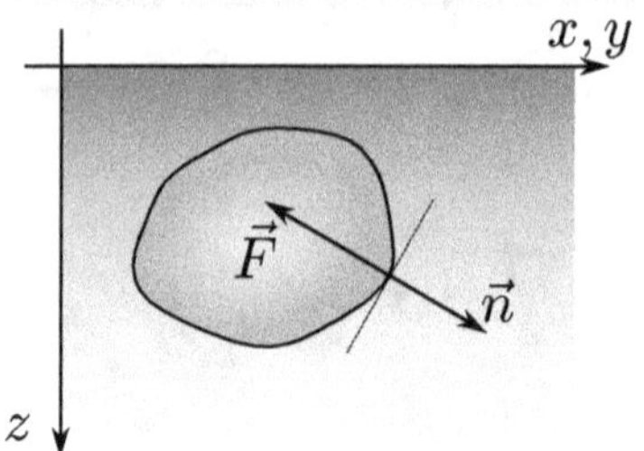

Die gesamte auf den Körper wirkende Kraft erhält man durch Integration über die Oberfläche ∂K:

$$\vec{F}_{\text{Auftrieb}} = \begin{pmatrix} F_x \\ F_y \\ F_z \end{pmatrix} = \iint \vec{F}\,\mathrm{d}\sigma = \iint -z\varrho\vec{n}\,\mathrm{d}\sigma$$

Da wir nur skalare Funktionen über Flächen integriert hatten, betrachten wir dieses Integral komponentenweise. Zunächst ist

$$F_x = \iint_{\partial K} -z\varrho\vec{n}_1\,\mathrm{d}\sigma = \iint_{\partial K} \begin{pmatrix} -z\varrho \\ 0 \\ 0 \end{pmatrix} \cdot \vec{n}\,\mathrm{d}\sigma = \iiint_K \underbrace{\operatorname{div}\begin{pmatrix} -z\varrho \\ 0 \\ 0 \end{pmatrix}}_{=0} \mathrm{d}x\,\mathrm{d}y\,\mathrm{d}z = 0\,.$$

Auf analoge Weise erhält man auch $F_y = 0$. Die z-Komponente dagegen liefert tatsächlich einen Beitrag zur Auftriebskraft:

$$F_z = \iint_{\partial K} -z\varrho\vec{n}_3\,\mathrm{d}\sigma = \iint_{\partial K} \begin{pmatrix} 0 \\ 0 \\ -z\varrho \end{pmatrix} \cdot \vec{n}\,\mathrm{d}\sigma = \iiint_K \underbrace{\operatorname{div}\begin{pmatrix} 0 \\ 0 \\ -z\varrho \end{pmatrix}}_{=-\varrho} \mathrm{d}x\,\mathrm{d}y\,\mathrm{d}z = -\varrho \iiint_K \mathrm{d}x\,\mathrm{d}y\,\mathrm{d}z.$$

Die Auftriebskraft wirkt also in z-Richtung nach oben und ist betragsmäßig gleich der Gewichtskraft der verdrängten Flüssigkeit.

24.4 Der Satz von Stokes

Der Satz von Stokes stellt eine Verbindung her zwischen einem Integral über eine Fläche S im $\mathbb{R}^3$ und einem Linienintegral entlang der geschlossenen Kurve, die die Fläche S begrenzt. Die Fläche muss dabei *orientierbar* sein. Das bedeutet anschaulich, dass sie eine „obere“ und eine „untere“ Seite besitzt. Man kann dann an jeder Stelle einen Normalenvektor definieren, so dass man diese Normalenvektoren auf der Fläche durch Verschieben ineinander überführen kann. Wenn die Fläche eine geschlossene Fläche ist, wie zum Beispiel eine Kugeloberfläche, dann kann man auswählen, ob die Normalenvektoren alle „nach außen“ oder alle „nach innen“ zeigen sollen.

Die allermeisten Flächen wie Kugeloberfläche, Zylinder oder Schaubilder von Funktionen, die von zwei Variablen abhängen, sind orientierbare Flächen, aber es gibt auch Flächen, die diese Eigenschaft nicht besitzen. Am bekanntesten darunter ist das Möbiusband, von dem man sich ein Modell machen kann, indem man einen Streifen Papier an beiden Enden zu einem Ring zusammenklebt, ein Ende vor dem Zusammenkleben aber um 180° verdreht.

Satz 24.7 (Satz von Stokes):

Sei $\vec{F}$ ein stetig differenzierbares Vektorfeld und $\vec{\gamma}$ eine geschlossene, überschneidungsfreie Kurve, die den Rand einer orientierbaren Fläche S beschreibt.

Dann ist das Kurvenintegral von $\vec{F}$ längs $\vec{\gamma}$ gleich dem Oberflächenintegral der Rotation von $\vec{F}$ über die Fläche S:

$$\int_{\vec{\gamma}} \vec{F}\, \mathrm{d}\vec{s} = \iint_S \operatorname{rot} \vec{F} \cdot \vec{n}\, \mathrm{d}\sigma\,.$$

Dabei wird die Umlaufrichtung von $\vec{\gamma}$ folgendermaßen festgelegt: Ein Beobachter, der in die Richtung von $\vec{n}$ schaut, durchläuft $\vec{\gamma}$ so, dass S immer auf der linken Seite liegt.

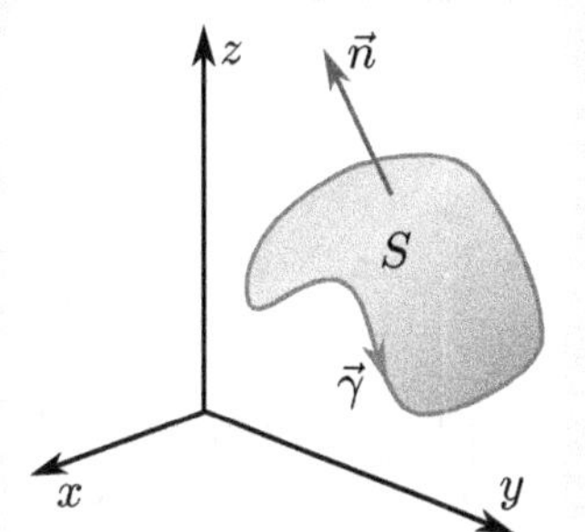

Beispiel: Gegeben sei das Vektorfeld $\vec{F} = (z^2, -2x, y^3)^T$. Den Fluss von $\operatorname{rot} \vec{F}$ durch die obere Hälfte der Einheitssphäre $H_+ = \{(x,y,z);\ x^2+y^2+z^2=1, z \geq 0\}$ berechnen wir auf zwei Arten. Zunächst direkt mit Hilfe des Normalenvektors $\vec{n} = (x,y,z)^T$ und einer Parametrisierung der Hemisphäre H_+: Es ist

$$\operatorname{rot} \vec{F} = \vec{\nabla} \times \begin{pmatrix} z^2 \\ -2x \\ y^3 \end{pmatrix} = \begin{pmatrix} 3y^2 \\ 2z \\ -2 \end{pmatrix}.$$

Damit ist

$$\iint\limits_{H_+} \operatorname{rot} \vec{F} \cdot \vec{n}\, \mathrm{d}\sigma = \iint\limits_{H_+} \begin{pmatrix} 3y^2 \\ 2z \\ -2 \end{pmatrix} \cdot \begin{pmatrix} x \\ y \\ z \end{pmatrix} \mathrm{d}\sigma = \iint\limits_{H_+} 3xy^2\, \mathrm{d}\sigma + \iint\limits_{H_+} 2yz\, \mathrm{d}\sigma - \iint\limits_{H_+} 2z\, \mathrm{d}\sigma.$$

Das erste Integral verschwindet, weil H_+ symmetrisch bezüglich der y-z-Ebene ist und der Integrand eine ungerade Funktion von x ist. Das zweite Integral ist ebenfalls Null, denn S ist symmetrisch bezüglich der x-z-Ebene und der Integrand ist hier eine ungerade Funktion von y. Insgesamt bleibt also nur das dritte Integral übrig. Um dieses Integral zu berechnen, kann man H_+ mittels $\vec{\Phi}(\varphi, \vartheta) = (\cos(\varphi)\cos(\vartheta), \sin(\varphi)\cos(\vartheta), \sin(\theta))^T$ parametrisieren und erhält wie in Kapitel 23 wegen

$$\left| \frac{\partial \vec{\Phi}}{\partial \varphi} \times \frac{\partial \vec{\Phi}}{\partial \vartheta} \right| = \cos(\vartheta)$$

$$\iint\limits_{H_+} \operatorname{rot} \vec{F} \cdot \vec{n}\, \mathrm{d}\sigma = -\iint\limits_{H_+} 2z\, \mathrm{d}\sigma = -\int\limits_0^{\pi/2} \int\limits_0^{2\pi} 2\sin(\vartheta)\cos(\vartheta)\, \mathrm{d}\varphi\, \mathrm{d}\vartheta = -2\pi \int\limits_0^{\pi/2} \sin(2\vartheta)\, \mathrm{d}\vartheta = -2\pi.$$

Der Satz von Stokes besagt nun, dass man denselben Wert erhält, wenn man $\vec{F}$ entlang der Randkurve von H_+ integriert, also über eine Kreislinie $\vec{\gamma}(t) = \begin{pmatrix} \cos(t) \\ \sin(t) \\ 0 \end{pmatrix}$:

$$\int_{\vec{\gamma}} \vec{F} \cdot \mathrm{d}\vec{s} = \int\limits_0^{2\pi} \vec{F}(\vec{\gamma}(t)) \cdot \dot{\vec{\gamma}}(t)\, \mathrm{d}t = \int\limits_0^{2\pi} \begin{pmatrix} 0 \\ -2\cos(t) \\ \sin^3(t) \end{pmatrix} \cdot \begin{pmatrix} -\sin(t) \\ \cos(t) \\ 0 \end{pmatrix} \mathrm{d}t = -2 \int\limits_0^{2\pi} \cos^2(t)\, \mathrm{d}t = -2\pi.$$

Bemerkungen:

1. Sind S_1 und S_2 zwei Flächen, die von der gleichen Kurve $\vec{\gamma}$ berandet werden, dann ist

$$\iint_{S_1} \operatorname{rot} \vec{F} \cdot \vec{n}\,\mathrm{d}\sigma = \iint_{S_2} \operatorname{rot} \vec{F} \cdot \vec{n}\,\mathrm{d}\sigma,$$

   wobei die Normalenvektoren so gewählt sind, dass bei Durchlaufen der Kurve $\vec{\gamma}$ die Fläche S_j „links" liegt, wenn der Normalenvektor nach „oben" zeigt.

2. Der Fluss des Vektorfelds $\operatorname{rot} \vec{F}$ durch eine geschlossene Fläche S ist 0. Das haben wir zwar bereits mit Hilfe des Gaußschen Integralsatzes nachgewiesen, man kann aber auch mit dem Satz von Stokes argumentieren. Dazu wählt man eine geschlossene Kurve $\vec{\gamma}$, die die Fläche S in zwei Teile S_1 und S_2 trennt. Wenn man die Normalenvektoren so wählt, dass sie an jeder Stelle nach außen zeigen, dann gilt nämlich nach dem Satz von Stokes

$$\iint_{S} \operatorname{rot} \vec{F} \cdot \vec{n}\,\mathrm{d}\sigma = \iint_{S_1} \operatorname{rot} \vec{F} \cdot \vec{n}\,\mathrm{d}\sigma + \iint_{S_2} \operatorname{rot} \vec{F} \cdot \vec{n}\,\mathrm{d}\sigma = \int_{\vec{\gamma}} \vec{F} \cdot \mathrm{d}\vec{s} + \int_{-\vec{\gamma}} \vec{F} \cdot \mathrm{d}\vec{s} = 0,$$

   denn die Kurve $\vec{\gamma}$ wird als Rand von S_1 und als Rand von S_2 in entgegengesetzten Richtungen durchlaufen.

Beispiel (Magnetfeldes eines stromdurchflossenen Leiters):

Um das Magnetfeld $\vec{H}$ eines geraden stromdurchflossenen Leiters zu bestimmen, benötigt man die *Maxwell-Gleichungen* der Elektrodynamik. Sie besagen unter anderem, dass die Rotation des Magnetfeldes an jeder Stelle genau der *Stromdichte* $\vec{j}$ entspricht:

$$\operatorname{rot} \vec{H}(\vec{x}) = \vec{j}(\vec{x})$$

Um das Magnetfeld eines unendlichen langen Leiters mit Radius R und konstanter Stromdichte $\vec{j}$ für $r < R$ zu bestimmen, wenden wir den Satz von Stokes auf eine Kurve $\vec{\gamma}$ an, die einer kreisförmigen magnetischen Feldlinie entspricht und eine ebene Kreisfläche S mit Radius $\varrho > R$ senkrecht zu dem Leiter berandet. Aus Symmetriegründen hat das Magnetfeld entlang dieser Kreislinie überall die gleiche Stärke $H(\varrho)$.
Damit ist

$$\int_{\vec{\gamma}} \vec{H} \cdot \mathrm{d}\vec{s} = 2\pi\varrho H(\varrho)$$

und

$$\iint_{S} \operatorname{rot} \vec{H} \cdot \vec{n}\,\mathrm{d}\sigma = \pi R^2 \vec{j} = I$$

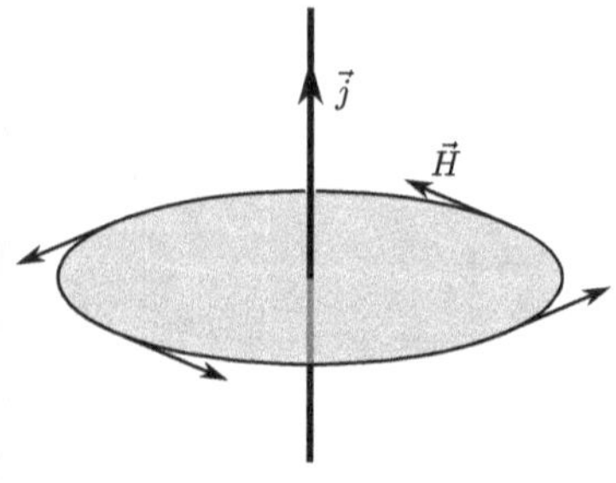

wobei I der Strom durch den Leiter ist. Nach dem Satz von Stokes ist daher

$$H(\varrho) = \frac{1}{2\pi\varrho} I.$$

Bemerkung :

Man kann den Satz von Green aus dem Satz von Stokes herleiten, indem man ein zweidimensionales Gebiet U der x-y-Ebene als zweidimensionale Fläche im dreidimensionalen Raum auffasst. Der Normalenvektor $\vec{n}$ zu U zeigt dann immer in z-Richtung.
Man setzt nun das Vektorfeld so einfach wie möglich ins Dreidimensionale fort, indem man $F_1(x,y,z) = f(x,y)$, $F_2(x,y,z) = g(x,y)$ und $F_3(x,y,z) = 0$ wählt.
Da bei dieser Wahl von $\vec{F}$ die Rotation von $\vec{F}$

$$\operatorname{rot}\vec{F} = \begin{pmatrix} -\dfrac{\partial F_2}{\partial z} \\ \dfrac{\partial F_1}{\partial z} \\ \dfrac{\partial F_2}{\partial x} - \dfrac{\partial F_1}{\partial y} \end{pmatrix} = \begin{pmatrix} 0 \\ 0 \\ \dfrac{\partial g}{\partial x} - \dfrac{\partial f}{\partial y} \end{pmatrix}$$

ebenfalls in Richtung der z-Achse zeigt, ist

$$\operatorname{rot}\vec{F}\cdot\vec{n} = \frac{\partial g}{\partial x} - \frac{\partial f}{\partial y}$$

gerade der Integrand, der im Satz von Green auftritt.

Nachdem Sie dieses Kapitel bearbeitet haben, sollten Sie ...

... den Satz von Green in der Ebene erklären und anwenden können

... wissen, dass man mit dem Satz von Green auch Flächeninhalte berechnen kann

... wissen, was Divergenz und Rotation eines dreidimensionalen Vektorfelds sind, und wie man sie berechnet

... die wichtigen Gleichungen $\operatorname{rot}\operatorname{grad} f = 0$ und $\operatorname{div}\operatorname{rot}\vec{v} = 0$ kennen

... den Satz von Gauß formulieren und anwenden können

... den Satz von Stokes formulieren und anwenden können

Aufgaben zu Kapitel 24

1. Sei K_r die Kreisscheibe mit Mittelpunkt $(x, y) = (0, 0)$ und Radius $r > 0$. Berechnen Sie das Kurvenintegral

$$\int_{\partial K_r} \vec{f}\,\mathrm{d}\vec{s} \quad \text{mit} \quad \vec{f}(x,y) = \begin{pmatrix} (1-x^2)y \\ (1-y^2)x \end{pmatrix}$$

einmal direkt und einmal mit Hilfe des Satzes von Green. Dabei soll der Rand ∂K_r im mathematisch positiven Sinn durchlaufen werden.

2. Bestimmen Sie den Flächeninhalt der Fläche, die von der Kurve $\vec{\gamma} : [0, \pi] \to \mathbb{R}^2$ mit $\vec{\gamma}(t) = \begin{pmatrix} \sin(2t) \\ \sin(t) \end{pmatrix}$ eingeschlossen wird.

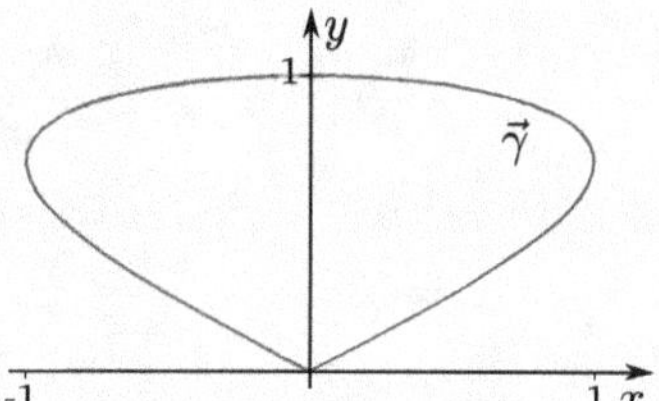

3. Berechnen Sie die Divergenz und die Rotation der folgenden Vektorfelder:

$$\vec{u} = \begin{pmatrix} xyz + x^2 \\ e^{xy} - \cos(y) \\ xz - z^3 \end{pmatrix}, \qquad \vec{v} = \begin{pmatrix} xyz \\ xy + xz + yz \\ x + y + z \end{pmatrix} \quad \text{und} \quad \vec{w} = \operatorname{grad}(xyz + e^y).$$

4. Verifizieren Sie die folgenden Gleichungen für zweimal stetig differenzierbare Funktionen $f : \mathbb{R}^3 \to \mathbb{R}$, $\vec{u} : \mathbb{R}^3 \to \mathbb{R}^3$ und $\vec{v} : \mathbb{R}^3 \to \mathbb{R}^3$:

   (a) $\operatorname{div}(\operatorname{rot}\vec{u}) = 0$

   (b) $\operatorname{rot}(f\vec{u}) = f\operatorname{rot}(\vec{u}) + (\operatorname{grad} f) \times \vec{u}$

   (c) $\operatorname{div}(\vec{u} \times \vec{v}) = \vec{v} \cdot \operatorname{rot}(\vec{u}) - \vec{u} \cdot \operatorname{rot}(\vec{v})$

   (d) $\operatorname{grad}(\operatorname{div}\vec{u}) = \operatorname{rot}(\operatorname{rot}\vec{u}) + \Delta(\vec{u})$,

   wobei $\Delta(\vec{u})$ komponentenweise gebildet wird, d.h. es ist $(\Delta(\vec{u}))_j = \operatorname{div}(\operatorname{grad}(u_j))$.

5. Gegeben sei der Körper Z mit

$$Z = \{(x, y, z) \in \mathbb{R}^3;\ x^2 + y^2 \leq 9, 0 \leq z \leq 4\}.$$

Sei S die Oberfläche von Z und $\vec{n}$ der äußere Normalenvektor von S. Wir betrachten nun das Vektorfeld $\vec{w} : \mathbb{R}^3 \to \mathbb{R}^3$ mit

$$\vec{w}(x,y,z) = \begin{pmatrix} x + y \\ y + z \\ x + z \end{pmatrix}.$$

   (a) Skizzieren Sie den Körper Z.

   (b) Berechnen Sie das Oberflächenintegral $\int_S \vec{v} \cdot \vec{n}\,\mathrm{d}\sigma$ direkt

   (c) Berechnen Sie das selbe Oberflächenintegral mit Hilfe des Satzes von Gauß und vergleichen Sie das Ergebnis mit dem Ergebnis aus (b).

6. Berechnen Sie die folgenden Integrale jeweils mit und ohne Verwendung geeigneter Integralsätze.

   (a) $\int\limits_{\partial M} \vec{f}\,\mathrm{d}\vec{s}$ mit $\vec{f}(x,y) = \begin{pmatrix} y^2 \\ 0 \end{pmatrix}$, $M = \{(x,y);\ x^2 + 4y^2 \leq 9,\ y \geq 0\}$, wobei ∂M entgegen dem Uhrzeigersinn orientiert sei.

   (b) $\iint\limits_{S} \operatorname{rot}(\vec{v}) \cdot \vec{n}\,\mathrm{d}\sigma$ mit $\vec{v}(x,y) = \begin{pmatrix} xz \\ yz \\ z^2 \end{pmatrix}$, $S = \{(x,y,z);\ x^2 + y^2 + z^2 = 1,\ z \geq 0\}$, wobei der Normalenvektor so orientiert sei, dass $\vec{n}(0,0,1) = \begin{pmatrix} 0 \\ 0 \\ 1 \end{pmatrix}$ nach oben zeigt.

   (c) $\iint\limits_{\partial M} \vec{v} \cdot \vec{n}\,\mathrm{d}\sigma$ mit $\vec{v}(x,y,z) = \begin{pmatrix} y \\ z \\ y \end{pmatrix}$ und $M = \left\{(x,y,z);\ x^2 + y^2 + \frac{z^2}{4} \leq 1\right\}$. Dabei sei $\vec{n}$ der äußere Normaleneinheitsvektor von M.

7. Berechnen Sie die Rotation für das Vektorfeld

$$\vec{v}(x,y,z) = e^x \begin{pmatrix} \sin(y)\cos(z) \\ \cos(y)\cos(z) \\ -\sin(y)\sin(z) \end{pmatrix}$$

   und gegebenenfalls ein Vektorpotential für $\vec{v}$.

8. Berechnen Sie den Fluss des Vektorfelds $\vec{v} : \mathbb{R}^3 \to \mathbb{R}^3$ mit $\vec{v}(x,y,z) = \begin{pmatrix} xz \\ x+z \\ z^2 \end{pmatrix}$ durch die Oberfläche des Körpers $M = \{(x,y,z) \in \mathbb{R}^3;\ x^2 + y^2 \leq \frac{1}{2}z,\ 0 \leq z \leq 2\}$.

Stichwortverzeichnis

www.ingramcontent.com/pod-product-compliance
Lightning Source LLC
Chambersburg PA
CBHW080009210526
45170CB00015B/1947